首批示范性高等职业院校建设成果
工业和信息化高职高专"十二五"规划教材立项项目

21世纪高等职业教育计算机技术规划教材

21 ShiJi GaoDeng ZhiYe JiaoYu JiSuanJi JiShu GuiHua JiaoCai

计算机应用基础
项目化教程

JISUANJI YINGYONGJICHU XIANGMUHUA JIAOCHENG

王德永　杨立峰　主编

韩娜　副主编

人民邮电出版社

北京

图书在版编目（CIP）数据

计算机应用基础项目化教程 / 王德永，杨立峰主编
. -- 北京：人民邮电出版社，2011.9 (2017.7 重印)
21世纪高等职业教育计算机技术规划教材
ISBN 978-7-115-25483-2

Ⅰ. ①计… Ⅱ. ①王… ②杨… Ⅲ. ①电子计算机－
高等职业教育－教材 Ⅳ. ①TP3

中国版本图书馆CIP数据核字(2011)第155842号

内 容 提 要

　　本书主要内容包括计算机的组装、MS Offfice 2007 组件的使用、家庭局域网的组建、Internet 网络应用
等，符合企事业单位岗位实际需求，同时又直接体现最新的教学改革成果。

　　本书内容由浅入深、循序渐进、重点突出、图文并茂，注重基础知识与实际应用相结合，主要针对使
用计算机的初、中级用户编写，适合作为高职高专教材，也可作为自动化办公人员的自学教程以及各种计
算机培训班、辅导班的教材。

21 世纪高等职业教育计算机技术规划教材

计算机应用基础项目化教程

◆ 主　　编　王德永　杨立峰

　　副 主 编　韩　娜

　　责任编辑　王　威

◆ 人民邮电出版社出版发行　　北京市丰台区成寿寺路 11 号
　　邮编　100164　电子邮件　315@ptpress.com.cn
　　网址　http://www.ptpress.com.cn
　　北京鑫正大印刷有限公司印刷

◆ 开本：787×1092　1/16
　　印张：20　　　　　　　　　　　2011 年 9 月第 1 版
　　字数：495 千字　　　　　　　　2017 年 7 月北京第 14 次印刷

ISBN 978-7-115-25483-2

定价：37.00 元
读者服务热线：(010) 81055256　印装质量热线：(010) 81055316
反盗版热线：(010) 81055315
广告经营许可证：京东工商广登字 20170147 号

前　言

为了配合高职高专教育教学改革和精品课程建设，培养学生计算机应用的实践动手能力，符合岗位需求，体现计算机应用最新技术及计算机应用实际需求，我们广泛调研毕业生职业岗位计算机能力要求，按照认知规律，请经验丰富的教师归纳整理出教材核心内容。教材编写紧紧围绕日常办公需求，采用"项目导向、任务驱动"的模式，根据学生就业后大部分岗位日常办公需要，精选 6 个项目，21 个具体工作任务作为案例。每一个案例都是经过作者精心设计的，由浅入深、由简及繁，尽可能多涉及软件中必要的知识点，具有先进性、实用性和代表性。每一个任务都可以直接作为实训课程中教师讲解的任务。为拓展学生能力，每个任务后面附加任务拓展，作为学生实训课程练习，从而增强学生实际解决问题的能力。这些案例把计算机基础理论知识（包含计算机等级考试一级要求知识内容）全部贯穿于任务之中，通过任务实施，达到技能训练的目的，让学生通过本课程的学习能够在办公过程中熟练使用计算机和相关软件。

为方便教师教学实施，另外撰写了《计算机基础项目化教程随堂实训及拓展训练指导书》，该指导书包含了课外拓展训练任务指导、随堂实训及任务评价，并完整给出了学生拓展任务的实现过程，方便教师辅导，配合本书使用。两本书都给教师提供讲课用的电子教案和案例素材。训练指导中每个项目配套有习题，均采用等级考试中相关试题或难度相当的模拟试题，以便帮助学生复习有关知识，备考计算机等级考试。

本书由平顶山工业职业技术学院王德永、杨立峰任主编，确定教材大纲、规划各章节内容，并完成全书的统稿工作，平顶山工业职业技术学院韩娜任副主编。项目一由王卫东编写，项目二由韩娜编写，项目三由杨立峰编写，项目四由王德永编写，项目五由王聪编写，项目六由杜暖男编写。全书由武汉理工大学资环学院袁艳斌教授、中平能化集团公司信息中心王留根高级工程师审稿，提出宝贵的修改意见，在此一并表示感谢。

限于编写水平，书中难免存在错误和不妥之处，敬请广大读者批评指正。

编　者
2011 年 6 月

目　录

项目一

轻松驾驭计算机

任务一 认识计算机

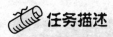 **任务描述**

电子计算机的诞生是科学技术发展史上一个重要的里程碑，也是 20 世纪人类最伟大的发明创造之一。短短半个世纪的发展历程表明，信息处理是当今世界上发展最快和应用最广的科学技术领域之一。今天，计算机已进入各行各业和千家万户，产生了巨大的社会效益和经济效益。本任务讲述计算机的发展过程，让大家全面认识电子计算机的相关知识，为进一步掌握计算机应用打下基础。

任务展示

（1）了解计算机发展简史和我国计算机发展过程中的重大事件。

（2）认识计算机的分类和特点。

（3）了解计算机系统的组成，了解计算机的工作原理，掌握计算机软件和硬件的概念，认识计算机的硬件设备。

（4）了解二进制对计算机的重要性，掌握计算机信息的存储单位。

（5）掌握二进制与十进制、十六进制的相互转换方法。

（6）能正确开机、关机。

（7）掌握 Windows XP 基本操作。

 相关知识

1. 电子计算机发展简史

电子计算机因快速计算的需要而诞生。作为信息技术的基础——电子计算机是 20 世纪科学技术最卓越的成就之一。信息技术的应用程度，已成为一个国家现代化的标志之一。

计算机是一种能快速、高效地完成信息处理的数字化电子设备，它能按照人们编写的程序对数据进行加工处理。

第一台电子计算机叫做"埃尼阿克"（ENIAC）（见图1-1），它于1946年2月15日在美国宾夕法尼亚大学宣告诞生。承担开发任务的"莫尔小组"由4位科学家和工程师埃克特、莫克利、戈尔斯坦和博克斯组成，总工程师埃克特当时只有24岁。这台计算机研制的初衷是将其用于第二次世界大战中，但直到第二次世界大战结束一年后才完成。它长30.48m，宽1m，占地面积为70m²，有30个操作台，约相当于10个普通房间的大小，重达30t，耗电量为150kW，造价是48万美元。"埃尼阿克"使用18000个电子管、70000个电阻、10000个电容、1500个继电器和6000多个开关，每秒执行5000次加法或400次乘法运算，是继电器计算机的1000倍、手工计算的20万倍。

ENIAC（电子数值积分计算机）的问世，标志着人类社会从此迈进了计算机时代的门槛。

从1946年至今，电子计算机的发展经历了4代。计算机的发展史，是根据核心部件（处理器）采用的电子元件类别来划分的。

第1代：电子管计算机（1947—1957）。

这一时期主要采用电子管作为基本器件，研制为军事与国防尖端技术服务的计算机，有关的研究工作为计算机技术的发展奠定了基础（见图1-2、图1-3）。

图1-1　ENIAC（埃尼阿克）计算机　　　　图1-2　电子管　　　　图1-3　电子管计算机

第2代：晶体管计算机（1958—1964）。

这一时期的电子计算机主要采用晶体管作为基本器件，因而缩小了体积，降低了功耗，提高了速度和可靠性，价格也不断下降。计算机的应用范围已不仅局限在军事与尖端技术上，而且逐步扩大到气象、工程设计、数据处理及其他科学研究领域（见图1-4）。

第3代：集成电路计算机（1964—1974）。

这一时期的计算机采用集成电路作为核心部件。集成电路是将成百上千个晶体管集成到1块芯片上，电路板体积缩小，功能增强，运算速度加快。采用集成电路设计出的计算机，其运算速度达到百万次每秒。

图1-4　晶体管计算机

这一时期的集成电路属于中小规模集成电路，1块芯片集成的晶体管数目为$10^3 \sim 10^5$个。

第4代：大规模集成电路计算机（1974至今）。

20世纪70年代初，半导体存储器问世，迅速取代了磁芯存储器，并不断向大容量、高速度发展。这以后半导体集成度大体上每3年翻两番。例如，1971年每片集成1000个晶体管，到1984年达到每片集成30万个晶体管，计算机的价格则平均每年下降30%。

第4代计算机的核心部件是大规模集成电路，1块P4 CPU芯片集成的晶体管有5000万～1亿个，中央处理器的工作频率达到30亿次每秒。

从计算机诞生以来的近60年中，组成计算机的核心电子器件，经历了由电子管到晶体管，由中小规模集成电路到超大规模集成电路的变化。CPU芯片的集成度越来越高，使计算机成本不断下降、体积不断缩小、功能不断增强，特别是微型计算机的出现和发展，是计算机能普及的主要原因。

2．我国计算机发展史中的里程碑事件

依靠自力更生精神，我国的计算机事业用 50 年时间，进入了世界少数能研制巨型机的国家行列。

1983 年，由国防科技大学计算机研究所研制的我国第一台巨型机"银河Ⅰ型"，运行速度为 1 亿次每秒。

1993 年，银河Ⅱ号巨型机研制成功，运行速度为 10 亿次每秒。

1995 年，由中科院计算技术研究所研制的"曙光 1000 型"大型机通过鉴定，运算速度最高达到 25 亿次每秒。

2002 年，我国第一块有自主知识产权的微处理器（CPU）芯片"龙芯 1 号"问世，如图 1-5 所示。同年，研制出速度达万亿次每秒的超级服务器机组。

2003 年，"联想深腾 6800"超级计算机以 4.183 万亿次每秒的峰值运算速度，居全球超级计算机 500 强的第 14 位。

2005 年 4 月，64 位 CPU"龙芯 2 号"研制成功。

2008 年 11 月，"曙光 5000A"大型机通过鉴定，运算速度最高达到 230 亿次每秒。

2010 年 10 月，由国防科技大学研制的"天河一号 A"，如图 1-6 所示。其性能高达 2507 万亿次每秒，而且已经成为 2010 年度全球速度最快的超级计算机。

图 1-5　龙芯 1 号 CPU　　　　　图 1-6　国产"天河一号 A"超级计算机

3．计算机的分类

（1）按性能分类。

- 巨型机：超高速、超大容量，主要用于尖端科学技术和国防，如天体运动、卫星发射、核爆炸模拟等。
- 大型机：高速、大容量，用于重要科研和大型企业生产控制管理、天气分析预报。
- 小型机：CPU 速度、存储器容量等优于微型机，适用于大型图书馆资料的存储、检索。
- 微型计算机：又称个人计算机，即 PC（Personal Computer）。微型机分为台式机和笔记本计算机，台式机就是指放在桌面上的计算机。

按性能分类，具有时间上的相对性。现在 1 台微型计算机的运算速度，比 20 年前的巨型机还快。也就是说，巨型机和微型机的区别，只能在同一时期，才有可比性。

（2）按用途分类。

- 通用计算机：是指各行业、各种工作环境都能使用的计算机，学校、家庭、工厂、医院、公司等用户都能使用的就是通用计算机；平时我们购买的品牌机、兼容机都是通用计算机。通用计算机不但能办公，还能用于图形设计、制作网页动画、上网查询资料等。

- 专用计算机：只能完成某些特定功能，如超市的收银机、数控机床上进行自动控制的单片机、飞机上的自动驾驶仪等都属于专用计算机。

（3）按信息在计算机内的表示方式分类。

- 数字计算机：信息用"0"和"1"二进制形式（不连续的数字量）表示的计算机。数字计算机运算精度高，便于储存大量信息，通用性强。常说的计算机，就是指数字计算机。
- 模拟计算机：信息用连续变化的模拟量——电压来表示的计算机。模拟计算机运算速度极快，但精度不高，信息不易存储，通用性不强，主要用于工业行动控制中的参数模拟。

4．认识计算机的特点

（1）运算速度快。

1946 年 ENIAC（埃尼阿克）的速度是 5000 次每秒，相当于人工计算速度的 20 万倍。

1995 年，我国曙光 1000 型大型计算机，运算速度为 25 亿次每秒，比埃尼阿克提高了 50 万倍。

在没有计算机之前，用人工计算圆周率 π 的值，用了 15 年，才算到 π 的第 707 位，20世纪 60 年代用 1 台电子管计算机，仅用 8 小时，就算到了 π 的第 10 万位。过去人工计算需要几年时间，现在计算机只需几小时，甚至几分钟就能完成。

（2）存储容量大。

计算机保存信息的能力，主要由外部存储器的容量决定。1 张容量为 1.44MB 的软盘，理论上能保存约 70 万个汉字，相当于 1 本 500 页的长篇小说；1 张容量为 650MB 的普通光盘，相当于 450 张软盘的容量；1 块容量为 80GB 的硬盘，相当于 120 张光盘的容量。

1 块容量为 80GB 的硬盘，能保存 60 万人口的基本信息。目前，微型计算机中，单块硬盘的容量已达到 1TB（1TB = 1000GB）以上，可见，计算机储存信息的能力十分强大。

（3）具有逻辑判断能力。

计算机不仅能进行加、减、乘、除等算术运算，还能进行对与错、真与假的逻辑判断，在事先存入的程序控制之下，能根据前面的计算和判断结果，自动决定下一步的工作步骤，快速完成大量的复杂判断。计算机的这一特点，使它在自动控制、人工智能、决策研究等领域大显身手。

（4）通用性强。

计算机不仅能对文字进行编排，还能对图形进行加工；不仅能用于办公，还能用于自动控制；不仅能用于教学，还能用于政务处理；不仅能用于尖端科研，还能用于普通事务管理。

5．计算机的应用

计算机的应用已渗透到社会的各个领域，正在改变着人们的工作、学习和生活方式，推动着社会的发展。归纳起来，计算机的应用可分为以下几个方面。

（1）科学计算（数值计算）。

科学计算也称数值计算。计算机最开始是为解决科学研究和工程设计中遇到的大量数学问题的数值计算而研制的计算工具。随着现代科学技术的进一步发展，数值计算在现代科学研究中的地位不断提高，在尖端科学领域中，显得尤为重要。例如，人造卫星轨迹的计算，房屋抗震强度的计算，火箭、宇宙飞船的研究设计都离不开计算机的精确计算。在工业、农业以及人类社会的各个领域中，计算机的应用都取得了许多重大的突破，就连我们每天收听、收看的天气预报都离不开计算机的科学计算。

（2）数据处理（信息处理）。

在科学研究和工程技术中，会得到大量的原始数据，其中包括大量图片、文字、声音等信息。处理就是对数据进行收集、分类、排序、存储、计算、传输、制表等操作。目前计算机的信息处理应用已非常普遍，如人事管理、库存管理、财务管理、图书资料管理、商业数据交流、情报检索、经济管理等。信息处理已成为当代计算机的主要任务，是现代化管理的基础。据统计，全世界计算机用于数据处理的工作量占全部计算机应用的80%以上，用计算机进行数据处理，大大提高了工作效率和管理水平。

（3）自动控制。

自动控制是指通过计算机对某一过程进行自动操作，它不需人工干预，能按人预定的目标和预定的状态进行过程控制。

（4）计算机辅助设计和辅助教学。

计算机辅助设计（Computer Aided Design，CAD）是指借助计算机的帮助，人们可以自动或半自动地完成各类工程设计工作。目前 CAD 技术已应用于飞机设计、船舶设计、建筑设计、机械设计、大规模集成电路设计等领域。

（5）人工智能方面的研究和应用。

人工智能（Artificial Inteligence，AI）。是指计算机模拟人类某些智力行为的理论、技术和应用。

（6）多媒体技术应用。

随着电子技术特别是通信技术和计算机技术的发展，人们已经有能力把文本、音频、视频、动画、图形和图像等各种媒体综合起来，构成一种全新的概念——"多媒体"（Mulimedia）。在医疗、教育、商业、银行、保险、行政管理、军事、工业、广播和出版等领域中，多媒体的应用发展很快。

6．了解计算机的基本组成

计算机有这么多神奇的应用，它的组成是怎样的呢？

一个完整的计算机系统是由相互独立而又密切相连的硬件系统和软件系统两大部分组成，计算机系统的组成结构如图 1-7 所示。

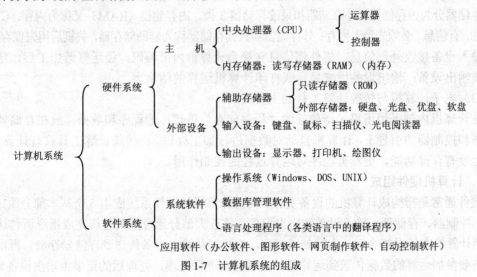

图 1-7 计算机系统的组成

- 硬件系统：是由电子部件和机械部件构成的机器实体。按计算机运行原理，计算机的基本硬件系统由运算器、控制器、存储器、输入设备、输出设备五大部分组成。

- 软件系统：是指挥计算机工作的各类软件的总称。

从计算机实体外观看，硬件系统主要由机箱、显示器、键盘、鼠标组成，如图1-8所示。在机箱内，构成主机的是CPU、内存和主板。硬盘、光驱以及机箱外的显示器、键盘属于外部设备。

图1-8　微型计算机外观

7．计算机的工作原理

（1）冯·诺依曼原理要点。

1946年，美籍匈亚利数学家冯·诺依曼提出了现代计算机的体系结构，并与ENIAC攻关小组共同研制了ENIAC的改进型计算机。在这台计算机中确立了计算机的5个基本部件：运算器、控制器、存储器、输入设备和输出设备；程序和数据存放在存储器中，在计算机内部采用二进制。

冯·诺依曼提出的计算机结构原理，迄今仍为各类计算机共同遵循。冯·诺依曼原理也称为程序存储和程序控制原理，其基本要点表现在3个方面。

① 计算机基本硬件系统由运算器、控制器、存储器、输入设备和输出设备五大部分组成。

② 计算机内的数据编码方式采用二进制。

③ 数据和程序存储在计算机中，计算机在程序的控制下自动工作。

（2）基本原理框图。

计算机的基本工作原理框图如图1-9所示。

运算器和控制器组成中央处理器（也称为CPU或微处理器），其主要功能都集成在一个超大规模集成电

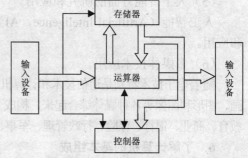

图1-9　微型计算机的基本工作原理

路上。它是计算机的核心部件，主要进行算术运算、逻辑运算以及控制和指挥其他部件协调工作。

存储器用于存放程序和数据，是计算机各种信息的存储和交流中心。

存储器分为内存储器、外存储器和只读存储器3类。内存储器（RAM）又称为内存，CPU要运行的所有信息，必须先调入内存；外存储器和只读存储器称为辅助储存器，关机后用来保存信息。

输入设备接收外部信息，将外部信息转换为计算机内部编码，经运算器加工后，送到储存器或输出设备；输出设备用来显示或打印计算机运算的结果。

（3）电子计算机与传统计算工具的主要区别。

在计算机内部采用了冯·诺依曼的"程序储存"思想，把程序和数据存放在存储器中，在程序和控制器的引导下，计算机自动对数据进行加工处理。而传统计算工具只有计算功能，基本上没有存储功能，更没有程序对运算过程的控制作用。

8．计算机硬件组成

硬件通常是指构成计算机的设备实体。一台计算机的硬件系统应由5个基本部分组成：运算器、控制器、存储器、输入设备和输出设备。这五大部分通过系统总线完成指令所传达的操作，当计算机在接受指令后，由控制器指挥，将数据从输入设备传送到存储器存放，再由控制器将需要参加运算的数据传送到运算器，由运算器进行处理，处理后的结果由输出设备输出。

（1）中央处理器。

CPU（Central Processing Unit）为中央处理单元，又称为中央处理器。CPU 由控制器、运算器和寄存器组成，通常集成在一块芯片上，是计算机系统的核心设备，如图 1-10 所示。计算机以 CPU 为中心，输入和输出设备与存储器之间的数据传输和处理都通过 CPU 来控制执行。微型计算机的中央处理器又称为微处理器。

图 1-10 Intel CPU

① 控制器。

控制器是对输入的指令进行分析，并统一控制计算机的各个部件完成一定任务的部件。它一般由指令寄存器、状态寄存器、指令译码器、时序电路和控制电路组成。计算机的工作方式是执行程序，程序就是为完成某一任务所编制的特定指令序列，各种指令操作按一定的时间关系有序安排，控制器产生各种最基本的不可再分的微操作的命令信号，即微命令，以指挥整个计算机有条不紊地工作。当计算机执行程序时，控制器首先从指令指针寄存器中取得指令的地址，并将下一条指令的地址存入指令寄存器中，然后从存储器中取出指令，由指令译码器对指令进行译码后产生控制信号，用以驱动相应的硬件完成指令操作。简言之，控制器就是协调指挥计算机各部件工作的元件，它的基本任务就是根据各类指令的需要综合有关的逻辑条件与时间条件产生相应的微命令。

② 运算器。

运算器又称算术逻辑单元 ALU（Arithmetic Logic Unit）。运算器的主要任务是执行各种算术运算和逻辑运算。算术运算是指各种数值运算，如加、减、乘、除等。逻辑运算是进行逻辑判断的非数值运算，如与、或、非、比较、移位等。计算机所完成的全部运算都是在运算器中进行的，根据指令所规定的寻址方式，运算器从存储器或寄存器中取得操作数，进行计算后，送回到指令所指定的寄存器中。运算器的核心部件是加法器和若干寄存器，加法器用于运算，寄存器用于存储参加运算的各种数据以及运算后的结果。各种算术运算操作可归结为相加和移位，运算器以加法器为核心。

（2）存储器。

存储器分为内存储器（简称内存或主存）和外存储器（简称外存或辅存）。外存储器一般也可作为输入/输出设备。

描述内、外存存储容量的常用单位如下。

- 位/比特（Bit）：这是内存中最小的单位，二进制数序列中的一个 0 或一个 1 就是一比特，在计算机中，一比特对应着一个晶体管。
- 字节（B、Byte）：这是计算机中最常用、最基本的内存单位。一字节等于 8 比特，即 1B = 8Bit。
- 千字节（KB、KiloByte）：计算机的内存容量都很大，一般都是以千字节作为单位来表示，1KB = 1024Byte。
- 兆字节（MB、MegaByte）：20 世纪 90 年代流行计算机的硬盘和内存等一般都是以兆字节（MB）为单位，1MB = 1024KB。
- 吉字节（GB、GigaByte）：目前市场流行的计算机的硬盘已经达到 250GB、500GB 等规格，1GB = 1024MB。
- 太字节（TB、TeraByte）：1TB = 1024GB。

① 内存储器。

计算机把要执行的程序和数据存放在内存中，内存一般由半导体器件构成。半导体存储器可分为三大类：随机存储器、只读存储器和特殊存储器。

随机存取存储器（Random Access Memory，RAM）的特点是可以读写，存取任一单元所需的时间相同，通电时存储器内的内容可以保持；断电后，存储的内容立即消失。RAM 可分为动态（Dynamic RAM）和静态（Static RAM）两大类。所谓动态随机存储器 DRAM，是用 MOS 电路和电容来作为存储元件的，由于电容会放电，所以需要定时充电以维持存储内容的正确，例如，每隔 2ms 刷新一次，因此称之为动态存储器。所谓静态随机存储器 SRAM，是用双极型电路或 MOS 电路的触发器来作为存储元件的，它没有电容放电造成的刷新问题，只要有电源正常供电，触发器就能稳定地存储数据。DRAM 的特点是集成密度高，主要用于大容量存储器，SRAM 的特点是存取速度快，主要用于高速缓冲存储器。计算机上使用的动态随机存取存储器被制作成内存条的形式出现，内存条需要插在主板的内存插槽上。图 1-11 所示为内存条。目前计算机中常用的RAM 为 2048MB。

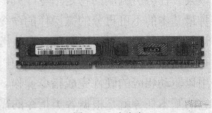

图 1-11　内存条

只读存储器（Read Only Memory，ROM）只能读出原有的内容，不能由用户再写入新内容。只读存储器中存储的内容是由厂家一次性写入的，并永久保存下来。只读存储器可分为可编程只读存储器（Programmable ROM，PROM）、可擦除可编程只读存储器（Erasable Programmable ROM，EPROM）、电擦除可编程只读存储器（Electricaly Erasable Programmable ROM，E^2PROM）。例如，EPROM 存储的内容可以通过紫外光照射来擦除，这使它的内容可以反复更改。

特殊固态存储器。特殊固态存储器包括电荷耦合存储器、磁泡存储器、电子束存储器等，它们多用于特殊领域的信息存储。

② 外存储器。

外存储器简称外存（也叫做辅助存储器），主要用来长期存放"暂时不用"的程序和数据。通常外存只与内存进行数据交换。常用的外存有磁盘、光盘、优盘等。磁盘又包括软盘、硬盘、U 盘，如图 1-12 所示。

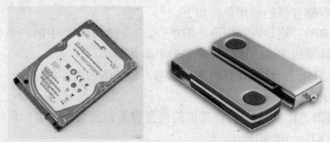

图 1-12　硬盘与 U 盘

软盘是用柔软的聚酯材料制成圆形底片，在表面涂有磁性材料，被封装在护套内。其特点是：装卸容易，携带方便，但容量小，存取速度慢，盘片在保存中也容易受损。软盘的主要技术指标：软磁盘一般为 3.5 英寸软盘，容量为 1.44MB，数据传输速率为 3KB/s。现在传统的 3.5 英寸软盘已发展改良到 ZIP 盘，一张 ZIP 盘的容量可达到 100MB，存取速度是软盘的 20 倍。另一种称为"超级软盘"的磁盘具有 120MB 或 250MB 的容量，超级软盘驱动器还可以读取现行的 1.44MB 软盘，而 ZIP 盘的驱动器则不能。

硬盘是由涂有磁性材料的铝合金构成的。硬盘的读取速度较快。一个硬盘由若干磁性圆盘组成，每个圆盘有 2 个面，每个面各有 1 个读写磁头。不同规格的硬盘面数不一定相同。读写硬盘时，由于磁性圆盘高速旋转产生的托力使磁头悬浮在盘面上而不接触盘面。硬盘的特点是：容量巨大，数据读写速度快。它一般固定在计算机的主机箱内，装卸麻烦。

硬盘的主要技术指标：目前出售的硬盘容量一般为 80GB～500GB。硬盘的数据传输速率因传输模式不同而不同，通常在 3.3MB/s～40MB/s。

光盘存储器是 20 世纪 90 年代中期开始广泛使用的外存储器，它采用与激光唱片相同的技术，将激光束聚焦成约 1μm 的光斑，在盘面上读写数据。写数据时用激光在盘面上烧蚀出一个个的凹坑来记录数据；读数据时则以激光扫描盘面是否是凹坑来实现，光盘存储器的数据密度很高。目前使用的大多是只读光盘存储器（Compact Disk Read-Only Memory，CD-ROM），容量可达 650MB，其中的信息已经在制造时写入。光盘的特点是：数据容量大，装卸、携带方便，易于长期保存，成本低。

除 CD-ROM 外，市面上可读写的光盘或一次性写入的光盘、可重复写入的光盘等也已经逐渐流行起来。另外，新一代的光盘——数字视盘存储器（Digital Video Disk Read-Only Memory，DVD-ROM）也逐渐成为 PC 的常用配置，它的大小与 CD-ROM 一样，但仅单面单层的数据容量就可达 4.7GB，双面双层的最高容量可达 17.8GB。

U 盘也即闪存盘，闪存盘是一种采用 USB 接口的无需物理驱动器的微型高容量移动存储产品，它采用的存储介质为闪存（Flash Memory）。闪存盘不需要额外的驱动器，将驱动器及存储介质合二为一，只要接上计算机的 USB 接口就可独立地存储读写数据。闪存盘体积很小，仅大拇指般大小，重量极轻，约为 20 克，特别适合随身携带。闪存盘中无任何机械式装置，抗震性能极强。另外，U 盘还具有防潮防磁，耐高低温（-40℃～70℃）等特性，安全可靠性很好。U 盘已经彻底取代软盘，成为移动存储的首选。

目前闪存盘的容量有 1GB、2GB、4GB、8GB、16GB 等，理论上可以做得更大，接口标准有早期的 USB1.1，传输速率为 12Mbit/s，目前流行的 USB2.0，传输速率达到了 480Mbit/s，最新提标准为 USB3.0，连接速度达 5Gbit/s，是现有 USB 2.0 的 10 倍多，目前已经开始使用。

（3）主板。

主板（Main Board，M/B），如图 1-13 所示，是安装在微型计算机主机箱中的印刷电路板，是连接 CPU、内存储器、外存储器、各种适配卡、外部设备的中心枢纽。主板上布满了各种电子元件、插槽、接口等（如图 1-13 所示）。它为 CPU、内存和各种功能（声、图、通信、网络、TV、SCSI 等）卡提供安装插座（槽）；为各种磁、光存储设备，打印和扫描等 I/O 设备以及数码相机、摄像头、"猫"（Modem）等多媒体和通信设备提供接口，实际上计算机通过主板将 CPU 等各种器件和外部设备有机地结合起来形成一套完整的系统。计算机在正常运行时对系统内存、存储设备和其他 I/O 设备的操控都必须通过主板来完成，因此，计算机的整体运行速度

图 1-13　主板

和稳定性在相当程度上取决于主板的性能。

主板按结构标准分为 ATX、Micro-ATX、Baby-AT 和 NLX 4 种。

- Baby-AT 型：这种主板是以前常用的，它的特征是串口和打印口等需要用电缆连接后安装在机箱后框上。

- ATX 和 Micro ATX 型：这种主板是将 Baby-AT 型旋转 90°，并将串、并口和鼠标接口等直接设计在主板上，取消了连接电缆，使串、并、键盘等接口集中在一起，对机箱工艺有一定要求。Micro ATX 主板与 ATX 基本相同，但通常有两个 PCI 和两个 ISA 扩展槽、两个 168 线的 DIMM 内存槽，整个主板尺寸减小很多，需要特制的 Micro ATX 机箱。

- NLX 型：NLX 结构是英语 "New Low Profile Extension" 的缩写，意思是新型小尺寸扩展结构，这是进口品牌机经常使用的主板，它在将串、并等接口直接安装在主板上后，专门用一块电路板将扩展槽设置在上面，然后再将这块电路板插入主板上预留的一个安装接口槽，这样可以将机箱尺寸做得比较小。

现在主板中应用最多的是 ATX 型和 Baby-AT 型主板，目前兼容机大都使用这两类主板。Micro-ATX 主板使用较少，目前只有在个别品牌机中得到应用。至于 NLX 主板，市场是没有零售的，由于它的结构小巧特殊，可以使用体积较小的机箱，所以目前仅用于厂家批量生产的品牌计算机。

（4）总线。

总线（Bus）是连接计算机中 CPU、内存、外存、输入/输出设备的一组信号线以及相关的控制电路，它是计算机中用于在各个部件之间传输信息的公共通道。

根据传送的信号不同，总线又分为数据总线（Data Bus，用于数据信号的传送）、地址总线（Address Bus，用于地址信号的传送）和控制总线（Control Bus，传送控制信号）。在微型计算机中常用的总线有 ISA 总线、EISA 总线、PCI 总线、USB 通用总线等。

最普通的总线是 PCI 总线，PCI 是 Intel 公司开发的一套局部总线系统，它支持 32 位或 64 位的总线宽度，频率通常是 33MHz。目前最快的 PCI12.0 总线速度是 1GB/s。PCI 总线允许 10 个接插件，同时它还支持即插即用。它的应用范围很广，几乎所有的主板都有 PCI 总线的扩展槽，如图 1-14 所示。

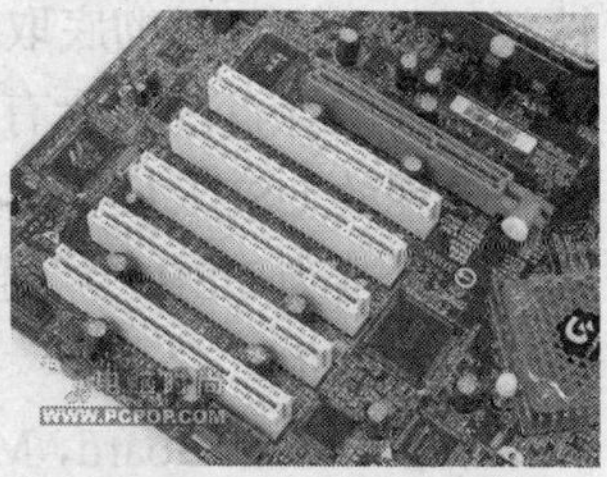

（5）输入/输出设备。

输入设备是用来接收用户输入的原始数据和程序，并将它们变为

图 1-14 PCI 总线扩展槽

计算机能识别的二进制数存放到内存中。常用的输入设备有键盘、鼠标、扫描仪、光笔等。输出设备用于将存放在内存中的由计算机处理的结果转变为人所能接受的形式输出。常用的输出设备有显示器、打印机、绘图仪等。图 1-15 所示为常用的输入设备，图 1-16 所示为常用的输出设备。

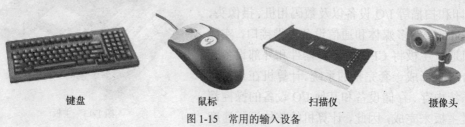

键盘   鼠标   扫描仪   摄像头

图 1-15 常用的输入设备

| 显示器 | 打印机 | 刻录机 |

图 1-16 常用输出设备

人类用文字、图表、数字表达和记录世界上各种各样的信息，便于人们进行处理和交流。现在可以把这些信息都输入计算机中，由计算机来保存和处理。目前计算机内部都是使用二进制来表示数据的，理解并掌握二进制的相关知识对于理解使用计算机进行数据处理的过程是必要的。

9．计算机中的数据

经过收集、整理和组织起来的数据，能成为有用的信息。数据是指能够输入计算机并被计算机处理的数字、字母和符号的集合。平常所看到的景象和听到的事实，都可以用数据来描述。可以说，只要计算机能够接收的信息都可以叫做数据。

（1）计算机中数据的单位。

在计算机内部，数据都是以二进制的形式存储和运算的，计算机数据的表示常用到以下几个概念。

位：二进制数据中的一位（bit）简写为 b，音译为比特，是计算机存储数据的最小单位。一个二进制位只能表示 0 或 1 两种状态，要表示更多的信息，就要把多位组合成一个整体，一般以 8 位二进制组成一个基本单位。

字节：字节是计算机数据处理的最基本单位，并主要以字节为单位解释信息。字节（Byte）简记为 B，规定一字节为 8 位，即 1B = 8bit。每字节由 8 个二进制位组成。一般情况下，一个 ASCII 码占用一字节，一个汉字国际码占用两字节。

（2）二进制。

二进制并不符合人们的习惯，但计算机内部却采用二进制表示信息，其主要原因有 4 个方面。

① 电路简单：在计算机中，若采用十进制，则要求处理 10 种电路状态，相对于两种状态的电路来说，是很复杂的。而用二进制表示，则逻辑电路的通、断只有两个状态，如开关的接通与断开、电平的高与低等。这两种状态正好用二进制的 0 和 1 来表示。

② 工作可靠：在计算机中，用两个状态代表两个数据，数字传输和处理方便、简单，不容易出错，因而电路更加可靠。

③ 简化运算：在计算机中，二进制运算法则很简单。例如，加减的速度快，求积规则有 3 个，求和规则也只有 3 个。

④ 逻辑性强：二进制只有两个数码，正好代表逻辑代数中的"真"与"假"，而计算机工作原理是建立在逻辑运算基础上的，逻辑代数是逻辑运算的理论依据。用二进制计算具有很强的逻辑性。

10．认识计算机中的常用数制

数制是计数的方法。现在采用的计数方法是进位计数制，这种计数方法是按进位的方式计数。例如，大家所熟悉的十进制，在计数时就是满 10 便向高位进一，即向高位进位。

但在计算机内部，数据、信息都是以二进制形式编码表示的，因此要学习计算机相关知识，必须熟悉计算机中数据的表示方式，并掌握二、十、十六进制数之间的相互转换。

（1）认识十进制（Decimal Notation）。

十进制有如下特点。

① 有 10 个不同的计数符号：0，1，2，…，9，所以基数为 10。

② 进位规则是"逢十进一"。

权：在各种进制数中，各位数字所表示的值不仅与该数字有关，而且与它所在位置有关。例如，十进制数 33，十位上的 3 表示 3 个 10，个位上的 3 表示 3 个 1。为了区别不同位置的数字表示的数值大小，引进了"权"的概念。

在各进位制中，每个数位上的"1"所表示的数值大小，称为这个数位上的权。

例如，在十进制中，从整数最低位开始，依次向左的第 1，第 2，第 3，…位上的权分别是 1，10，100，…也可以表示为 10^0，10^1，10^2，…从小数最高位开始，依次向右的第 1，第 2，第 3，…位上的权分别是 0.1，0.01，0.001，…也可以表示为 10^{-1}，10^{-2}，10^{-3}，…在十进制中，各数位的权是基数 10 的整数次幂。

在其他进位制中，各数位的权是基数的整数次幂。

每个数位的数字所表示的值是这个数字与它相应的权的乘积。

写出数的按权展开式：

对于任意一个十进制数，都可表示成按权展开的多项式。一个 n 位整数和 m 位小数的十进制数 D，均可按权展开为：

$$D = D_{n-1} \cdot 10^{n-1} + D_{n-2} \cdot 10^{n-2} + \cdots + D_1 \cdot 10^1 + D_0 \cdot 10^0 + D_{-1} \cdot 10^{-1} + \cdots + D_{-m} \cdot 10^{-m}$$

例如：

$(1804)_{10} = 1 \times 10^3 + 8 \times 10^2 + 0 \times 10^1 + 4 \times 10^0$

$(48.25)_{10} = 4 \times 10^1 + 8 \times 10^0 + 2 \times 10^{-1} + 5 \times 10^{-2}$

在 $(1804)_{10} = 1 \times 10^3 + 8 \times 10^2 + 0 \times 10^1 + 4 \times 10^0$ 中，10^3，10^2，10^1，10^0 就是各位上的权。

（2）认识二进制（Binary Notation）。

电子计算机内部采用二进制编码表示各类信息。

二进制的特点如下。

① 只用 2 个不同的计数符号：0 和 1，所以基数为 2。

② 进位规则是"逢二进一"。

按"逢二进一"的进位规则，与十进制对应的二进制数如表 1-1 所示。

表 1-1 二进制数与十进制数的对应关系

十进制数	0	1	2	3	4	5	6	7	8	9
二进制数	0000	0001	0010	0011	0100	0101	0110	0111	1000	1001

对于任意一个二进制数，都可表示成按权展开的多项式。一个 n 位整数和 m 位小数的二进制数 B，均可按权展开为：

$$B = B_{n-1} \cdot 2^{n-1} + B_{n-2} \cdot 2^{n-2} + \cdots + B_1 \cdot 2^1 + B_0 \cdot 2^0 + B_{-1} \cdot 2^{-1} + \cdots + B_{-m} \cdot 2^{-m}$$

例如，把 $(11001.101)_2$ 写成展开式，它表示的十进制数为：

$(11001.101)_2 = 1 \times 2^4 + 1 \times 2^3 + 0 \times 2^2 + 0 \times 2^1 + 1 \times 2^0 + 1 \times 2^{-1} + 0 \times 2^{-2} + 1 \times 2^{-3} = (25.625)_{10}$

（3）认识八进制（Octal Notation）。

八进制的特点如下。

①用 8 个不同的计数符号：0、1、2、3、4、5、6、7，所以基数为 8。

②进位规则是"逢八进一"。

对于任意一个八进制数，都可表示成按权展开的多项式。对于任意一个 n 位整数和 m 位小数的八进制数 O，均可按权展开为：

$$O = O_{n-1} \cdot 8^{n-1} + \cdots + O_1 \cdot 8^1 + O_0 \cdot 8^0 + O_{-1} \cdot \quad 8^{-1} + \cdots + O_{-m} \cdot 8^{-m}$$

例如，$(5346)_8$ 相当于十进制数

$$(5346)_8 = 5 \times 8^3 + 3 \times 8^2 + 4 \times 8^1 + 6 \times 8^0 = (2790)_{10}$$

（4）认识十六进制（Hexadecimal Notation）。

十六进制的特点如下。

① 有 16 个不同的计数符号：0、1、2、3、4、5、6、7、8、9、A、B、C、D、E、F，所以基数是 16。

② 逢十六进一（加法运算），借一当十六（减法运算）。

对于任意一个十六进制数，都可表示成按权展开的多项式。一个 n 位整数和 m 位小数的十六进制数 H，均可按权展开为：

$$H = H_{n-1} \cdot 16^{n-1} + \cdots + H_1 \cdot 16^1 + H_0 \cdot 16^0 + H_{-1} \cdot 16^{-1} + \cdots + H_{-m} \cdot 16^{-m}$$

在 16 个数码中，A、B、C、D、E 和 F 这 6 个数码分别代表十进制的 10、11、12、13、14 和 15，这是国际上通用的表示法。

例如，十六进制数 $(4C4D)_{16}$ 代表的十进制数为：

$$(4C4D)_{16} = 4 \times 16^3 + C \times 16^2 + 4 \times 16^1 + D \times 16^0 = (19533)_{10}$$

二进制与其他数制之间的对应关系如表 1-2 所示。

表 1-2   二进制与其他进制之间的对应关系

十进制	二进制	八进制	十六进制
0	0000	0	0
1	0001	1	1
2	0010	2	2
3	0011	3	3
4	0100	4	4
5	0101	5	5
6	0110	6	6
7	0111	7	7
8	1000	10	8
9	1001	11	9
10	1010	12	A
11	1011	13	B
12	1100	14	C
13	1101	15	D
14	1110	16	E
15	1111	17	F

11．常用数制之间的转换

不同数制之间进行转换应遵循转换原则。

（1）二、八、十六进制数转换为十进制数。

二进制数转换成十进制数的原则为：将二进制数转换成十进制数，只要将二进制数用计数制通用形式表示出来，计算出结果，便得到相应的十进制数。

例如，$(1101100.111)_2 = 1 \times 2^6 + 1 \times 2^5 + 1 \times 2^3 + 1 \times 2^2 + 1 \times 2^{-1} + 1 \times 2^{-2} + 1 \times 2^{-3}$

$$= 64 + 32 + 8 + 4 + 0.5 + 0.25 + 0.125$$

$$= (108.875)_{10}$$

八进制数转换为十进制数的原则为：以 8 为基数按权展开并相加。

例如，把$(652.34)_8$转换成十进制。

解：$(652.34) = 6 \times 8^2 + 5 \times 8^1 + 2 \times 8^0 + 3 \times 8^{-1} + 4 \times 8^{-2}$

$$= 384 + 40 + 2 + 0.375 + 0.0625$$

$$= (426.375)_{10}$$

十六进制数转换为十进制数的原则为：以 16 为基数按权展开并相加。

例如，将$(19BC.8)_{16}$转换成十进制数。

解：$(19BC8)_{16} = 1 \times 16^3 + 9 \times 16^2 + 11 \times 16^1 + 12 \times 16^0 + 8 \times 16^{-1}$

$$= 4096 + 2304 + 176 + 12 + 0.5$$

$$= (6588.5)_{10}$$

（2）十进制转换为二进制数。

整数部分的转换：整数部分的转换采用除 2 取余法。其转换原则是：将该十进制数除以 2，得到一个商和余数（K_0），再将商除以 2，又得到一个新商和余数（K_1），如此反复，得到的商是 0 时得到余数（K_{n-1}），然后将所得到的各位余数，以最后余数为最高位，最初余数为最低位依次排列，即 $K_{n-1}K_{n-2}\cdots K_1K_0$，这就是该十进制数对应的二进制数。这种方法又称为"倒序法"。

例如，将$(126)_{10}$转换成二进制数。

2	126	………	余	0	（K_0）
2	63	………	余	1	（K_1）
2	31	………	余	1	（K_2）
2	15	………	余	1	（K_3）
2	7	………	余	1	（K_4）
2	3	………	余	1	（K_5）
2	1	………	余	1	（K_6）
	0				

结果为：$(126)_{10} = (1111110)_2$

小数部分的转换：小数部分的转换采用乘 2 取整法。其转换原则是：将十进制数的小数乘以 2，取乘积中的整数部分作为相应二进制数小数点后最高位 K_{-1}，反复乘以 2，逐次得到 K_{-2}，K_{-3}，…，K_{-m}，直到乘积的小数部分为 0 或 1 的位数达到精确度要求为止。然后把每次乘积的整数部分由上而下依次排列起来（$K_{-1}K_{-2}\cdots K_{-m}$），就是所求的二进制数。这种方法又称为"顺序法"。

例如，将十进制数$(0.534)_{10}$转换成相应的二进制数。

$$\begin{array}{r} 0.534 \\ \times \quad 2 \\ \hline 1.068 \end{array}$$ ……………………1 （K_{-1}）

$$\begin{array}{r} \times \quad 2 \\ \hline 0.136 \end{array}$$ ……………………0 （K_{-2}）

$$\begin{array}{r} \times \quad 2 \\ \hline 0.272 \end{array}$$ ……………………0 （K_{-3}）

$$\begin{array}{r} \times \quad 2 \\ \hline 0.544 \end{array}$$ ……………………0 （K_{-4}）

$$\begin{array}{r} \times \quad 2 \\ \hline 1.088 \end{array}$$ ……………………1 （K_{-5}）

结果为：$(0.534)_{10} = (0.10001)_2$

例如，将$(50.25)_{10}$转换成二进制数。

分析：对于这种既有整数又有小数的十进制数，将其整数和小数分别转换成二进制数，然后再把两者连接起来即可。

因为$(50)_{10} = (110010)_2$，$(0.25)_{10} = (0.01)_2$

所以$(50.25)_{10} = (110010.01)_2$

（3）八进制与二进制数之间的转换。

八进制转换为二进制数的转换原则是"一位拆三位"，即将一位八进制数对应于3位二进制数，然后按顺序连接即可。

例如，将$(64.54)_8$转换为二进制数。

6	4	.	5	4
↓	↓	↓	↓	↓
110	100	.	101	100

结果为：$(64.54)_8 = (110100.101100)_2$

二进制数转换成八进制数的原则可概括为"三位并一位"，即从小数点开始向左右两边以每3位为一组，不足3位时补0，然后每组改成等值的一位八进制数即可。

例如，将$(110111.11011)_2$转换成八进制数。

110	111	.	110	110
↓	↓	↓	↓	↓
6	7	.	6	6

结果为：$(110111.11011)_2 = (67.66)_8$

（4）二进制数与十六进制数的相互转换。

二进制数转换成十六进制数的转换原则是"四位并一位"，即以小数点为界，整数部分从右向左每4位为一组，若最后一组不足4位，则在最高位前面添0补足4位，然后从左边第一组起，将每组中的二进制数按权数相加得到对应的十六进制数，并依次写出即可；小数部分从左向右每 4 位为一组，最后一组不足 4 位时，尾部用 0 补足 4 位，然后按顺序写出每组二进制数对应的十六进制数。

例如，将 $(1111101100.0001101)_2$ 转换成十六进制数。

0011	1110	1100	.	0001	1010
↓	↓	↓		↓	↓
3	E	C	.	1	A

结果为：$(1110100.0001101)_2 = (3EC.1A)_{16}$

十六进制数转换成二进制数的转换原则是"一位拆四位"，即把一位十六进制数写成对应的 4 位二进制数，然后按顺序连接即可。

例如，将 $(C41.BA7)_{16}$ 转换为二进制数。

C	4	1	.	B	A	7
↓	↓	↓		↓	↓	↓
1100	0100	0001	.	1011	1010	0111

结果为：$(C41.BA7)_{16} = (110001000001.101110100111)_2$

在程序设计中，为了区分不同进制，常在数字后加一个英文字母作为后缀以示区别。

① 十进制数，在数字后面加字母 D 或不加字母也可以，如 6659D 或 6659。

② 二进制数，在数字后面加字母 B，如 1101101B。

③ 八进制数，在数字后面加字母 O，如 1275O。

④ 十六进制数，在数字后面加字母 H，如 CFE7BH。

12．认识符号数据的编码方式

计算机中的数据是广义的，除了数值数据外，还有文字、数字、标点符号、各种功能控制符等符号数据（数字符号只表示符号本身，不表示数值的大小）。下面简要介绍字符数据和汉字的编码方式。

（1）ASCII 码。

字符数据编码有多种方式，ASCII 码是国际上采用最普遍的字符数据编码方式。

① 定义。

ASCII 码是美国标准信息交换代码（American Standard Codes for Information Interchange）的英文缩写。

ASCII 码虽然是美国的国家标准，但已被国际标准化组织 ISO 认定为国际标准，因而该标准在世界范围内通用。

② 基本 ASCII 码字符集。

基本 ASCII 码字符集如表 1-3 所示。

表 1-3　　　　　　　　　　　　基本 ASCII 字符集

| 行 | 列 / 前位 / 后位 | 0 | 1 | 2 | 3 | 4 | 5 | 6 | 7 |
		0000	0001	0010	0011	0100	0101	0110	0111
0	0000	NUL	DLE	SP	0	@	P	`	p
1	0001	SOH	DC1	!	1	A	Q	a	q
2	0010	STX	DC2	"	2	B	R	b	r

续表

行	列 前位 后位	0 0000	1 0001	2 0010	3 0011	4 0100	5 0101	6 0110	7 0111
3	0011	ETX	DC3	#	3	C	S	c	s
4	0100	EOT	DC4	$	4	D	T	d	t
5	0101	ENQ	NAK	%	5	E	U	e	u
6	0110	ACK	SYN	&	6	F	V	f	v
7	0111	BEL	ETB	`	7	G	W	g	w
8	1000	BS	CAN	(	8	H	X	h	x
9	1001	HT	EM	)	9	I	Y	i	y
A	1010	LF	SUB	*	:	J	Z	j	z
B	1011	VT	ESC	+	;	K	[	k	{
C	1100	FF	FS	,	<	L	\	l	|
D	1101	CR	GS	-	=	M	]	m	}
E	1110	SO	RS	.	>	N	↑	n	~
F	1111	SI	US	/	?	O	↓	o	DEL

③ 基本 ASCII 码的构成。

在这个编码方案中，ASCII 码由 8 个二进制位构成，基本 ASCII 码的最高位规定为 0。

例如，大写字母 A，位于第 5 列第 2 行，故查得 A 在计算机内部的编码 $(A)_{ASCII} = 01000001$；大写字母 B，位于第 5 列第 3 行，故 $(B)_{ASCII} = 01000010$。

一个字符的 ASCII 码可以用二进制形式表示，也可以用十六进制表示，例如，$(A)_{ASCII} = (01000001)_2 = (41)_{16}$；$(B)_{ASCII} = (01000010)_2 = (42)_{16}$；$(N)_{ASCII} = (01001110)_2 = (4E)_{16}$。

④ 基本 ASCII 码可表示 128 种字符。

8 个二进制位，第 1 位为 0，余下的 7 位可以排列成 128 种编码方式（即 $2^7 = 128$）来表示 128 个不同的字符，因而能定义 128 个不同的符号。

⑤ 基本 ASCII 码的分类。

128 个字符分为两大类。

- 显示码：有 94 个编码，对应计算机键盘能输入的 94 个字符，包括 26 个英文字母的大小写，0~9 共 10 个数字符号，32 个运算符号和标点符号+、−、×、/、>、=、<等，这 94 个字符能被显示和打印。

- 控制码：有 34 个编码，不对应任何一个可以显示或打印的实际字符，只用于控制计算机设备或某些软件的运行。例如，CR 表示回车、BS 表示退一格、DEL 表示删除等。

⑥ ASCII 码的产生。

计算机中运行的 ASCII 码由输入设备（键盘、鼠标）产生。

计算机的输入设备——键盘，都设计有译码电路，每个被敲击的字符键，将由译码电路产生相应的 ASCII 码，再送入计算机。例如，当敲击大写字母 D 键时，译码电路产生相应的

ASCII 码 01000100；敲击【Esc】键时，则产生 ASCII 码 00011011。

⑦ 扩展 ASCII 码。最高位为 1 的 ASCII 码称为扩展 ASCII 码，用于表示希腊字母、不常用的特殊称号，扩展 ASCII 码也有 128 个。

 **任务实施**

1．打开计算机

开机时，如果先开主机电源，再开外部设备电源，由于主机和外设的电源插头大多插在同一电源插板上，如果主机电源的稳压性能不好，外设的接入会造成插座上的电源电压有瞬时微小下降，将可能造成硬盘损坏。而先开外部设备，再开主机，主机工作时，电源插座不会有电压下降的波动，就不会发生硬盘可能损坏的情况。

启动计算机的方法有 2 种：加电启动、复位启动。

- 加电启动：是按计算机主机箱上的 Power 键（电源开关）。当按下电源开关后，会接通电源引入的通路，将 220V 电压送到计算机电源电路的输入端。
- 复位启动：是按主机箱上的 RESET 复位键。这种启动方法用于计算机发生死机，而键盘又失效时的重新启动。

因为复位启动既能有效地启动系统，又能避免开机时的冲击电流对显示器、主板等硬件寿命的影响，所以，计算机死机时，采用复位启动是最恰当的启动方式。

开机操作步骤如下。

步骤 01 打开显示器、音箱、打印机等外部设备的电源。

步骤 02 打开主机电源。

通电后，计算机将对内存、硬盘、软驱、光驱、键盘和其他设备进行自检，然后启动操作系统。

2．初识 Windows XP 桌面和窗口

步骤 01 打开计算机系统电源开关。

步骤 02 等待 Windows XP 启动完成。

步骤 03 更换一个新的桌面背景，并拉伸，使之充满整个桌面，如图 1-17 所示。

3．退出系统和关闭计算机

在 Windows XP 环境下，关闭系统的正确步骤如下。

步骤 01 在保存各应用程序的信息后，关闭应用程序窗口，退回桌面。

步骤 02 单击"开始"按钮，在"开始"菜单中，选择"关闭计算机"命令。

步骤 03 在"关闭计算机"对话框中，单击"关闭"按钮，如图 1-18 所示。

此时，计算机自动逐一关闭打开的操作系统文件，以保证硬盘下一次能正常启动。

主机中的 ATX 电源有自动关机功能，几秒钟后将自动关闭主机电源。

4．计算机使用注意事项

（1）正确开关计算机应先开显示器电源再开主机电源，关机则相反；千万不要强行关机。

（2）正确放置计算机应轻拿轻放，远离高温、潮湿、灰尘，避免阳光直射。

（3）夏季注意防雷，不要在打雷下雨时使用计算机，最好拔掉电源线。

图 1-17 "显示 属性"对话框

图 1-18 "关闭计算机"对话框

（4）避免磁场对计算机的影响，不要与电视机、音箱、功放及电话机摆放过近，至少隔开两米左右。

（5）防止反串烧，为计算机配备一个专用的防静电接线板。

（6）在潮湿的雨季时，要将长期不用的计算机打开运行一段时间；天气干燥时，适当增加房间空气湿度。

 任务总结

通过本任务的学习，我们知道了计算机发展对社会发展的推动作用，从办公自动化到信息高速公路，计算机的应用无处不在。社会的信息化与计算机的普遍应用已经渗透到人类社会的各个领域，并促使从经济基础到上层建筑、从生产方式到生活方式的深刻转变。计算机技术的普及程度和应用水平已经成为衡量一个国家或地区现代化程度的重要标志。因此，熟练掌握计算机的操作会有效地提高我们的办公效率。

任务二　组装计算机

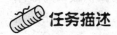 **任务描述**

当你有了一定的计算机基础知识之后，就想购买一台属于自己的计算机了，选用品牌计算机，可以得到良好的售后服务，而灵活选购计算机配件进行组装不仅可以得到一个个性化的计算机，还可以在价格上得到实惠，还便于以后升级。

 任务展示

本任务在对组成微型计算机各个配件认识的基础上，说明计算机配件的选购方法。通过本任务的学习，读者可以独立制定计算机配置方案，完成计算机配件的选购，能亲自动手完成一台计算机的安装，并能安装 Windows 操作系统。

 相关知识

1．计算机的各硬件组成

（1）认识主板。

主板，又叫主机板（mainboard）、母板（motherboard）；它安装在机箱内，是计算机最基本的也是最重要的部件之一。主板一般为矩形电路板，上面安装了组成计算机的主要电路系统，一般有 BIOS 芯片、I/O 控制芯片、键盘和面板控制开关接口、指示灯插接件、扩充插槽、主板及插卡的直流电源供电接插件等元件，如图 1-19 所示。

① 芯片组。

芯片组是集成电路，它决定主板的性能和档次（如支持多少个扩展插槽、CPU 类型、内存等），支持整个主板的运行，是主板最重要的部件。在硬件系统中，如果 CPU 相当于人的大脑，芯片组则相当于心脏，充当传送血液管道的作用。芯片组外观如图 1-20 所示。

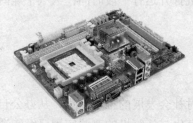

图 1-19　计算机主板

图 1-20　芯片组

主板上的控制芯片是成对使用的，按照它们在主板上的排列位置，分为"北桥芯片"和"南桥芯片"。北桥芯片提供对 CPU 的类型和主频、内存的类型和最大容量、ISA/PCI/AGP 插槽、ECC 纠错等支持；南桥芯片则提供对 KBC（键盘控制器）、RTC（实时时钟控制器）、USB（通用串行总线）、ULTRADMA/33（66）EIDE 数据传输方式和 ACPI（高级能源管理）等的支持。其中北桥芯片起着主导性的作用，也称为主桥。

② 扩展槽。

扩展槽又称总线插槽，用于接插显示卡、声卡等接口卡，是主板上占用面积最大的部件。扩展槽的数目反映了系统的扩充能力，扩展槽的种类由系统总线类型决定。现在主板的扩展槽主要有 PCI、AGP 两种，分别与主板上的 PCI、AGP 总线连接。

③ BIOS ROM 芯片。

主板上的 BIOS ROM 芯片是固化了基本输入/输出系统程序的只读存储器，提供了一个便于操作的系统软硬件接口，其外形如图 1-21 所示。

④ 高速缓冲存储器。

高速缓冲存储器简称缓存（Cache），是一种速度非常快的存储器，用于临时存储数据信息。主板上的 Cache 是 CPU 和 RAM 之间的桥梁，用于解决它们之间的速度冲突问题。

⑤ 主板电源插座

主板电源插座有 AT 和 ATX 两种规格。由机箱内的开关电源引出的电源插头应连接在相应的电源插座上。

ATX 电源引出的是一个 24 孔的长方形插头，直接插在主板上 24 针的长方形的 ATX 电源插座中，方向反了会插不进去。ATX 电源插座安装在 ATX 类主板上。

⑥ 接口。各接口外观如图 1-22 所示。

图 1-21　BIOS ROM 芯片

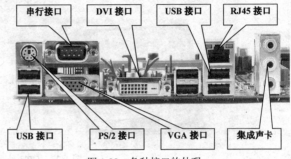

图 1-22　各种接口的外观

IDE 接口：通过插入一条 40 线扁平电缆与 IDE 硬盘驱动器相连接，它有 2 组："主硬盘接口"和"从硬盘接口"，前者一般用于接入系统引导硬盘，后者则多用于接入光驱（IDE 采用 16 位数据并行传送方式，CD-ROM（光驱）与硬盘能共用 IDE 接口）。从 ATA66 传输标准（传输率 66MB/s）开始，为防止信号串扰，将 40 芯改为 80 芯，仍用 40 针插头。

SATA 接口：SATA 是 Serial ATA 的缩写，即串行 ATA。这是一种完全不同于并行 ATA 的新型硬盘接口类型，由于采用串行方式传输数据而得名。SATA 总线使用嵌入式时钟信号，具备了更强的纠错能力，与以往相比其最大的区别在于能对传输指令（不仅仅是数据）进行检查，如果发现错误会自动矫正，这在很大程度上提高了数据传输的可靠性。串行接口还具有结构简单、支持热插拔的优点。Serial ATA 1.0 的传输率是 1.5Gb/s，Serial ATA 2.0 的传输率是 3.0Gb/s。SATA 接口是目前硬盘和光驱主要采用的接口方式。

软驱接口：通过插入一条 34 线扁平电缆与软盘驱动器相连接。存取容量为 1.44MB 的 3.5in 软盘驱动器。

PS/2 接口：用于连接接口为 PS/2 的键盘，或 PS/2 的鼠标器。

串行接口：通过插入一根 10 线扁平电缆（也称为"排线"），用于连接串口鼠标、外置 MODEM 等常用设备。串行接口可分为串行接口 1（COM1）和串行接口 2（COM2）。

并行接口（LPT）：通过插入一根 16 线扁平电缆，连接硬盘、鼠标、数码相机等一些外部设备。USB 接口的特点是：能"热插拔"，在不关闭计算机电源的情况，直接插入 USB 设备，真正实现"即插即用"功能；数据传输速度远远超过现有标准的串行口和并行口的传送速度；能同时支持多种设备的连接，最多可在 1 台计算机上连接 127 种 USB 设备；USB 接口可为 USB 设备提供 5V 电源，USB 接口为 4 针连接口，其中 2 根为电源线，另外 2 根为信号线。

PCI-E 总线（2004 年 Intel 公司推出）：是目前较新的显卡接口，取代过去使用的 AGP 和 PCI 总线。目前，除了显卡，暂无其他设备使用 PCI-E 插槽；PCI-E 是串行总线，而 PCI 是并行总线，两者传送方式完全不同。PCI-E × 16 具有 4GB/s 的传输速度，是 AGP8X 的 2 倍。

跳线主要用于设定计算机的工作状态，有的用于改变 CPU 的工作频率或工作电压，有的用于清除 BIOS 设置等。

（2）认识 CPU。

CPU 的外观如图 1-23 所示。

图 1-23　CPU 外观

① 了解 CPU 的组成及作用。

CPU 也称为中央处理单元，由运算器和控制器组成。运算器主要完成各种算术运算（如加、减、乘、除）和逻辑运算（如逻辑加、逻辑乘和逻辑非运算）；控制器读取各种指令，对指令进行分析，发出相应的控制信号。它的性能决定了整个计算机的性能。

② CPU 的性能指标。

CPU 的位数（即字长）：在一个时钟周期内，CPU 同时处理的二进制数位的多少叫字长。

能处理字长为 64 位数据的 CPU 称为 64 位 CPU，一次可以处理 8 字节（想一想，为什么？）。位数越高的 CPU 在同样时间内所能完成的数据处理就越多，CPU 性能就越强。

根据 CPU 内运算器所能处理的数据位数分类，CPU 通常分为 8 位、16 位、32 位和 64 位。目前的 CPU 已经发展到了 64 位。常见的 Pentium（奔腾）CPU 是增强的 32 位。对于 P II 以后的 CPU 来说，虽然采用 64 位输送外部数据信息，但它的寻址能力仍然停留在 32 位上，所以它还是属于 32 位机。很多服务器的 CPU 采用 64 位，AMD 公司 Opteron（皓龙）处理器和 Athlon（速龙）64 就是 64 位的 CPU。

CPU 的双（或多）核技术，就是将 2 个（或多个）计算机内核集成到一个处理器芯片中。目前，基于双核的 CPU 已成为主流产品，多核技术已是大势所趋。

CPU 的主频：即 CPU 内部的工作频率（也称为 CPU 时钟频率），可以理解为 CPU 每秒执行指令的数量。

主频的基本单位为 Hz（赫兹），常用的主频单位有 MHz（兆赫兹）、GHz（千兆赫兹），它们之间的关系为：

$$1MHz = 10^6Hz,\ 1GHz = 10^3MHz$$

主频越高，一个时钟周期内完成的指令数也就越多，中央处理器的运算速度就越快。

主频由 CPU 标志的最后数值表示，如 Intel 公司的 P4-2.8G，表示 CPU 档次为 P4，主频为 2.8GHz。

PC 中的 CPU 主要生产商有 Intel 公司、AMD（超微）公司、VIA（威盛）公司，其中 Intel 公司最具代表性。

（3）认识内存储器。

常见的内存储器如图 1-24 所示。

内存储器（RAM），即习惯称呼的内存，又称
读写存储器。

① 内存的特点。

- 既能写入，又能读出。在刚通电时，内存
  中没有存放任何信息，需要运行程序时才
  将有关信息载入。
- 关机后，内存中的信息不再保留。
- 所有要由 CPU 处理的信息，必须先调入内
  存，再传送给 CPU。

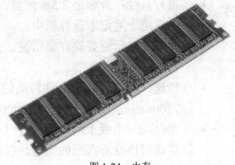

图 1-24　内存

② 内储存器的性能参数。

储存容量：能存储字节数的多少，单位有 KB、MB、GB 和 TB。

其相互换算关系如下。

1KB = 1024B

1MB = 1024KB

1GB = 1024MB

1TB = 1024GB

现在的计算机，内存容量一般选配 512MB 以上，原则上稍大为好。

存取时间：完成一次存取所用的时间，单位用 ns（纳秒）（$1ns = 10^{-9}s$）表示。

存取时间越短，内存的速度越快。型号 PC100 内存的存取时间为 10ns（运行频率为
100MHz），型号为 PC333（型号 PC333 表示运行频率为 333MHz）内存的存取时间为 3ns，
PC400 内存的存取时间为 2.5ns。

现在的主板，安装的都是 184 线的 DDR 内存。

（4）认识外部存储器。

外部存储器是计算机保存信息并与外界交换信息的重要设备，它将信息记录在磁性
物质或其他介质上，可以长期保存信息，便于携带。外部存储器分为软盘、硬盘、光盘
和 U 盘。

常见的外部存储器如图 1-25 所示。

硬盘　　　　　　移动硬盘　　　　　　光盘

图 1-25　外部存储设备

① 硬盘——大容量外部储存器。

硬盘的特点是：容量大，工作稳定性好，一般采用全密封结构，装在机内，盘片不可
更换。

硬盘的技术参数如下。

- 盘片直径：普遍是 3.5in 硬盘，除此之外，还有 2.5in 或体积更小的硬盘，小体积硬盘常用于笔记本计算机中。
- 容量：表示硬盘能存储信息的多少。硬盘容量常用 GB 作单位，目前容量有 80GB，120GB，160GB 等。
- 转速：硬盘盘片每分钟转动的圈数，单位为 r/min（转/分钟）。IDE 硬盘的转速为 7200r/min，SCSI 硬盘为 10000r/min。
- 缓存：与主板上的高速缓存（RAMCache）一样，硬盘缓存的目的是解决系统前后级读写速度不匹配的问题，以提高硬盘的读写速度。目前，IDE 硬盘的缓存通常有 2MB 和 8MB 两种。
- 接口类型：有 IDE、SCSI 和 SATA 3 种，IDE 的意思是"集控制器和盘体于一体的硬盘驱动器"，称为 ATA（即高速硬盘接口）规范。IDE 和 ATA 实际上是同一硬盘技术的不同表述方式。SCSI 的含义是"小型计算机系统接口"。

SATA 也称为串行 ATA 接口，支持热拔插；而 IDE 是并行 ATA 接口，最高数据传输率为 133MB/s；SATA1.0 的传输率为 150MB/s，SATA2.0 的传输率为 300MB/s；SATA 已成为硬盘主流接口。

目前主流的硬盘品牌有希捷（Seagate）、迈拓（Maxtor）、IBM、西部数据（WD）等。

数据排线：IDE 硬盘用 40 芯的扁平电缆；从 ATA/66（传输率为 66MB/s）开始，扁平数据线改为 80 芯（减少高速传输时的串扰），主板上的 IDE 插口大小不变；SCSI 接口与主板用一根 50 芯扁平电缆连接。

硬盘跳线：硬盘外壳上除电源插座和数据接口（40 针的 IDE 接口或 50 针的 SCSI 接口）外，还有一些跳线，在安装时可能要用它们来设置硬盘。对于 IDE 硬盘，主要设置是将其作为主盘（MASTER），还是副盘（SLAVE）；对 SCSI 硬盘，则是设置 ID 号和终端电阻等。

② 光盘驱动器。

光盘驱动器的分类：光盘驱动器又称为光驱（或 CD-ROM 驱动器），它的主要功能是驱动和读写光盘，是多媒体配件中的重要设备，分为只读光驱（CD-ROM）、刻录光驱（CD-RW）、DVD 光驱（只读见图 1-26）和 DVD 刻录机（DVD-RW）4 类。

光盘驱动器的结构：通常光驱的正面有一个 CD 立体声插孔、光驱工作指示灯、旋钮（用来调节音量，有的没有）、播放键和弹出键。

光驱的性能指标如下。

数据传输率：数据传输率表示每秒读取的字节数，以 KB/s 为单位。

倍速有不同级别：单倍速 = 150KB/s；多倍速的传输率即为单倍速的相应倍数。例如，50X 表示 50 倍速，其传输率为 150KB/s × 50 = 7500KB/s。

③ USB 存储器（U 盘）。

认识 U 盘：U 盘的核心存储介质是 1 块闪存（Flash Memory）芯片，故 U 盘又称闪存。U 盘的容量有 2GB，8GB，16GB，32GB 等。U 盘外观如图 1-27 所示。

U 盘的使用：在 Windows 98 环境下，应先安装该型号 U 盘的驱动程序，才能在 USB 接口中插入 U 盘后，在"我的电脑"中出现"移动磁盘"（即 U 盘）盘符。

图 1-26 DVD 光驱

图 1-27 U 盘

若是 Windows XP/2000，这些操作系统自带有 U 盘的驱动程序，插上 U 盘就能使用，不需要安装驱动程序。

U 盘是为数不多的能"带电拔插"的外部存储器，但拔出前，应先对 U 盘进行"关闭"（先停止，再拔出），这样才不会造成 U 盘数据的丢失（特别是在 Windows 98/2000/XP 环境下）。

（5）认识显示器。

显示器是最常用的输出设备，是计算机传递信息给用户的窗口，它能将计算机内的数据转换为各种直观的图形、图像和字符，显示计算机工作的各种状态、结果、编辑的文件、程序和图形等。常见的显示器如图 1-28 所示。

显示器件可分为传统的 CRT（阴极射线管）显示器和液晶显示器（LCD）。

CRT 显示器可分为单色显示器和彩色显示器。单色显示器现在很少使用（只用于超市收银台等少数地方），当今生产的都是 TVGA 显示模式（分辨率为 1024 像素 × 768 像素）的彩色显示器，它能适应 VGA 模式（分辨率为 640 像素 × 480 像素）和 SVGA 模式（分辨率为 800 像素 × 600 像素）。

液晶显示器体积小，耗电量低，价格较高。目前液晶显示器已开始广泛用于 PC。

（6）认识显示卡。

显示卡的作用是将计算机需要显示的数字信号转换为模拟信号，再由信号线将视频信号送往显示器。显示卡是 CPU 与显示器之间的接口电路。显示卡的外观如图 1-29 所示。

CRT 显示器

LCD 类显示器

图 1-28 显示器

图 1-29 显示卡

决定显示卡性能的部件有以下几个。

① 显示芯片：是决定显示卡性能的最主要部件。显示芯片具有三维图像的处理功能，代替 CPU 完成三维图形运算，使各种色彩鲜艳的图像能在瞬间生成。

② 显示内存：保存由图形芯片处理好的各帧图形的显示数据，然后由数模转换器读取并逐帧（1 帧，即为 1 幅完整的图像）转换为模拟视频信号，再提供给传统的显示器使用。

（7）键盘和鼠标。

① 认识键盘。

键盘是最常用，也是最主要的输入设备，常见的键盘如图 1-30 所示。

图 1-30　键盘

按键盘的结构分类，键盘可分为机械式键盘和电容式键盘 2 种，现在的键盘大多是电容式键盘。

按接口类型分类，键盘可分为 AT（6 针大圆口）、PS/2（6 针小口）、USB 接口和无线接口键盘。

从外形分类，键盘可分为标准键盘和人体工程学键盘。人体工程学键盘是在标准键盘上将指法规定的左手键区和右手键区这两大板块左右分开，并形成一定角度，操作者不必有意识夹紧双臂，保持一种比较自然的形态，这样可以有效地降低左右手键区的误击率，减少由于手腕长期悬空导致的疲劳。

② 认识鼠标。

常见的鼠标如图 1-31 所示。

鼠标按其工作原理可分为机械式鼠标和光电式鼠标，光电式鼠标要比机械式鼠标灵敏一些，并且定位比较精确。在使用鼠标时最好使用一块鼠标垫板，这样可以保持鼠标滑动的平稳性，从而提高鼠标的定位能力。

PS/2 鼠标　　　　　　　USB 鼠标　　　　　　无线鼠标

图 1-31　鼠标

鼠标按其接口类型可分为串行接口、PS/2 接口、USB 接口和无线接口 4 类鼠标。前 3 种为有线鼠标，其中串行接口鼠标已快淘汰，在没有 PS/2 接口的计算机上一般都使用这种鼠标；PS/2（绿色）接口的鼠标（也称为小口鼠标）需要专门的鼠标接口（6 芯的圆形接口）它需要主板提供一个 PS/2 的端口，在 PⅡ以上的计算机多采用这种接口的鼠标；USB 接口的鼠标能在系统开启后即插即用；无线鼠标除有标准的手挚端外，在计算机上应插一个红外线无线接收端。

（8）选购机箱和电源。

① 认识机箱。

机箱是计算机主机的外壳，用于安装计算机系统的所有配件，一般有卧式和立式 2 类，机箱的样式各异，如高的、矮的、超薄式和豪华式机箱等，如图 1-32 所示。

图 1-32 立式机箱（左）与卧式机箱（右）

机箱内有固定软盘、硬盘驱动器支架，固定主板的螺钉柱和电源。机箱板上有电源开关（POWER）、复位开关（RESET）、发光二极管指示灯 LED 等。

② 认识电源。

电源的作用是将 220V 交流市电隔离并变换成计算机需要的±5V 和±12V 低压直流电。电源单独装在一个金属方盒内，只向主机箱内供电，如图 1-33 所示。

图 1-33 电源

电源是计算机中各配件的动力源泉，一般都内置在机箱中一同出售。品质不好的电源不但会损坏主板、硬盘等部件，还会由此缩短计算机的正常使用寿命。

电源按功率分类，一般有 250W、300W、350W、400W 等几个档次。注意：计算机电源与计算机内的硬件配置应满足以下关系。

算机电源总功率≥主机硬件配置总功率

电源按接口分类，有 ATX 电源和 AT 电源 2 类。

ATX 电源向主板供电的是一个 24 线的长方形插头，有方向性，错向将插不进去；ATX 电源能在操作系统的控制下，实现对主机的自动关机。目前的计算机，都使用 ATX 电源。

AT 电源的直流输出插头是 P8、P9 两个 6 线排插，AT 电源不能自动关机；AT 电源用在从 286 到 PⅡ类型计算机，目前不再生产。

计算机电源都是开关振荡电路稳压电源，注意不要频繁开关，否则会因瞬间脉冲电流过大而烧坏计算机。

（9）认识声卡。

声卡是记录和播放声音的适配卡，它并非计算机的必备部件，但却是多媒体计算机中必须的重要部件。按采样位数，分为 8 位和 16 位声卡（8 位声卡已淘汰）。现在许多主板都集成了声卡，集成声卡已完全能满足普通用户的要求。若是专业性要求，需要另配 1 块专业级声卡。

声卡的外观如图 1-34 所示。

声卡的基本功能是：能录制话音（声音）和音乐，且可以选择以单声道或双声道录音，并且能控制采样速率。

声卡插孔的作用如下。

- SPEAKER（声音的输出孔）：接音箱或耳机（最常用的插孔）。
- MIC（麦克风）（录音输入孔）：接耳麦的话筒（麦克风）插头（录音才用）。

- LINEIN（线路输入）：接其他音源（如 MIDI 电子乐器）的输出插头。
- LINEOUT（线路输出）：接有源（自带放大功能）音箱。

LINEIN 和 LINEOUT 孔极少使用。

（10）认识音箱。

音箱是多媒体计算机不可缺少的一个组成部分，如图 1-35 所示。

图 1-34　声卡　　　　　　　　　　图 1-35　音箱

2．了解 BIOS 设置

BIOS 是 Basic Input Output System，即基本输入输出系统的英文缩写，它是被固化到计算机主板上的 ROM 芯片中的最先启动的系统软件。

BIOS 程序的主要功能是为计算机提供最底层的、最直接的硬件设置和控制。BIOS 设置程序储存在主板 BIOS-ROM 芯片中，在开机时可以进行设置。使用 BIOS 设置程序还可以排除系统故障或者诊断系统问题。关机后，主板 ROM 芯片中的 BIOS 程序不会丢失。

CMOS RAM（金属氧化物半导体读写存储器）用于存储 BIOS 设置程序所设置的参数与数据（如启动顺序、系统日期、开机口令等），CMOS RAM 中的信息靠主板上 3V 的纽扣电池来维持（这种纽扣电池的寿命为 3~5 年，开机时处于充电状态）。

BISO 设置，也习惯被称为 CMOS 设置。

在进行硬盘分区和操作系统安装时，需要几次改变引导驱动器，如先要用光驱启动，操作系统安装完成后，又要求回到硬盘启动，就需要进入计算机 BIOS，进行启动设备选项的设置。

3．硬盘分区与格式化

（1）认识硬盘分区。

新硬盘往往不能立即使用，必须进行分区和高级格式化。

将硬盘的整体存储区域划分成几个分区域的操作称为硬盘分区。新硬盘就像一张白纸，分区相当于在这张纸上划分出一个个的栏目，格式化相当于在每个栏目中打上格子，以便于写字，即存放信息。在操作系统下经常看到的如 C:、D:、E:、F: 等盘符（逻辑硬盘），实际上是在一个物理硬盘上分区的结果。

对硬盘分区就是将硬盘的整体存储区域划分为 3~5 个分区域，这些分区域又称"逻辑硬盘"，并依次赋予盘符 C:、D:、E: 等。硬盘分区后，操作系统软件一般存放在第一分区 C 盘，其他应用软件存放在其余分区，以利于系统的安全和软件的分类管理。

（2）规划各个分区的用途和容量。

现在硬盘的容量都很大，在使用时往往根据存放数据的类型进行必要的规划。

① 各分区用途的规划原则。

不同类型的数据分别存在不同的逻辑盘中。一般原则是：C 盘存放系统软件，D 盘存放应用程序，E 盘存放文档或数据文件，F 盘存放驱动程序及系统备份文件，电影游戏放在 G

盘等。盘符一般不超过 5 个。

② 各逻辑盘容量的划分原则。

应根据硬盘总容量来进行分区，各主要分区容量的大致划分原则为：系统软件区占总容量的 10%，应用程序文件区占总容量的 30%～50%，文档区占总容量的 20%～30%（若用于存放图形、图像、影视，则应规划大一些），余下的用作系统备份文件区。

（3）分区的高级格式化。

格式化就是为磁盘做初始化的工作，以便能够按部就班地往磁盘上记录资料。在对硬盘分区进行高级格式化时，还要考虑硬盘的分区格式。硬盘分区有 FAT16、FAT32、NTFS 等格式，不同的分区格式支持不同的操作系统，如表 1-5 所示。

表 1-5　　　　　　　　　　　　　　　分区格式的特点

分区格式	支持的硬盘最大格式	各分区支持的最大容量	支持的操作系统
FAT16	8GB	2GB	DOS、Windows 98/2000/NT
FAT32	不限	2TB	Windows 98/2000/NT
NTFS	不限	2TB	Windows 2000/NT/XP/VBta/7

注：现在使用的硬盘分区格式都是 FAT32 或 NTFS 格式。

 任务实施

1．计算机的硬件组装

（1）工具准备工作。

带磁性的十字螺丝刀及镊子、尖嘴钳。

（2）硬件设备准备。

主板、CPU、内存等。

（3）了解组装须知。

① 防止静电对电子器件造成损伤，工作场所做好防静电处理。

② 对各个部件要轻拿轻放，不要碰撞，尤其是硬盘、主板、CPU 和内存条不能碰撞。

③ 安装主板一定要稳固，同时要防止主板变形，不然会对主板的电子线路造成损伤。

（4）计算机组装过程。

目前市场上的 CPU 主要来自 Intel 和 AMD 两家公司，Intel 公司的处理器主要有：奔腾双核、酷睿 2（Core 2）、酷睿 i 系列。AMD 公司的处理器主要有：闪龙、速龙Ⅱ、羿龙Ⅱ系列，下面以 Inter Core 2 CPU 以及相关硬件产品展示计算机的硬件组装过程。

步骤 01 安装 CPU 处理器。

Inter 处理器奔腾双核、Core 2 系列，主要采用 LGA 775 接口，最新的酷睿 i 系列采用 LGA1156、LGA1155（Sandy Bridge），其安装方法基本相同。

图 1-36 中可以看到，Inter LGA 775 接口处理器全部采用了触点式设计，这种设计最大的优势是不用再担心针脚折断的问题，但对处理器的插座要求则更高。

图 1-36   Inter Core 2 CPU

图 1-37 是主板上的处理器插座，与针管设计的插座区别很大。在安装 CPU 之前，要先打开插座，方法是：用适当的力向下微压固定 CPU 的压杆，同时用力往外推压杆，使其脱离固定卡扣。压杆脱离卡扣后，便可以顺利地将压杆拉起。接下来，将固定处理器的盖子与压杆朝反方向提起。

图 1-37   LGA 775 插座

在安装处理器时，需要特别注意。如图 1-38 所示，在 CPU 处理器的一角上有一个三角形的标识，另外仔细观察主板上的 CPU 插座，同样会发现一个三角形的标识。在安装时，处理器上印有三角标识的那个角要与主板上印有三角标识的那个角对齐，然后慢慢地将处理器轻压到位。这不仅适用于 Inter 的处理器，而且适用于目前所有的处理器，特别是对于采用针脚设计的处理器而言，如果方向不对则无法将 CPU 安装到全部位，大家在安装时要特别注意。

图 1-38   CPU 处理器的三角形的标识

将 CPU 安装到位以后，盖好扣盖，并反方向稍微用力扣下处理器的压杆，如图 1-39 所示。至此 CPU 便被稳稳地安装到主板上，安装过程结束。

图 1-39   安装 CPU

步骤 02 安装散热器。

CPU 的发热量是相当惊人的，虽然目前 45W 的产品已经成为当前主流，但即使这样，其在运行时的发热量仍然相当惊人。因此，选择一款散热性能出色的散热器特别关键。如果散热器安装不当，散热的效果也会大打折扣。图 1-40 是 Intel LGA 775 针接口处理器的原装散热器，可以看到较之前的 478 针接口散热器相比，做了很大的改进：由以前的扣具设计改成了如今的四角固定设计，散热效果也得到了很大的提高。安装散热前，要先在 CPU 表面均匀地涂上一层导热硅脂（很多散热器在购买时已经在底部与 CPU 接触的部分涂上了导热硅脂，这时就没有必要再在处理器上涂一层了）。

安装时，将散热器的 4 个角对准主板相应的位置，如图 1-41 所示，然后用力压下四角扣具即可。有些散热器采用了螺丝设计，因此，散热器会提供相应的垫脚，只需要将 4 颗螺丝受力均衡即可。由于安装方法比较简单，这里不再赘述。

图 1-40 Intel LGA 775 散热器

图 1-41 安装散热器

固定好散热器后，还要将散热风扇接到主板的供电接口上，如图 1-42 所示。找到主板上安装风扇的接口（主板上的标识字符为 CPU_FAN），将风扇插头插放即可（注意：目前有四针与三针等几种不同的风扇接口，大家在安装时注意一下即可）。由于主板的风扇电源插头都采用了防呆式的设计，反方向无法插入，因此安装起来非常方便。

图 1-42 安装风扇的接口

步骤 03 安装内存条。

在内存成为影响系统整体性能的最大瓶颈时，双通道的内存设计大大解决了这一问题。提供 Inter 64 位处理器支持的主板目前均提供双通道功能，因此建议大家在选购内存时尽量选择两根同规格的内存来搭建双通道。

主板上的内存插槽一般都采用两种不同的颜色来区分双通道与单通道，如图 1-43 所示，将两条规格相同的内存条插入相同颜色的插槽中，即打开了双通道功能，从而提高系统性能。

安装内存时，先将内存插槽两端的扣具打开，然后将内存平行放入内存插槽中（内存插槽也使用了防呆式设计,反方向无法插入,大家在安装时可以对应一下内存与插槽上的缺口),用两拇指按住内存两端轻微向下压,如图 1-44 所示,听到"啪"的一声响后,即说明内存安装到位。

图 1-43　双通道内存插槽

图 1-44　安装内存条

另外,目前 DDR3 内存已经成为当前的主流,需要特别注意的是,DDR、DDR2 和 DDR3 内存接口是不兼容的,不能通用。到目前为止,CPU、内存的安装过程就完成了。下面再进一步讲解硬盘、电源、刻录机的安装过程。

步骤 04　将主板安装固定到机箱中。

目前,大部分主板采用 ATX 或 MATX 结构,因此机箱的设计一般都符合这种标准。在安装主板之前,先将机箱提供的主板垫脚螺母安装到机箱主板托架的对应位置,如图 1-45 所示(有些机箱购买时就已经安装)。双手平行托住主板,将主板放入机箱中,如图 1-46 所示。

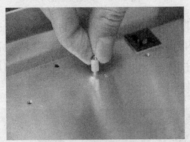

图 1-45　安装垫脚螺母

图 1-46　放置主板

机箱是否安装到位,可以通过机箱背部的主板挡板来确定,如图 1-47 所示。(注意,不同主板的背部 I/O 接口是不同的,在主板的包装中均提供一块背挡板,因此在安装主板之前先要将挡板安装到机箱上。)

拧紧螺丝,固定好主板,如图 1-48 所示。在装螺丝时,注意每颗螺丝不要一开始就拧紧,等全部螺丝安装到位后,再将每粒螺丝拧紧,这样做的好处是可以随时对主板的位置进行调整。

图 1-47　主板挡板

图 1-48　固定螺丝

步骤 05 安装硬盘。

在安装好 CPU、内存之后，需要将硬盘固定在机箱的 3.5 英寸硬盘托架上。对于普通的机箱，只需要将硬盘放入机箱的硬盘托架上，拧紧螺丝使其固定即可。很多用户使用了可拆卸的 3.5 英寸机箱托架，这样安装起硬盘来就更加简单。

机箱中固定 3.5 英寸托架的扳手，拉动此扳手即可固定或取下 3.5 英寸硬盘托架。取出 3.5 英寸硬盘托架后，将硬盘装入托架中，如图 1-49 所示，并拧紧螺丝。

将托架重新装入机箱，并将固定扳手拉回原位固定好硬盘托架，如图 1-50 所示。简单的几步便将硬盘稳稳地装入机箱中。

图 1-49 将硬盘装入托架

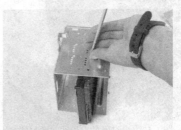
图 1-50 固定硬盘托架

步骤 06 安装光驱、电源。

安装光驱的方法与安装硬盘的方法大致相同，对于普通的机箱，只需要将机箱的 4.25 英寸托架前的面板拆除，并将光驱装入对应的位置，拧紧螺丝即可，如图 1-51a 所示。

机箱电源的安装，方法比较简单，放入到位后，拧紧螺丝即可，如图 1-51b 所示

图 1-51(a) 从机箱正面放入的光驱

图 1-51(b) 安装机箱电源

步骤 07 安装显卡。

目前，PCI-E 显卡已经市场主力军，AGP 基本上见不到了，因此，在选择显卡时，PCI-E 绝对是必选产品。

用手轻握显卡两端，垂直对准主板上的显卡插槽，如图 1-52 所示，向下轻压到位后，再用螺丝固定，即完成了显卡的安装过程。

图 1-52 主板上的 PCI-E 显卡插槽

步骤 08 连接好各种线缆。

安装完显卡之后，剩下的工作就是连接所有的线缆了。

① 安装硬盘电源与数据线接口。这是一块 SATA 硬盘，右边红色的为数据线，黑、黄、红交叉的是电源线，如图 1-53 所示，安装时将其按入即可。接口全部采用防呆式设计，反方向无法插入。

光驱数据线安装，均采用防呆式设计，安装数据线时可以看到 IDE 数据线的一侧有一条蓝色或红色的线，这条线位于电源接口一侧如图 1-54 所示。安装主板上的 IDE 数据线见图 1-55。

图 1-53　串口硬盘电源线与数据线

图 1-54　IDE 接口电源线与数据线

② 主板供电电源接口连接如图 1-56 所示。这里需要说明的是，目前大部分主板采用了 24Pin 的供电电源设计，而过去的主板多为 20Pin。

CPU 供电接口如图 1-57 所示，有些采用四针的加强供电接口设计，有些高端的使用了 8Pin 设计，以提供 CPU 稳定的电压供应。

③ 主板上 SATA 硬盘、USB 接口及机箱开关、重启、硬盘工作指示灯接口的安装方法比较简单。连接机箱上的电源键、重启键等是组装计算机的最后一步。

图 1-55　安装主板上的 IDE 数据线

图 1-58 所示便是机箱与主板电源的连接示意图。其中，POWER SW 是电源接口，对应主板上的 PWR SW 接口，RESET SW 为重启键的接口，对应主板上的 RESET 插孔。HDD LED 为机箱面板上硬盘工作指示灯，对应主板上的 HDD LED，剩下的 PLED 为计算机工作的指示灯，对应插入主板即可，如图 1-59 所示。需要注意的是，硬盘工作指示灯与电源指示灯分为正负极，在安装时需要注意，一般情况下红色代表正极。

图 1-56　24 针电源接口

图 1-57　加强 CPU 供电接口

对机箱内的各种线缆进行简单的整理，散乱的线缆要用尼龙扎带匝起来，以提供良好的散热空间，如图 1-58 所示，这一点大家一定要注意。

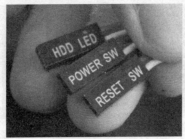

图 1-58　机箱电源、重启等键的插槽及机箱连接线

图 1-59　整理后的机箱

通过以上几个简单的步骤后，一台计算机在我们的努力下就组装成功了。

2. 软件系统的安装

（1）设置 BIOS。

打开电源开关，按 Del 键（不同版本的 BIOS 程序会有差异，需要看相关说明）进入 BIOS 设置程序，完成如下操作。

步骤 01　把光驱设置为第一启动设备。

步骤 02　保存关退出 BIOS 设置。

（2）硬盘的分区与高级格式化。

常见的分区软件有 FDISK、DM、PQMagic 等。DM 是一个很小巧的 DOS 工具，其众多的功能完全可以完成硬盘的管理工作，同时它最显著的特点就是分区的速度快。这个工具问世时间很长了，市面上可以买到的系统启动光盘基本上都带有这个工具。下面以 DM 为例，讲解硬盘分区的步骤。

操作步骤如下。

步骤 01　把系统启动光盘放入光驱各，从光盘引导。

在光盘启动菜单上选择启动 DM，开始一个说明窗口，按【Enter】键进入主界面，如图 1-60 所示。DM 提供了自动分区的功能，不用人为干预，全部由软件自行完成。

步骤 02　选择主菜单中的"（E）asy Disk Instalation"即可完成分区工作。这样虽然方便，但不能按照用户的意愿进行分区。可以选择"（A）dvanced Options"进入二级菜单，然后选择"Advanced Disk Instalation"进行分区的工作，如图 1-61 所示。

步骤 03　显示硬盘的列表，在该界面中，右边显示了所检测到的硬盘，左边为确认选项，如果确认选项无错，直接按【Enter】键即可，如图 1-62 所示。

步骤 04　进入分区格式的选择界面，此处要选择使用的操作系统类型。不同的操作系统，使用的磁盘格式也不同。现在使用最多的是 Windows XP 和 Windows 7，一般来说这两种系统都选择 FAT 32 的分区格式，如图 1-63 所示。

图 1-60　进入 DM 主画面

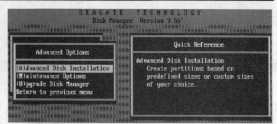

图 1-61　用"高级磁盘安装"进行分区

图 1-62　确认检测到的硬盘

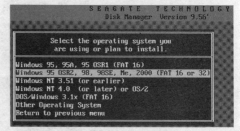

图 1-63　选择操作系统类型

步骤 05 弹出确认是否使用 FAT 32 格式的窗口。如果只使用 Windows 2000 和 Windows XP 两种系统，就可以选"（Y）ES"，如图 1-64 所示。

步骤 06 如果选"（Y）ES"，则进入图 1-65 所示的界面，进行分区大小的选择。DM 提供了一些自动的分区方式供用户选择，如果需要按照自己的意愿进行分区，则选择"OPTION（C）Define your own"。

图 1-64　确认选择

图 1-65　选择分区选项

步骤 07 输入分区的大小。首先输入主分区的大小，然后输入其他分区的大小。这个工作是不断进行的，直到硬盘所有的容量都被划分。此时如果对分区不满意，还可以通过下面提示的按键进行调整。例如，按【Del】键删除分区，按【N】键建立新的分区，如图 1-66 所示。

步骤 08 分区大小设定完成后，如果确定没有错误，要选择"Save and Continue"保存设置的结果，此时会出现红色提示窗口，再次确认设置，如果确定按【Alt + C】组合键继续，DM 会完成对分区的工作；否则按任意键回到主菜单，如图 1-67 所示。

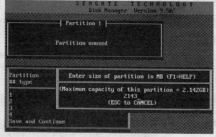

图 1-66　输入分区大小

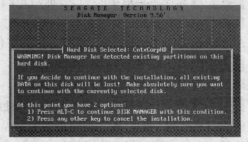

图 1-67　确认设置

步骤 09 弹出提示窗口和询问的窗口，首先询问是否进行快速格式化，除非硬盘有问题，建议选择"（Y）ES"，如图 1-68 所示。接着询问分区是否按照默认的簇进行，选择"（Y）ES"，如图 1-69 所示。

图 1-68　选择格式化方式　　　　　　图 1-69　选择是否用默认方式

步骤 10 出现最终确认的窗口，选择确认，即可开始分区的工作，如图 1-70 所示。

此时 DM 开始分区的工作，如图 1-71 所示，速度很快，一会儿就可以完成。当然在这个过程中要保证系统不要断电。完成分区工作会出现一个提示窗口，不用理会，按任意键继续。这时 DM 对分区的操作全部完成，并同时完成对各个分区的快速格式化。

图 1-70　最终确认

格式化完成之后就会出现让重新启动的提示，如图 1-72 所示。虽然 DM 提示可以使用热启动的方式重新启动，但最好还是正常重启。重新启动之后就可以看到分区后的结果了。

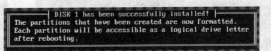

图 1-71　开始分区　　　　　　　　图 1-72　分区及络式化完成

（3）Windows XP 的安装。

中文版 Windows XP 的安装过程是非常简单的，它使用高度自动化的安装程序向导，用户不需要做太多的工作，就可以完成整个安装工作。其安装过程大概可分为收集信息、动态更新、准备安装、安装 Windows、完成安装 5 个步骤。

步骤 01 在 BIOS 中设置光盘启动，按【F10】键保存退出。重新启动计算机，当屏幕上出现"Press any Key to boot from CD"时，立即按任意一键。

步骤 02 对硬盘进行分区和格式化。做好安装前的准备工作之后，在光盘驱动器中放入中文版 Windows XP 的安装光盘，Windows XP 安装光盘引导系统并自动运行安装程序。安装程序运行后会出现"欢迎使用安装程序"的界面，按【Enter】键开始安装，如图 1-73 所示。

步骤 03 出现 Windows XP 的许可协议，按【F8】键同意，即可进行下一步操作，如果不同意，则按【Esc】键退出，如图 1-74 所示。

步骤 04 选择安装的分区。接着界面会显示硬盘中的现有分区和尚未划分的空间，在这里要用上下光标键选择 Windows XP 将要使用的分区，选定后按【Enter】键即可，如图 1-75 所示。

选定或创建好分区后，还需要对磁盘进行格式化。可使用 FAT（FAT 32）或 NTFS 文件系统来对磁盘进行格式化，建议使用 NTFS 文件系统。NTFS 文件系统是由 Microsoft 针对高性能硬盘所制定的一种新分区格式。该格式可支持 2TB 的独立分区，同时 NTFS 文件系统具备了分区压缩功能和数据还原功能。NTFS 文件系统最早是为 Windows NT 所开发的，之后又被 Windows 2000 和 Windows XP 所支持。

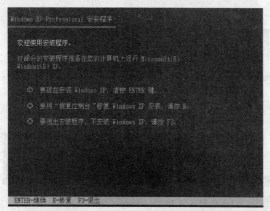
图 1-73　Windows XP 安装欢迎界面

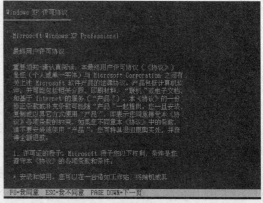
图 1-74　软件许可协议

步骤 05 格式化完成后，安装程序即开始从光盘中向硬盘复制安装文件，如图 1-76 所示。

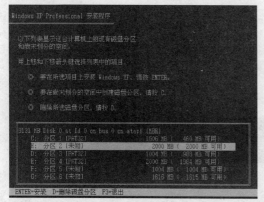
图 1-75　选择安装分区

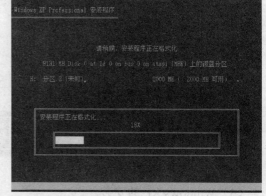
图 1-76　复制安装文件

步骤 06 重新启动计算机，进入"安装 Windows"阶段，出现图形界面，如图 1-77 所示。左侧显示安装的步骤和安装所剩余的时间，整个安装过程基本上自动进行。

步骤 07 随后会出现一个产品密钥的界面，这个密钥一般附带在安装光盘的封面上，据实填写就可以了，然后单击"下一步"按钮，如图 1-78 所示。

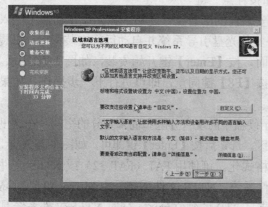
图 1-77　开始安装 Windows XP

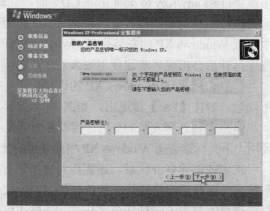
图 1-78　输入产品密钥

步骤08 弹出图 1-79 所示的对话框。在此对话框的"计算机名"文本框中输入本计算机的名称，在下面两个密码文本框中输入两次一样的密码，此密码必须记住，因为装好系统后，再次进入系统时，必须输入正确的密码才能进入。

接下来要求设置日期和时间，可直接单击"下一步"按钮。以上完成后还要对网络进行设置，如果计算机不在局域网中可使用默认的设置，单击"下一步"按钮就可以了；如果是局域网中的用户，可在网络管理员的指导下安装。安装完成后系统会自动重新启动。这一次的重启是真正运行 Windows XP 了。不过第一次运行 Windows XP 时还会要求设置 Internet 和用户，并进行软件激活。Windows XP 至少需要设置一个用户账户，在"谁会使用这台计算机"文本框输入用户名即可，中文英文均可，如图 1-80 所示。

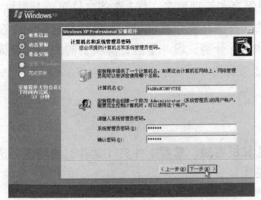
图 1-79　设置计算机名和管理员密码

图 1-80　设置一个用户账户

步骤09 完成安装过程后，安装程序还会根据用户的显示器以及显卡的性能自动调整到最合适的屏幕分辨率，当再次启动计算机后，就可以登录到中文版 Windows XP 系统了，如图 1-81 所示。

图 1-81　登录到中文版 Windows XP 系统

 **任务总结**

通过以上过程我们可以看到，只要按照计算机硬件组装的步骤，掌握设备安装的细节，

计算机组装是一件很容易的事情。同时，也只有当组装好计算机、安装 Windows 操作系统之后，计算机才可以为我们工作。

任务三　操作计算机

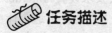
任务描述

无论是用计算机工作或是娱乐，我们总是要保存和管理很多文件，这些文件可能是歌曲、也可能是数码照片，还可能是视频，不同类型的文件保存在计算机中，如何管理它们呢？在计算机中可以通过采用文件夹的方法对这些文件进行分类管理，掌握计算机资源的管理能提高工作效率。

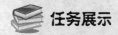
任务展示

利用"我的电脑"或"资源管理器"管理计算机资源，掌握文件夹（文件）的创建、选定、复制、移动、重命名、删除和搜索文件等操作。

相关知识

文件就是用户赋予了名称并存储在磁盘上的信息的集合，它可以是用户创建的文档，也可以是可执行应用程序，或一张图片、一段声音等。文件夹是系统组织和管理文件的一种形式，是为方便用户查找、维护和存储文件而设置的，用户可以将文件分门别类地存放在不同的文件夹中。在文件夹中可存放所有类型的文件和下一级文件夹、磁盘驱动器及打印队列等内容。

任务实施

1．设置文件和文件夹

（1）新建文件夹。

用户可以创建新的文件夹来存放具有相同类型或相近格式的文件。要创建新文件夹，可执行下列操作步骤。

步骤 01 双击"我的电脑"图标，打开"我的电脑"窗口，如图 1-82 所示。

步骤 02 双击要新建文件夹的磁盘，打开该磁盘。

步骤 03 选择"文件"→"新建"→"文件夹"命令，或右击窗口空白处，在弹出的快捷菜单中选择"新建"→"文件夹"命令，即可新建一个文件夹。

步骤 04 在新建的文件夹名称框中输入文件夹的名称，按【Enter】键或单击其他位置即可。

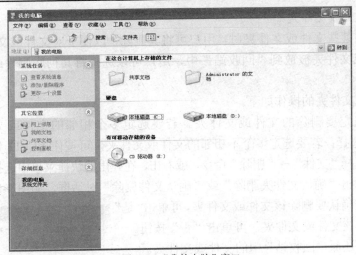

图 1-82 "我的电脑"窗口

（2）移动和复制文件或文件夹。

在实际应用中，有时用户需要将某个文件或文件夹移动或复制到其他位置以方便使用，这时就需要用到移动或复制命令。移动文件或文件夹就是将文件或文件夹放到其他位置，执行移动命令后，原位置的文件或文件夹消失并出现在目标位置；复制文件或文件夹就是将文件或文件夹复制一份，放到其他位置，执行复制命令后，原位置和目标位置均有该文件或文件夹。移动和复制文件或文件夹的操作步骤如下。

步骤 01 选择要进行移动或复制的文件或文件夹。

步骤 02 选择"编辑"→"剪切"或"复制"命令，或右键单击，在弹出的快捷菜单中选择"剪切"或"复制"命令。

步骤 03 选择"编辑"→"粘贴"命令，或右键单击，在弹出的快捷菜单中选择"粘贴"命令即可。

注意： 若要一次移动或复制多个相邻的文件或文件夹，可按住【Shif】键选择多个相邻的文件或文件夹；若要一次移动或复制多个不相邻的文件或文件夹，可按住【Ctrl】键选择多个不相邻的文件或文件夹；除非选择的文件或文件夹较少，否则先选中非选文件或文件夹，然后选择"编辑"→"反向选择"命令即可；若要选择所有的文件或文件夹，可选择"编辑"→"全部选定"命令或按【Ctrl＋A】组合键 。

（3）重命名文件或文件夹。

重命名文件或文件夹就是给文件或文件夹重新设置一个名称，使其可以更符合用户的要求。重命名文件或文件夹的具体操作步骤如下。

步骤 01 选择要重命名的文件或文件夹。

步骤 02 选择"文件"→"重命名"命令，或右键单击，在弹出的快捷菜单中选择"重命名"命令。

步骤 03 这时文件或文件夹的名称处于编辑状态（蓝色反白显示，用户可直接输入新的名称，进行重命名操作。

注意： 也可在文件或文件夹名称处直接单击两次（两次单击间隔时间应稍长一些，以免变为双击操作），使名称处于编辑状态，输入新的名称进行重命名操作。

（4）删除文件或文件夹。

当不再需要某些文件或文件夹时，用户可将其删除，以便于对文件或文件夹进行管理。删除后的文件或文件夹被放到"回收站"中，用户可以选择将其彻底删除或还原到原来的位置。

删除文件或文件夹的操作如下。

步骤01 选定要删除的文件或文件夹。若要选定多个相邻的文件或文件夹，可按住【Shift】键进行选择；若要选定多个不相邻的文件或文件夹，可按住【Ctrl】键进行选择。

步骤02 选择"文件"→"删除"命令，或右击，在弹出的快捷菜单中选择"删除"命令。

步骤03 弹出"确认文件夹删除"或"确认文件删除"对话框，如图1-83所示。

步骤04 若确认要删除该文件或文件夹，可单击"是"按钮；若不删除该文件或文件夹，可单击"否"按钮。

（5）删除或还原"回收站"中的文件或文件夹。

"回收站"为用户提供了一个安全的删除文件或文件夹的解决方案，用户从硬盘中删除文件或文件夹时，Windows XP会将其自动放入"回收站"中，直到用户删除或还原其中的文件。

图1-83 "确认文件夹删除"对话框

删除或还原"回收站"中文件或文件夹的操作步骤如下。

步骤01 双击桌面上的"回收站"图标。

步骤02 打开"回收站"窗口，如图1-84所示。

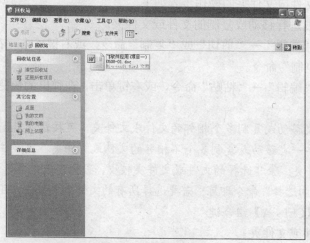

图1-84 "回收站"窗口

步骤03 若要删除"回收站"中所有的文件和文件夹，可选择"回收站任务"窗格中的"清空回收站"命令；若要还原所有的文件和文件夹，可选择"回收站任务"窗格中的"还原所有项目"命令；若要还原某个文件或文件夹，可选中该文件或文件夹，选择"回收站任务"窗格中的"还原此项目"命令；若要还原多个文件或文件夹，可按住【Ctrl】键，选定文件或文件夹然后将其还原。

注意：删除"回收站"中的文件或文件夹，意味着将该文件或文件夹彻底删除，无法再还原；若还原"回收站"中的文件，则该文件夹将在原来的位置重建，并在此文件夹中还原文件；当"回收站"满后，Windows XP将自动清除"回收站"中的部分文件，以存放最近删除的文件和文件夹。

也可以选中要删除的文件或文件夹，将其拖到"回收站"图标上进行删除。若想直接删除文件或文件夹，而不将其放入"回收站"中，可在拖到"回收站"图标上时按住【Shift】键，或选中该文件或文件夹，按【Shift+Delete】组合键。

（6）更改文件或文件夹属性。

文件或文件夹包含 3 种属性：只读、隐藏和存档。若将文件或文件夹设置为"只读"属性，则该文件或文件夹不允许更改和删除；若将文件或文件夹设置为"隐藏"属性，则该文件或文件夹在常规显示中将不被看到；若将文件或文件夹设置为"存档"属性，则表示该文件或文件夹已存档，有些程序用此选项来确定哪些文件需做备份。

更改文件或文件夹属性的操作步骤如下。

步骤 01 选中要更改属性的文件或文件夹，右击，选择快捷菜单中的"属性"命令。

步骤 02 在弹出的属性对话框中选择"常规"选项卡，如图 1-85 所示。

步骤 03 在该选项卡的"属性"选项组中选中需要的属性复选框。

步骤 04 单击"应用"按钮，弹出"确认属性更改"对话框，如图 1-86 所示。

步骤 05 在该对话框中可选中"仅将更改应用于该文件夹"或"将更改应用于该文件夹、子文件夹和文件"单选按钮，然后单击"确定"按钮，关闭该对话框。

步骤 06 在"常规"选项卡中，单击"确定"按钮即可应用该属性。

图 1-85 "常规"选项卡

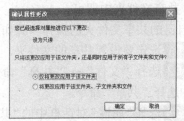

图 1-86 "确认属性更改"对话框

2. 搜索文件和文件夹

有时用户需要查看某个文件或文件夹的内容，却忘记了该文件或文件夹存放的具体位置或具体名称，这时 Windows XP 提供的搜索文件或文件夹功能就可以帮用户查找该文件或文件夹。

搜索文件或文件夹的具体操作如下。

步骤 01 单击"开始"按钮，在弹出的菜单中选择"搜索"命令。

步骤 02 打开"搜索结果"窗口，如图 1-87 所示。

步骤 03 在"全部或部分文件名"文本框中输入文件或文件夹的名称。

步骤 04 在"文件中的一个字或词组"文本框中输入该文件或文件夹中包含的文字。

步骤 05 在"在这里寻找"下拉列表框中选择要搜索的范围。

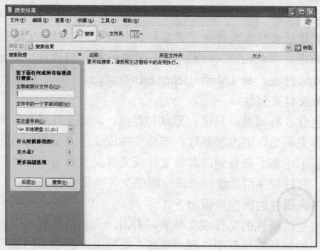

图 1-87　"搜索结果"窗口

步骤 06 单击"搜索"按钮，即可开始搜索，Windows XP 会将搜索的结果显示在"搜索结果"窗口右侧的空白框内。

步骤 07 若要停止搜索，可单击"停止搜索"按钮。

步骤 08 双击搜索后显示的文件或文件夹，即可打开该文件或文件夹。

3. 设置共享文件夹

Windows XP 网络方面的功能设置更加强大，用户不仅可以使用系统提供的共享文件夹，也可以设置自己的共享文件夹，与其他用户共享自己的文件夹。系统提供的共享文件夹被命名为 Shared Documents。双击"我的电脑"图标，在"我的电脑"窗口中可看到该共享文件夹。若用户想将某个文件或文件夹设置为共享，则选定该文件或文件夹，将其拖到 Shared Documents 共享文件夹中即可。

设置自己的共享文件夹的操作步骤如下。

步骤 01 选定要设置共享的文件夹。

步骤 02 选择"文件"→"共享"命令，或右击，在弹出的快捷菜单中选择"共享"命令。

步骤 03 选择"属性"对话框中的"共享"选项卡，如图 1-88 所示。

步骤 04 选中"在网络上共享这个文件夹"复选框，这时"共享名"文本框和"允许网络用户更改我的文件"复选框变为可用状态。用户可以在"共享名"文本框中更改该共享文件夹的名称；若取消选中"允许网络用户更改我的文件"复选框，则其他用户只能看该共享文件夹中的内容，而不能对其进行修改。

图 1-88　"共享"选项卡

步骤 05 设置完毕后，单击"应用"按钮或"确定"按钮即可。

注意：在"共享名"文本框中更改的名称是其他用户连接到此共享文件夹时将看到的名称，文件夹的实际名称并没有改变。

4. 使用资源管理器

资源管理器可以以分层的方式显示计算机内所有文件的详细列表。使用资源管理器可以更加方便地实现浏览、查看、移动和复制文件或文件夹等操作，用户不必打开多个窗口，而只在一个窗口中就可以浏览所有的磁盘和文件夹。

打开"资源管理器"窗口的步骤如下。

步骤 01 单击"开始"按钮，打开"开始"菜单。

步骤 02 选择"所有程序"→"附件"→"Windows 资源管理器"命令，打开 Windows 资源管理器窗口，如图 1-89 所示。

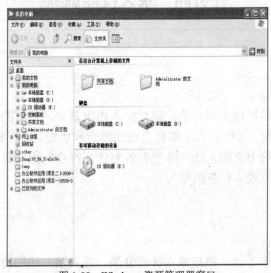

图 1-89　Windows 资源管理器窗口

步骤 03 在该窗口中，左侧的窗格显示了所有磁盘和文件夹的列表，右侧的窗格显示了选定的磁盘和文件夹中的内容。

步骤 04 在左侧的窗格中，若驱动器或文件夹前面有"＋"号，表明该驱动器或文件夹有下一级子文件夹。单击"＋"号可展开其所包含的子文件夹，当展开驱动器或文件夹后，"＋"号会变成"－"号，表明该驱动器或文件夹已展开，单击"－"号，可折叠已展开的内容。例如，单击左侧窗格中"我的电脑"前面的"＋"号，将显示"我的电脑"中所有的磁盘信息，选择共享自定义可以在网络上共享这个文件夹。

步骤 05 若要移动或复制文件或文件夹，可选中要移动或复制的文件或文件夹并右击，在弹出的快捷菜单中选择"剪切"或"复制"命令。

步骤 06 单击要移动或复制到的磁盘前的加号，打开该磁盘，选择要移动或复制到的文件夹。

步骤 07 右击，在弹出的快捷菜单中选择"粘贴"命令即可。

注意：用户也可以通过右击"开始"按钮，在弹出的快捷菜单中选择"资源管理器"命令，或右击"我的电脑"图标，在弹出的快捷菜单中选择"资源管理器"命令来打开 Windows 资源管理器。

 任务总结

资源管理器是 Windows 系统提供的资源管理工具，可以用它查看当前计算机的所有资

源，特别是它提供的树形文件系统结构，使用户能更清楚、更直观地认识计算机的文件和文件夹，这是"我的电脑"所没有的。在实际的使用功能上，"资源管理器"和"我的电脑"是相同的，两者都是用来管理系统资源，也可以说都是用来管理文件的。另外，在资源管理器中还可以对文件进行各种操作，如打开、复制、移动等。

任务四　录入技能训练

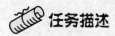 **任务描述**

要使用计算机，只靠鼠标是不行的，键盘输入也很重要，目前的键盘输入法种类繁多，而且新的输入法不断涌现，每种输入法都有自己的特点和优势。随着各种输入法版本的更新，其功能越来越强。目前的中文输入法有哪些？各有什么特点？到底哪种输入法适合自己使用呢？下面带着这些问题完成本任务的学习。

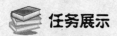 **任务展示**

对输入法有进一步的了解，熟知输入法的分类、各类输入法的特点，从而选择更适合自己的输入法。

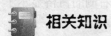 **相关知识**

1. 输入法的分类

要将汉字输入计算机，就要使用汉字输入法，目前，汉字输入方法可分为两大类：键盘输入法和非键盘输入法。下面简单介绍这两类输入法。

（1）键盘输入法。

目前的中文输入法有以下几类。

① 对应码（流水码）：这种输入方法以各种编码表作为输入依据，因为每个汉字只有一个编码，所以重码率几乎为零，效率高，可以高速盲打，缺点是需要的记忆量极大，而且没有太多的规律可言。常见的流水码有区位码、电报码、内码等，一个编码对应一个汉字。

这种方法适用于某些专业人员，如电报员、通信员等。在计算机中输入汉字时，这类输入法基本已经淘汰，只是作为一种辅助输入法，主要用于输入某些特殊符号。

② 音码：这类输入法是按照拼音规定来进行汉字输入的，不需要特殊的记忆，符合人的思维习惯，只要会拼音就可以输入汉字。但拼音输入法也有缺点：一是同音字太多，重码率高，输入效率低；二是对用户的发音要求较高；三是难于处理不认识的生字。例如，我国内地的全拼双音、双拼双音、新全拼、新双拼、智能 ABC、洪恩拼音、考拉、拼音王、拼音之星、微软拼音等；台湾地区的注音、忘型、自然、汉音、罗马拼音等；香港地区的汉语拼音、粤语拼音等。

这种输入方法不适用于专业的打字员，但非常适合普通的计算机操作者，尤其是随着一批智能产品和优秀软件的相继问世，中文输入进入了"以词输入为主导"的境界，重码选择已不再成为音码的主要障碍。新的拼音输入法在模糊音处理、自动造词、兼容性等方面都有很大提高，微软拼音输入、黑马智能输入等输入法还支持整句输入，使拼音输入速度大幅度提高。

③ 形码：形码是按汉字的字形（笔画、部首）来进行编码的。汉字是由许多相对独立的基本部分组成的，例如，"好"字由"女"和"子"组成，"助"字由"且"和"力"组成，这里的"女"、"子"、"且"、"力"在汉字编码中称为字根或字元。形码是一种将字根或笔画规定为基本的输入编码，再由这些编码组合成汉字的输入方法。

最常用的形码有中国内地的五笔字型、表形码、码根码等；台湾地区的仓颉、大易、行列、呒虾米、华象直觉等；香港地区的纵横、快码等。形码的最大的优点是重码少，不受方言干扰，只要经过一段时间的训练，中文字的输入效率会大大提高，因而这类输入法也是目前最受欢迎的一类。现在社会上，大多数打字员都用形码进行汉字输入，而且对普通话发音不准的南方用户很有帮助，因为形码中是不涉及拼音的。形码的缺点就是需要记忆的东西较多，长时间不用会忘掉。

④ 音形码：音形码吸取了音码和形码的优点，将二者混合使用。常见的音形码有郑码、钱码、丁码等。自然码是目前比较常用的一种混合码。这种输入法以音码为主，以形码作为可选辅助编码，而且其形码采用"切音"法，解决了不认识汉字的输入问题。自然码 6.0 增强版保持了原有的优秀功能新增加的多环境、多内码、多方案、多词库等功能，大大提高了输入速度和输入性能。

这种输入法的特点是速度较快，不需要专门的培训，适合对打字速度有一定要求的非专业打字人员使用，如记者、作家等。相对于音码和形码，音形码使用的人还比较少。

⑤ 混合输入法：为了提高输入效率，某些汉字系统结合了一些智能化的功能，同时采用音、形、义多途径输入。还有很多智能输入法把拼音输入法和某种形码输入法结合起来，使一种输入法中包含多种输入方法。

以万能五笔为例，它包含五笔、拼音、中译英、英译中等多种输入法。全部输入法只在一个输入法窗口中，不需要用户来回切换。如果会拼音，就打拼音；会英语，就打英语；如果不会拼音不会英语，还可以打笔画；还有拼音＋笔画，为用户考虑得很周到。

（2）非键盘输入法。

无论多好的键盘输入法，都需要使用者经过一段时间的练习才可能达到基本要求的速度，用户的指法必须很熟练才行，对非专业计算机使用者来说，多少会有些困难。因此，现在有许多人想另辟蹊径，不通过键盘而通过其他途径，省却这个练习过程，让所有人都能轻易地输入汉字。我们把这些输入法统称为非键盘输入法，它们的特点就是使用简单，但都需要特殊设备。非键盘输入方式无非是手写、听、听写、读听写等方式。但由于组合不同、品牌不同，形成了林林总总的产品，大致分为手写笔、语音识别、手写加语音识别、手写语音识别加 OCR 扫描阅读器几类。

2．如何选择输入法

目前的输入法有国标码与区位码、全拼双音输入法、双拼双音输入法、新拼音输入法、智能 ABC、搜狗输入法、微软拼音输入法、五笔字型输入法、拼音加加输入法、紫光拼音输入法、万能码输入法、智能五笔输入法、绿色拼形输入法、自然码输入法、21 世纪输入法等。

一般来讲，非专业打字人员可以选择简单的音码，专业打字人员应选择形码，对打字速度有一定要求的非专业打字人员可以采用音码或音形码。

 **任务实施**

1．掌握搜狗拼音输入法

搜狗拼音输入法（简称搜狗输入法、搜狗拼音）是搜狐公司推出的一款汉字拼音输入法软件，是目前国内主流的拼音输入法之一，号称是当前网上最流行、用户好评率最高、功能最强大的拼音输入法。搜狗输入法与传统输入法不同的是，它采用了搜索引擎技术，是第二代的输入法。由于采用了搜索引擎技术，输入速度有了质的飞跃，在词库的广度、词语的准确度上，搜狗输入法都远远领先于其他输入法。

搜狗拼音输入法的规则如下。

（1）全拼。

全拼输入是拼音输入法中最基本的输入方式。只要用【Ctrl + Shift】组合键切换到搜狗输入法，在输入窗口中输入拼音，然后依次选择所要字或词即可。可以用默认的翻页键【PageUp】、【PageDown】来进行翻页。

全拼模式：

（2）简拼。

简拼输入是输入声母或声母的首字母来进行输入的一种方式，有效地利用简拼，可以大大提高输入的效率。

简拼模式 1：

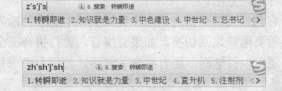

简拼模式 2：

（3）双拼。

双拼是用定义好的单字母代替较长的多字母韵母或声母来进行输入的一种方式。例如，如果 T = t，M = ian，输入两个字母"TM"就会输入拼音"tian"。使用双拼可以减少击键次数，但需要记忆字母对应的键位，熟练之后效率会有一定的提高。

如果使用双拼，要在设置属性窗口中把双拼选上。

特殊拼音的双拼输入规则有：对于单韵母字，需要在前面输入字母 O + 韵母 O。例如，输入→OAA，输入 OO→O，输入 OE→E。而在自然码双拼方案中，与自然码输入法的双拼方式一致，对于单韵母字，需要输入双韵母。例如，输入 AA→A，输入 OO→O，输入 EE→E。

2．搜狗拼音输入法的使用

（1）使用简拼。

搜狗输入法现在支持的是声母简拼和声母的首字母简拼。例如，只要输入"zhly"或者

"zly"就可以输入"张靓颖"。而且，搜狗输入法支持简拼、全拼的混合输入。例如，输入"srf"、"sruf"、"srfa"都可以得到"输入法"。

请注意：这里的声母的首字母简拼的作用和模糊音中的"z、s、c"相同，但是，即使没有选择设置中的模糊音，同样可以用"zly"输入"张靓颖"。有效地用声母的首字母简拼可以提高输入效率，减少误打。例如，输入"指示精神"这几个字，如果输入传统的声母简拼，只能输入"zhshjsh"，需要输入的字母太多，而且多个 h 容易造成误打，而输入声母的首字母简拼——"zsjs"能很快得到想要的词。

（2）中英文切换输入。

输入法默认是按【Shift】键就切换到英文输入状态，再按一次【Shift】键就会返回中文状态。单击状态栏上的中字图标也可以进行切换。

除了按【Shift】键切换以外，搜狗输入法也支持按【Enter】键输入英文，和 V 模式输入英文。在输入较短的英文时使用，能省去切换到英文状态下的麻烦。具体使用方法是：先输入英文，直接按【Enter】键即可。

V 模式输入英文：先输入"V"，然后再输入要输入的英文，可以包含@、＋、*、–等符号，然后按【Space】键即可。

（3）修改候选词的个数。

【案例 1】5 个候选词。

【案例 2】8 个候选词。

可以通过在状态栏上的右键菜单中选择"设置属性"→"外观"→"候选项数"选项来修改候选词的个数，选择范围是 3～9 个。

输入法默认的是 5 个候选词，搜狗输入法的首词命中率和传统的输入法相比已经大大提高，第一页的 5 个候选词能够满足绝大多数的输入。推荐选用默认的 5 个候选词，如果候选词太多会造成查找时的困难，导致输入效率下降。

（4）输入网址。

搜狗拼音输入法特别为网络设计了多种方便的网址输入模式，让用户能够在中文输入状态下就可以输入几乎所有的网址。目前的规则有：输入以 www.、htp:、ftp:、telnet:、mailo:等开头的网址时，自动识别并进入英文输入状态，后面可以输入如 www.sogou.com、ftp://sogou.com 等类型的网址。

输入非 www.开头的网址时，直接输入，如 abC．abc 即可（但不能输入 abc23.abc 类型的网址，因为句号还被当做默认的翻页键）。

输入邮箱时，可以输入前缀不含数字的邮箱，如 leilei@sogou.com。

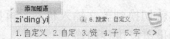

（5）使用自定义短语。

自定义短语是通过特定字符串来输入自定义好的文本，可以通过输入框上拼音串上的"添加短语"按钮，或者候选项中的短语项的"编辑短语"→"编辑短语"选项来进行短语的添加、编辑和删除。

设置自己常用的自定义短语可以提高输入效率，例如，使用 yx，1 = wangshi@sogou.com，输入 yx，然后按【Space】键就输入了 wangshi@sogou.com。使用 shz，1 = 13012345678，输入了 shz，然后按【Space】键就可以输入 13012345678。

自定义短语在设置窗口的"高级"选项卡中默认开启。单击"自定义短语设置"按钮即可，如图 1-90 所示。

也可以在"自定义短语设置"对话框中进行添加、删除、修改自定义短语的操作。经过改进后的自定义短语支持多行、空格及指定位置。

（6）设置固定首字。

搜狗拼音输入法可以帮助用户实现把某一拼音下的某一候选项固定在第一位，即固定首字功能。输入拼音，找到要固定在首位的候选项，将鼠标指针悬浮在候选字词上之后，在弹出的菜单命令中选择"固定首位"命令即可，如图 1-91 所示。也可以通过上面的自定义短语功能来进行设置。

图 1-90 "搜狗拼音输入法-自定义短语设置"对话框

图 1-91 选择"固定首位"命令

（7）快速输入表情及其他特殊符号。

搜狗拼音输入法为用户提供了丰富的表情、特殊符号库及字符画，不仅在候选项上可以选择，还可以单击右上方的提示，进入表情和符号输入专用面板随意选择自己喜欢的表情、符号、字符画，如图 1-92 所示。

3．输入法设置

（1）打开设置窗口。

可以单击状态栏上的"菜单"图标，或者在状态栏上右击，选择"设置属性"命令，即可打开设置窗口。输入法默认的设置一般都是效率最高、适合多数人使用的选项，推荐大家使用默认设置选项。

（2）"常规"选项卡。

输入风格：为充分照顾智能 ABC 用户的使用习惯，搜狗拼音输入法特别设计了两种输入风格，如图 1-93 所示。

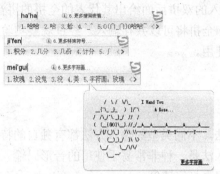

图 1-92 快速输入表情及其他符号

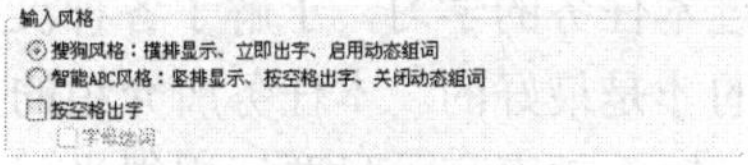

图 1-93 两种输入风格

① 搜狗风格。

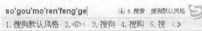

在搜狗默认风格下，候选项横向显示，输入拼音直接转换（元空格），启用动态组词，使用","或"。"翻页，候选项个数为 5 个。搜狗默认风格适用于绝大多数的用户，即使长期使用其他输入法直接改换搜狗默认风格也会很快上手。当更改为此风格时，将同时改变以上 5 个选项，当然，这 5 个选项可以单独修改，以适合自己的习惯。

②智能 ABC 风格。

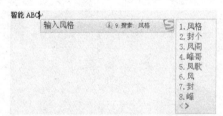

在智能 ABC 风格下，将使用候选项竖式显示，输入拼音空格转换，关闭动态组词，不使用","或"。"翻页，候选项个数为 8 个。智能 ABC 风格适用于习惯使用按【Space】键出字、竖向候选项等智能 ABC 的用户。当更改为此风格时，将同时改变以上 5 个选项，当然，这 5 个选项可以单独修改，以适合自己的习惯。

智能 ABC 风格是为广大的智能 ABC 用户所特别设计的输入风格，希望所有的用户使用起来更舒适、更流畅。

（3）拼音模式。

拼音模式如图 1-94 所示。

搜狗拼音输入法支持全拼、简拼、双拼方式。

① 全拼：全拼是指输入完整的拼音序列来输入汉字。例如，要输入"超级女声"可以输入"chaojinvsheng"。选中简拼，可以进行简拼和全拼的混合输入。要了解

图 1-94 拼音模式

简拼，请查看怎样使用简拼，选中"首字母简拼（如 z 表示 zh 等，a 表示 an 等）"复选框后，

可以用"cjns"表示"超级女声"，此功能默认开启。

② 双拼：双拼是用定义好的单字母代替较长的多字母韵母或声母来进行输入的一种方式。例如，如果 T = t，M = ian，输入两个字母"TM"就会输入拼音"tian"。使用双拼可以减少击键次数，但需要记忆字母对应的键位，熟练之后效率会有一定的提高。

③ 选中"双拼展开提示"复选框后，会在输入的双拼后面给出其代表的全拼的拼音提示。选中"双拼下同时使用全拼"复选框后，双拼和全拼将可以共存输入。经过观察实验，两者基本上没有冲突，可以供双拼新手初学双拼时使用。

 任务总结

通过本任务的学习，了解了各种汉字输入法，不同类型的输入方法都有独自的特点，适合自己的才是最好的。本任务所介绍的搜狗输入法是一种非常易于使用的音形码输入法，使用简单，输入效率高，只要运用得当，可迅速提高打字速度。

项目二

速制办公文档

任务一　制作单位通用公文

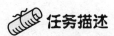 **任务描述**

　　学院临近寒假期间，为了防火防盗，特作出详细的书面部署，以通知的形式下发基层，此通知由张秘书负责起草并排版，那么就让我们和张秘书一起来制作吧。通知是运用广泛的知照性公文。用于发布法规、规章、转发上级机关、同级机关和不相隶属机关的公文，批转下级机关的公文，要求下级机关办理某项事务等。

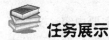 **任务展示**

　　通知是一个比较正式的公文，其版面设计不会很个性，各部分的设计都是有严格的标准和规定的。本任务主要是通过制作一个指示性类型的通知来介绍解如何制作一个符合规范的通知。本任务制作的紧急通知如图 2-1 所示。

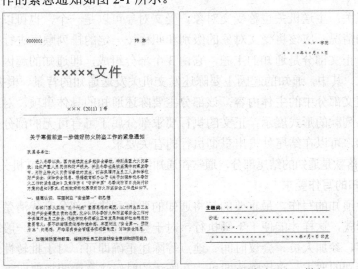

图 2-1　"关于寒假前进一步做好防火防盗工作的紧急通知"样文

完成思路

1. 紧急通知

通知是向特定受文对象告知或转达有关事项的文件，让受文对象知道或执行相关事项或文件的一种公文。无论是在日常的生活中，还是在办公过程中，都会经常看到各种各样的通知。根据通知的适用范围不同，可以将其划分为六大类，分别是发布性通知、批转性通知、指示性通知、任免性通知、转发性通知和事务性通知，如图 2-2 所示。

图 2-2　通知分类

2. 紧急通知写作分析

由于通知的种类比较多，对于不同功能和种类的通知，其写法上有较大的区别。但是，通知的主要组成部分是相同的，包括通知的标题、主送机关、正文以及通知的落款，各部分的作用如下。

（1）标题：通知的标题一般采用公文标题的常规写法，由发文机关、主要内容、文种组成。例如，《中共中央办公厅、国务院办公厅关于严禁××××的通知》，在该标题中，发文机关是"中共中央办公厅、国务院办公厅"，主要内容是"关于严禁××××"，文种属于通知。也可以省略发文机关，直接由主要内容和文种组成通知的标题，如《关于严禁××××的通知》。

（2）主送机关：主送机关也称受文对象，受文对象可以是一个，也可以是多个，对于受文对象有多个的情况，应该将受文对象的级别和职称按一定的排列顺序进行排列。

（3）正文：正文部分是通知的主题，它由 3 个部分组成，即通知的起因、通知的事项和正文的执行要求。其中，通知的起因主要陈述发文机关发送通知的背景、根据、目的等内容；通知的事项是正文部分中的主体内容，该部分主要陈述通知的具体事项，对于内容复杂的事项可以使用分条列款的形式展示；正文的执行要求部分属于可有可无的部分，对于发布性通知和指示性通知，可以在结尾处提出贯彻执行的有关要求。

（4）落款：落款是通知的结尾部分，通常在通知结束后都需要署名发文机关和发文的时间。

3. 常见通知的写作要求

对于指示性通知的写作，最重要的是将通知的要求和措施部分交代清楚，可以分条也可以用小标题的形式，这样才能便于下级执行；对于会议性通知的写作，一般就是将会议的目的、名称、内容、参加人员、会议时间、地点等陈述正确即可；对于批转性通知和转发性通知的写作没有特别的要求，直接陈述即可，在陈述的时候注意简明扼要即可。

4．制作流程简述

通知的制作按文本结构分为眉首制作、主体制作、标记制作 3 个部分，具体制作过程如图 2-3 所示。

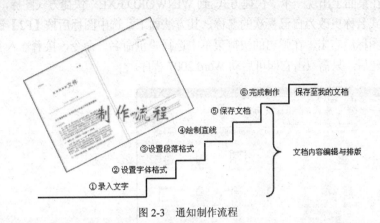

图 2-3　通知制作流程

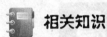 **相关知识**

1．启动和退出 Word 2007

（1）启动 Word 2007。

① 通过程序菜单启动 Word 文档。选择"开始"→"所有程序"→"Microsoft Office"→"Microsoft Office Word 2007"命令，如图 2-4 所示，即可启动 Word 2007 程序。

② 通过创建 Word 文档启动。在 Windows 桌面的空白处右击，或者在"资源管理器"窗口中右击，然后在弹出的快捷菜单中选择"新建"→"Microsoft Office Word 文档"命令，如图 2-5 所示。这时，屏幕上会出现一个"新建 Microsoft Office Word 文档"图标。双击该图标，就会启动 Word 2007 并创建一个新文档。

图 2-4　从"开始"菜单启动 Word 2007 程序　　　　图 2-5　快捷菜单

③创建快捷方式启动。打开 Word 2007 安装目录（一般在 X:\Program Files\Microsoft Office2007\Office12目录，X 就是 Office 2007 所安装的磁盘分区，见图2-6），找到"WINWORD.EXE"文件，在其图标上右击，在弹出的快捷菜单中选择"发送到"→"桌面快捷方式"命令，如图 2-6 所示。此时，在桌面上出现一个"快捷方式 到 WINWORD.EXE"快捷方式图标，如图 2-7 所示。可以将快捷方式名称更改为自己喜欢的名称，其方法如下：选中图标后按【F2】键，接着输入名称即可；选中图标后右击，在弹出的快捷菜单中选择"重命名"命令，接着输入名称即可。完成快捷方式的创建后，只需双击它即可启动 Word 2007 程序。

图 2-6　创建快捷方式

图 2-7　利用桌面快捷方式启动

（2）退出 Word 2007。退出 Word 2007 程序有以下几种方法。

① 单击标题栏最右端的"关闭"按钮。

② 单击标题栏最左端的"Office"按钮，打开控制菜单，单击"退出 Word"按钮。

③ 双击标题栏最左端的"Office"按钮。

④ 在标题栏的任意处右击，在弹出的快捷菜单（见图 2-8）中选择"关闭"命令。

⑤ 按【Alt+F4】组合键。

如果在退出之前没有保存修改过的文档，此时 Word 2007 系统会弹出信息提示对话框，如图 2-9 所示。单击"是"按钮，Word 2007 会保存文档，然后退出；单击"否"按钮，Word 2007 不保存文档，直接退出；单击"取消"按钮，Word 2007 会取消这次操作，返回至 Word 2007 编辑窗口。

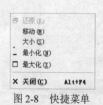

图 2-8　快捷菜单

图 2-9　退出时提示保存文件

2．Word 2007 操作界面

按照上述方法启动 Word 2007 程序后，就可以打开图 2-10 所示的窗口。窗口由 Office 按钮、动态命令选项卡、快速访问工具栏、标题栏、功能区、工作区、状态栏等部分组成。

与早期版本界面相比，Word 2007 的界面更加豪华，下面着重介绍部分更新功能。

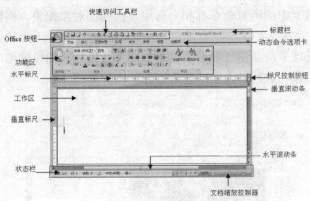

图 2-10 Word 2007 窗口界面

（1）快速访问工具栏。用户可以在快速访问工具栏上放置一些最常用的命令，如新建文件、保存、撤销、打印等命令。快速访问工具栏非常类似于 Word 之前版本中的工具栏，该工具栏中的命令按钮不会动态变换。用户可以非常灵活地增加、删除快速访问工具栏中的命令按钮。要向快速访问工具栏中增加或者删除命令，仅需要单击快速访问工具栏右侧的向下箭头，然后在下拉菜单中选中命令，或者取消选中的命令。选择"在功能区下方显示"命令，如图 2-11 所示，这时快速访问工具栏就会出现在功能区的下方，如图 2-12 所示。选择"功能区最小化"命令，将功能区最小化，这时功能区只显示标签名称，而隐藏了标签包含的具体项。在浏览、操作文档内容时使用该命令，可以增大显示文档的空间。

图 2-11 选择"在功能区下方显示"命令

图 2-12 快速访问工具栏出现在功能区的下方

（2）功能区。Microsoft 公司对 Word 2007 用户界面所做的最大创新就是改变了下拉式菜单命令，取而代之的是全新的功能区命令工具栏。在功能区中，将 Word 2003 的下拉菜单中的命令，重新组织在"开始"、"插入"、"页面布局"、"引用"、"邮件"、"审阅"、"视图"、"加载项"选项卡中。而且在每一个选项卡中，所有的命令都是以面向操作对象的思想进行设计的，并把命令分组进行组织。在"页面布局"选项卡中，包括了与整个文档页面相关的命令，分为"主题"选项组、"页边距"选项组、页面"分隔符"选项组、页面内部"段落"选项组等。这样非常符合用户的操作习惯，便于记忆，从而提高操作效率。

（3）动态命令选项卡。在 Word 2007 中，会根据用户当前操作的对象自动显示一个动态命令选项卡，该选项卡中的所有命令都和当前用户操作的对象相关。例如，若用户当前选择了文中的一张图片，如图2-13所示，在功能区中，Word会自动产生一个粉色高亮显示的"图片工具"动态命令选项卡，从图片参数的调整到图片效果样式的设置都可以在此动态命令选项卡中完成。用户可以在数秒钟内实现非常专业的图片处理。

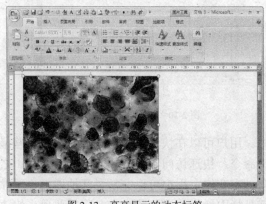

图2-13　高亮显示的动态标签

3．输入文本

Word的主要功能就是输入和编辑文本。输入文本是Word 2007的一项基本操作。新建一个Word文档后，在文档的开始位置会出现一个闪烁的光标，称之为"插入点"，在Word中输入的任何文本都会在插入点处出现。定位了插入点的位置后，选择一种输入法即可开始文本的输入。

（1）输入英文。在英文状态下通过键盘可以直接输入英文、数字及标点符号。需要注意如下几点。

① 按【Caps Lock】键可输入英文大写字母，再次按该键输入英文小写字母。

② 按【Shift】键的同时按双字符键将输入上档字符；按【Shift】键的同时按字母键输入英文大写字母。

③ 按【Enter】键，插入点自动移到下一行行首。

④ 按空格键，在插入点的左侧插入一个空格符号。

（2）输入中文。在Word 2007中，要想创建文档，首先要选择中文的输入法。一般系统会自带一些基本的输入法，如微软拼音、智能 ABC 等。这些中文输入法都是比较通用的，用户可以使用默认的输入法切换方式，如打开/关闭输入法控制条（【Ctrl+Spae】）、切换输入法（【Ctrl+Shift】组合键）等。选择一种中文输入法后，即可在插入点处开始输入文本了。

（3）插入符号和特殊字符。在输入文本的过程中，有时需要插入一些特殊符号，如希腊字母、商标符号、图形符号、数字符号等，这是无法通过键盘输入的。Word 2007提供了插入符号的功能，用户可以在文档中插入各种符号。

① 插入符号。要在文档中插入符号，可先将插入点定位在要插入符号的位置，打开"插入"选项卡，单击"符号"组中的"符号"下拉按钮 Ω符号，在弹出的下拉菜单中选择相应的符号即可，如图2-14所示。

在"符号"下拉菜单中选择"其他符号"命令，即可打开"符号"对话框，在其中选择要插入的符号，单击"插入"按钮，同样也可以插入符号，如图2-15所示。

② 插入特殊符号。如果需要插入一些特殊、比较常用的符号，无须在"符号"对话框中寻找，可以直接使用插入特殊符号功能来实现。

要插入特殊符号，可以将插入点定位在要插入符号的位置，然后在"插入"选项卡的"特殊符号"组中，单击"符号"下拉按钮，从弹出的下拉菜单中选择相应的特殊符号，如图2-16所示。在图2-16所示的菜单中选择"更多…"命令，可打开"插入特殊符号"对话框，如图2-17所示。在该对话框中选择相应的符号后，单击"确定"按钮即可。

图2-14 "符号"下拉菜单

图2-15 "符号"对话框

图2-16 特殊符号

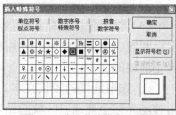
图2-17 "插入特殊符号"对话框

4．选取文本

在 Word 2007 中输入文本内容后，为了配合文本的删除、移动或复制等操作，通常需要先选择文本。

（1）使用鼠标选定文本。使用鼠标选择文本是最基本、最常用的方法。使用鼠标可以轻松地改变插入点的位置，因此使用鼠标选取文本十分方便。

① 拖动选取。将鼠标光标定位在起始位置，再按住鼠标左键不放，向目的位置拖动鼠标以选取文本。

② 单击选取。将光标移到要选定行的左侧空白处，当光标变成◢形状时，单击左键即可选取该行文本。

③ 双击选取。将光标移到文本编辑区左侧，当光标变成◢形状时，双击左键，即可选取该段文本；将光标定位到单词中间或左侧，双击左键即可选取该单词。

④ 三击选取。将光标定位到要选取的段落中，三击鼠标左键可选中该段的所有文本；将光标移到文档左侧空白处，当光标变成◢形状时，三击鼠标左键即可选中文档中所有内容。

（2）使用键盘选取文本。在 Word 2007 中，用户也可以使用键盘来选取文本。使用键盘上相应的快捷键，可以达到选取文本的目的。利用快捷键选取文本内容的功能如表2-1所示。

表 2-1　　　　　　　　　　　　　选取文本的快捷键及功能

快捷键	功能
Shift+→	选取光标右侧的一个字符
Shift+←	选取光标左侧的一个字符
Shift+↑	选取光标位置至上一行相同位置之间的文本
Shift+↓	选取光标位置至下一行相同位置之间的文本
Shift+Home	选取光标位置至行首的文本
Shift+End	选取光标位置至行尾的文本
Shift+PageDowm	选取光标位置至下一屏之间的文本

快捷键	功能
Shift+PageUp	选取光标位置至上一屏之间的文本
Ctrl+Shift+Home	选取光标位置至文档开始之间的文本
Ctrl+Shift+End	选取光标位置至文档结尾之间的文本
Ctrl+A	选取整篇文档

（3）结合使用鼠标和键盘选取文本。除了使用鼠标或键盘选取文本外，还可以结合使用鼠标和键盘来选取文本。使用鼠标和键盘结合的方式，不仅可以选取连续的文本，还可以选择不连续的文本。

① 选取连续的较长文本。将插入点定位到要选取区域的开始位置，按住【Shift】键不放，再移动光标至要选取区域的结尾处，单击左键即可选取该区域之间的所有文本内容。

② 选取不连续的文本。选取任意一段文本，按住【Ctrl】键，再拖动鼠标选取其他文本，即可同时选取多段不连续的文本。

③ 选取整篇文档。按住【Ctrl】键不放，将光标移到文本编辑区左侧空白处，当光标变成形状时，单击左键即可选取整篇文档。

④ 选取矩形文本。将插入点定位到开始位置，按住【Alt】键并拖动鼠标，即可选取矩形文本。

5．文本对象的编辑

在编辑文档的过程中，通常需要对一些文本进行复制、移动、删除、查找和替换、撤销和恢复、定位等编辑操作，这些操作是 Word 中最基本、最常用的操作。熟练地运用文本的编辑功能，可以节省大量的时间，从而提高文档编辑工作的效率。

（1）复制文本。在文档中经常需要重复输入文本时，可以使用复制文本的方法进行操作，以节省输入文本的时间，加快输入和编辑的速度。所谓文本的复制，是指将要复制的文本移动到其他位置，而原版文本仍然保留在原来的位置。复制文本有以下几种方法。

①选择需要复制的文本，在"开始"选项卡的"剪贴板"组中，单击"复制"按钮，将插入点移到目标位置处，单击"粘贴"按钮。

②选取需要复制的文本，按【Ctrl+C】组合键，把插入点移到目标位置，再按【Ctrl+V】组合键。

③选取需要复制的文本，在"常用"工具栏上单击"复制"按钮，把插入点移到目标位置，单击"粘贴"按钮。

④选取需要复制的文本，按下鼠标右键并拖动鼠标到目标位置，松开鼠标右键会弹出一个快捷菜单，从中选择"复制到此位置"命令。

⑤选取需要复制的文本，右击，从弹出的快捷菜单中选择"复制"命令，把插入点移到目标位置，右击从弹出的快捷菜单中选择"粘贴"命令。

（2）移动文本。顾名思义，移动文本是指将当前位置的文本移到其他位置，在移动文本的同时，会删除原来位置上的原版文本。移动文本的操作与复制文本类似，唯一的区别在于，移动文本后，原位置的文本消失，而复制文本后，原位置的文本仍在。移动文本有以下几种方法。

① 选择需要移动的文本，按【Ctrl+X】组合键；在目标位置处按【Ctrl+V】组合键来移动文本。

② 选择需要移动的文本，在"开始"选项卡的"剪贴板"组中，单击"剪切"按钮，在目标位置处，单击"粘贴"按钮。

③ 选择需要移动的文本；按鼠标右键并拖动鼠标至目标位置，松开鼠标后弹出一个快捷菜单，从中选择"移动到此位置"命令。

④ 选择需要移动的文本后，右击，在弹出的快捷菜单中选择"剪切"命令；在目标位置处右击，在弹出的快捷菜单中选择"粘贴"命令。

⑤ 选择需要移动的文本后，按下鼠标左键不放，此时鼠标光标变为形状，并出现一条虚线，移动鼠标光标，当虚线移动到目标位置时，释放鼠标左键即可将选取的文本移动到该处。

（3）删除文本。在文档编辑的过程中，需要对多余或错误的文本进行删除操作。对文本进行删除，可使用以下方法。

① 选择需要删除的文本后，单击键盘上的【Delete】键即可删除所选文本；

② 在要删除文字中单击，按一下【BackSpace】键则向左侧删除一个字符，或按一下【Delete】键则向右侧删除一个字符。

（4）插入与改写文本。在编辑文档时，输入文本出现错误就需要对文档进行修改。此时，可以通过插入新的文本内容来对文档进行修改，或者可以对个别错别字进行改写，使其覆盖原有的错误文本。

① 插入文本。插入文本的方法很简单，将鼠标光标移动到需要插入文本的位置，当其变成I形状时，单击鼠标定位文本插入点，且文档窗口的状态栏显示为插入状态，如图 2-18 所示。此时，插入点在文档中闪烁，用户可以在该位置输入新的内容，效果如图 2-19 所示。

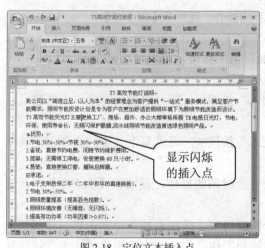

图 2-18　定位文本插入点

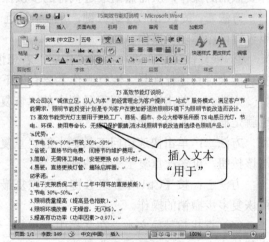

图 2-19　在文档中插入文本

② 改写文本。改写状态主要用于修改错别字，且被修改的字符和修改后的字符数目应相等，否则会误改。

要改写文本，首先将文本插入点移动至需要修改的文本前，然后查看该文档窗口的状态栏是否显示为改写状态，若不是可按【Insert】键在插入和改写状态之间进行切换，或直接单击状态栏上的"插入"按钮。当状态栏上显示为改写状态时，可直接输入要改写的文本。

图 2-20 所示为将文字"原"改写为"的"。

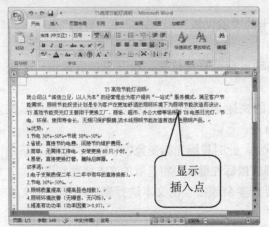
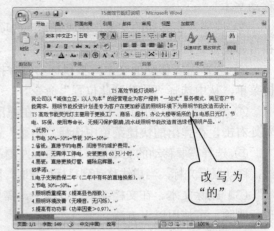

图 2-20 在文档中改写文本

（5）撤销与恢复。在输入文本或编辑文档时，Word 会自动记录用户所执行过的每一步操作。若执行了错误的操作，可以通过撤销功能将错误的操作撤销；若误撤销了某些操作，还可通过恢复操作将其恢复到原有的状态。

① 撤销操作。在编辑文档时，若需撤销刚才执行的操作，可使用撤销功能来撤销。执行撤销操作主要有如下几种方法。

方法一：单击"快速访问工具栏"上的"撤销"按钮 可撤销上一次的操作，单击该按钮旁的下拉按钮，在弹出图 2-21 所示的下拉列表中可选择要撤销的操作，从而撤销最近执行的多次操作。

方法二：按【Ctrl+Z】组合键，可撤销最近一步的操作，连续按【Ctrl+Z】组合键可撤销多步操作。

② 恢复操作。在进行撤销操作后，若想恢复以前的修改，可以使用恢复功能来对其进行恢复。恢复操作主要有如下 3 种方法。

图 2-21 撤销列表

方法一：单击快速访问工具栏上的"恢复键入"按钮 ，即可将撤销的操作恢复过来，也就是撤销键入的逆操作。

方法二：单击快速访问工具栏上的"重复键入"按钮 ，可重复上一步的操作，连续单击该按钮，可多次重复上一步的操作。

方法三：按【Ctrl+Y】组合键，可恢复最近一步撤销的操作，连续按【Ctrl+Y】组合键可恢复多步撤销的操作。

（6）查找与替换文本。在文档中查找某一个特定内容，或在查找到特定内容后将其替换为其他内容，可以说是一项费时费力，又容易出错的工作。Word 2007 提供的文本查找与替换功能，使用户可以非常轻松、快捷地完成文本的查找与替换操作。

① 查找文本。在 Word 2007 中，使用查找功能不仅可以在文档中查找普通文本，还可以对特殊格式的文本、符号等进行查找。

通常情况下，要以常规方式查找文本时，打开"开始"选项卡，在"编辑"组中单击"查找"按钮，打开"查找与替换"对话框中的"查找"选项卡，如图 2-22 所示。在"查找内容"

文本框中输入要查找的内容，单击"查找下一处"按钮，即可将光标定位在文档中第一个查找目标处。单击若干次"查找下一处"按钮，可依次查找文档中对应的内容。

在"查找"选项卡中单击"更多"按钮，可展开该对话框设置文档的查找高级选项，如图 2-23 所示。

<table>
<tr><td>图 2-22 "查找"选项卡</td><td>图 2-23 设置查找的高级选项</td></tr>
</table>

② 替换文本。当要在多页文档中找到或找全所需操作的字符，如要修改某些错误的文字时，如果逐个寻找并修改，既费事效率又不高，还可能会发生错漏现象。在遇到这种情况时，就可以使用查找和替换操作来解决。替换和查找操作基本类似，不同之处在于，替换不仅要完成查找，而且要用新的内容覆盖原有内容。准确地说，在查找到文档中特定的内容后，才可以对其进行统一替换。

打开"开始"选项卡，在"编辑"组中单击"替换"按钮，打开"查找与替换"对话框的"替换"选项卡，如图 2-24 所示。

图 2-24 "替换"选项卡

6. 自动检查中文拼写语法错误

中文拼写与语法检查与英文类似，只是在输入过程中，右击出现的错误中文后，在弹出的快捷菜单中不会显示相近的字或词。中文拼写与语法检查主要通过"拼写和语法"对话框和标记下画线两种方式来实现。

启动 Word 2007，在文档中输入图 2-25 所示的文本。打开"审阅"选项卡，在"校对"组中单击"拼写和语法"按钮，打开"拼写和语法"对话框。在该对话框中列出了第一句输入错误，并将"显著显著特征"用红色波浪线标识出来，如图 2-26 所示。

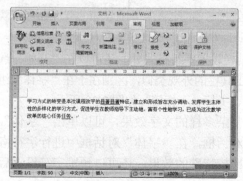

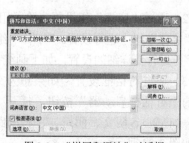

<table>
<tr><td>图 2-25 输入文本内容</td><td>图 2-26 "拼写和语法"对话框</td></tr>
</table>

将插入点定位在"显著显著"字右侧，删除"显著"，然后单击"下一句"换钮，继续查找并进行更改。查找错误完毕后，将打开提示对话框，提示文本中的拼写和语法错误检查已完成，如图2-27所示。此时，单击"确定"按钮即可。

图 2-27　拼写和语法检查提示框

7．设置自动更正选项

在使用 Word 2007 的自动更正功能时，可根据需要设置自动更正选项，如可设置是否对前两个字母连续大写的单词进行自动更正，是否对由于误按【Caps Lock】键产生的大小写错误进行更正等。

要设置自动更正选项，可以单击"Office"按钮，在弹出的菜单中单击"Word 选项"按钮，打开"Word 选项"对话框。选择对话框左侧列表框中的"校对"选项，在对话框右侧打开"更改 Word 更正文字和设置其格式的方式"选项卡，然后在"自动更正选项"选项区域中，单击"自动更正选项"按钮，打开"自动更正"对话框，系统默认打开"自动更正"选项卡，如图 2-28 所示。

8．设置字符格式

（1）快速设置字符格式。在 Word 文档中输入文本后，显示的都是默认状态下的字符格式。为了方便用户设置字体格式，Word 2007 提供了一个浮动工具栏，当用户选择一段文本之后，浮动工具栏自动浮出，开始显示时呈半透明状态，用鼠标光标接近它时会正常显示，如图 2-29 所示。在浮动工具栏中可以快速设置字符格式。

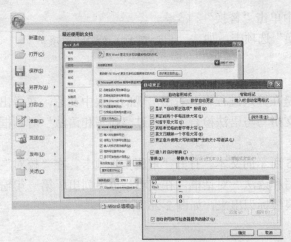

图 2-28　启动"自动更正"选项卡

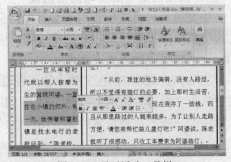

图 2-29　显示浮动工具栏

（2）通过"字体"组设置。除了用浮动工具栏设置字符格式外，还可以在"开始"选项卡中的"字体"组中进行设置。"字体"组与浮动工具栏的外观类似，区别在于在"字体"组中可以对字符进行更详细的设置，如下画线、删除线、上标、下标等，如图 2-30 所示。

（3）通过对话框设置。如果想为文本设置复杂多样的文字效果，可以单击"字体"组右下角的"对话框启动器"按钮，打开"字体"对话框，在"字体"对话框中进行字符格式的设置，如空心、阴文、阴影、字符间距等一些比较特殊的效果，还可以预览字符设置后的效果，如图 2-31 所示。

图2-30 "开始"选项卡中的"字体"组   图2-31 "字体"对话框

9. 设置段落格式

（1）通过浮动工具栏设置。使用浮动工具栏可以快速设置段落格式。在浮动工具栏中只有"居中"按钮、"减少缩进"按钮和"增加缩进"按钮3个功能按钮，设置的段落格式比较单一。在浮动工具栏中设置段落格式的方法和在浮动工具栏中设置字符格式的方法相似，选择要设置的文本后，单击浮动工具栏中的相应按钮可以，如图2-29所示。

（2）通过"段落"组设置。浮动工具栏虽然能快速设置段落格式，但其功能太少。而通过"开始"选项卡中的"段落"组可以设置比较详细的段落格式，如图2-32所示。

（3）通过对话框设置。在浮动工具栏和"段落"组中设置的段落文本格式都只能满足最基本的要求。如果需要更为精确地设置段落文本的格式，可通过"段落"对话框来实现，如图2-33所示。

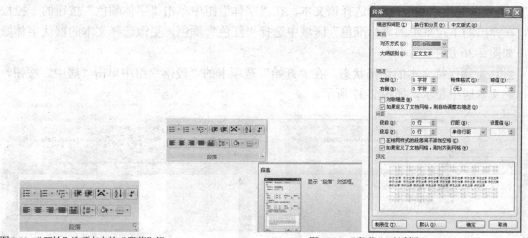

图2-32 "开始"选项卡中的"段落"组   图2-33 "段落"对话框

 **任务实施**

1. 眉首的制作

眉首即为红头公文的头部，主要包括公文份数序号、紧急程度、发文机关标识、发文字号等部分。眉首的制作主要是在"开始"选项卡中的"字体"组中对文本进行字体格式的设置，包括设置文本字体、大小和颜色，此外还会对文本进行对齐方式的设置以及绘制和编辑直线对象，其具体的制作方法如下。

步骤 01 新建一个"紧急通知"文档，在第一行输入公文份数序号文本和紧急程度文本，然后选择输入的文本，在"开始"选项卡"字体"组中的"字号"下拉列表框中选择"三号"，详细更改其字号，如图 2-34 所示。

步骤 02 选择"0000001"文本，在"开始"选项卡"字体"组中的"字体"下拉列表框中将选择的文本的字体设置为"Times New Roman"，如图 2-35 所示，将"特急"文本的字体设置为"黑体"，并将其放置到第一行末尾。

图 2-34 设置选定文本字号

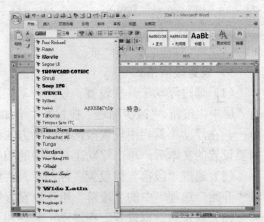
图 2-35 设置选定文本字体

步骤 03 在文档的合适位置输入发文机关标识文本，并将其字体设置为"方正小标宋简体"，字号设置为"48"。然后选择该文本，在"字体"组中单击"字体颜色"按钮的下拉按钮，在弹出的下拉菜单的"标准色"区域中选择"红色"颜色，更改选择文本的默认字体颜色，如图 2-36 所示。

步骤 04 保持文本的选择状态，在"开始"选项卡的"段落"组中单击"居中"按钮，将标题文本居中显示，如图 2-37 所示。

图 2-36 设置选定文版字体颜色

图 2-37 设置选定文本对齐方式为居中

步骤 05 输入并设置发文字号文本，在"插入"选项卡的"插图"组中单击"形状"按钮，在弹出的菜单的"线条"区域中选择"直线"命令，按住【Shift】键的同时按住鼠标左键，并拖动鼠标绘制一条直线，如图 2-38 所示。

步骤06 调整直线的位置和宽度，在"绘图工具 格式"选项卡的"形状样式"组中单击"形状轮廓"按钮的下拉按钮，在弹出的下拉菜单的"标准色"区域中选择"红色"，为直线设置颜色，如图2-39所示。

图2-38 绘制直线

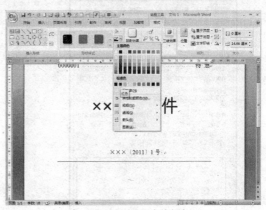

图2-39 设置直线颜色

2．主体的制作

通知主体主要包括标题、主送机关、正文、附件、落款等部分。其制作主要是对其中的文本进行段落格式的设置，包括缩进、段落间距等，其具体的制作方法如下。

步骤01 将光标插入点定位到公文标题位置处，输入标题文本，将其字体设置为"方正小标宋简体"，字号设置为"小二号"，选择标题文本，在"开始"选项卡的"段落"组中单击"居中"按钮，将其设置为居中对齐，如图2-40所示。

步骤02 选择正文部分，将其字体设置为"仿宋_GB2312"，字号设置为"四号"，在【开始】选项卡的【段落】组中单击【对话框启动器】按钮，打开【段落】对话框，在【缩进和间距】选项卡中的【间距】选项组中将【段前】设置为"自动"，将【行距】设置为"固定值"，将【设置值】设置为"18磅"，如图2-41所示。

图2-40 正文标题居中

图2-41 正文段落设置

步骤03 将光标插入点定位到第一段文本的任意位置，在【开始】选项卡【段落】组中单击【对话框启动器】按钮，打开【段落】对话框，在【缩进和间距】选项卡【缩进】选项组中的【特殊格式】下拉列表框中选择"首行缩进"选项，将第一段文本的段落缩进设置为首行缩进，如图2-42所示。

步骤 04 按住【Ctrl】键不放，选择文档中的一级标题文本，在【开始】选项卡【字体】组中的【字体】下拉列表框中选择【黑体】选项，将其字体格式设置为黑体，如图 2-43 所示。

图 2-42　正文段落首行缩进设置

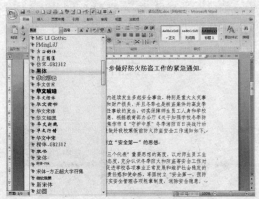

图 2-43　正文一级标题字体设置

3．版记的制作

通知的版记内容包括主题词、抄送、印发机关、印发时间等部分，其主要应用的知识为设置字体格式、段落格式、使用直线对象等，其具体的制作过程与上述步骤类似，这里就不再赘述了。

 任务总结

张秘书在 Word 2007 环境下编辑完成了通知的制作，在学习的过程中熟悉了 Word 2007 的工作环境，并能够录入文字，对文字进行字体、段落的设置，完成基本的文本格式化操作，具备了 Word 文本排版的基本能力。

任务二　制作单位宣传标语海报

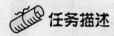 **任务描述**

企业大门宣传栏不同的时期在不同的环境下会不断的更改宣传栏中的标语海报内容，单位里主抓此项工作的是宣传科，宣传科工作人员最近新编写并制作了与企业相关的生产、安全标语，并制作成海报张贴在的宣传栏中。

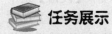 **任务展示**

企业类标语已逐渐成为一种行业。随着对企业文化的重视，企业在追求利润的同时，

也不忘锤炼职员的精神文化，于是，企业类标语如雨后春笋般发展。企业文化建设，涉及企业行为的方方面面，企业文化的概念还应包括对外界的宣传，让外界了解企业的经营理念与文化，以寻求更大的社会价值认同。本任务主要是通过制作一个煤炭企业安全生产宣传海报来讲解如何制作一个符合规范的宣传标语海报。本任务制作的海报如图 2-44 所示。

图 2-44 "中平能化集团——十三矿瓦斯事故隐患及应急措施"宣传标语海报样文

 **完成思路**

1. 标语的分类

从内容上分，标语主要按用途的不同进行分类，其中包含用来宣传党和政府的路线、方针、政策的；用来宣传某机关、团体的规定、禁令的；用来宣传社会公共道德的；用来庆祝某个节日、某种会议，纪念某个名人、某个纪念日的；用来表彰先进、模范单位、人物的；用来欢迎、欢送某组织、团体或个人的。从时效上分，标语有临时性的和长期性的。如图 2-45 所示。

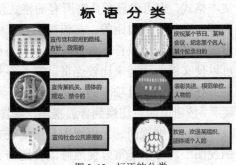

图 2-45 标语的分类

2. 标语的写作分析

标语既有公文语体准确、简洁的特点，又有政论语体严谨性、鼓动性的特点，既能在理智上启发人，又能在情感上打动人，肩负着"社教"的使命，在影响社会舆论和文化传播中，对人们的社会行为起着不可忽视的导向作用，并在一定程度上反映了社会经济制度的本质和社会的文明程度，意义十分重大。怎样写好标语，更好地发挥它的作用，在写作时要注意避免出现图 2-46 所示的问题。

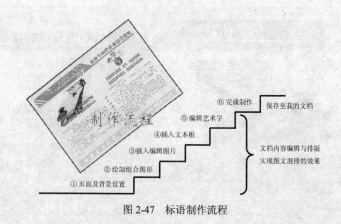

图 2-46　标语的写作避免出现禁忌

3．制作流程简述

标语的制作按文本结构分为页面及背景设置、标语内容制作两个部分，具体制作过程如图 2-47 所示。

图 2-47　标语制作流程

 相关知识

1．文档的视图方式

文档视图是用户在使用 Word 2007 编辑文档时观察文档结构的屏幕显示形式。用户可以根据需要选择相应的模式，使编辑和观察文档更加方便。

Word 2007 中提供了普通视图、大纲视图、Web 版式视图、阅读版式视图、页面视图 5 种视图方式。使用这些视图方式就可以方便地对文档进行浏览和相应的操作，不同的视图方式之间可以切换。

（1）普通视图。普通视图是最常用的视图方式。在普通视图中，可以输入、编辑和设置文本格式，也可以显示几乎所有的格式信息。但只能将多栏显示成单栏格式，并不显示页眉、页脚、页号、页边距等。在该视图方式中，当文本输入超过一页时，编辑窗口中将出现一条虚线，这就是分页符。分页符表示页与页之间的分隔，即文本的内容从前一页进入下一页，可以使文档阅读起来比较连贯，它并不是一条真正的直线。

在"视图"选项卡的"文档视图"组中选择"普通视图"选项，或者单击状态栏右侧的 普通视图 按钮，即可切换到普通视图，如图 2-48 所示。

（2）大纲视图。大纲视图是用缩进文档标题的形式代表标题在文档结构中的级别。在大纲视图中，可以非常方便地修改标题内容、复制或移动大段的文本内容。因此，大纲视图适合纲目的编辑、文档结构的整体调整及长篇文档的分解与合并。在 "视图"选项卡的"文档视图"组中选择"大纲视图"选项，或者单击状态栏右侧的 大纲视图 按钮，即可切换到大纲视图方式中，如 2-49 所示。切换到大纲视图后，Word 将自动在功能区用户界面中显示"大纲"选项卡，如 2-50 所示，其中包含了大纲视图中最常用的操作。

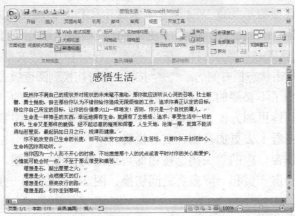

图 2-48 普通视图

图 2-49 大纲视图及显示"大纲"选项卡

图 2-50 "大纲"选项卡

（3）Web 版式视图。Web 版式视图显示文档在 Web 浏览器中的外观，它是一种"所见即所得"的视图方式，即在 Web 版式视图中编辑的文档将会像在浏览器中显示的一样。这种视图的最大优点是优化了屏幕布局，文档具有最佳的屏幕外观，使得联机阅读变得更容易。在 Web 版式视图中，正文显示得更大，并且自动换行以适应窗口，而不是以实际的打印效果显示。另外，还可以对文档的背景、浏览、制作网页等进行设置。

在"视图"选项卡中的"文档视图"组中选择"Web 版式视图"选项，或者单击状态栏右侧的 ![Web版式视图] 按钮，即可切换到 Web 版式视图，Web 版式视图能够模仿 Web 浏览器来显示文档，但并不是完全一致的。如图 2-51 所示。

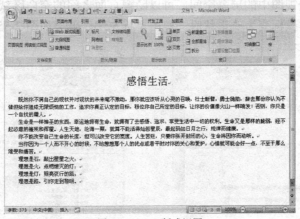

图 2-51 Web 版式视图

注意：Wed 版式视图能够模仿 Wed 浏览器来显示文档，但这不是完全一致的。

（4）阅读版式视图。阅读版式视图提供了更方便的文档阅读方式。在阅读版式视图中可以完整地显示每一个页面，就像书本展开一样。在"视图"选项卡中的"文档视图"组中选择"阅读版式视图"选项，或者单击状态栏右侧的 阅读版式视图 按钮，即可切换到阅读版式视图，如图 2-52 所示。

阅读版式视图隐藏了不必要的工具栏，如其他视图方式中默认的"常用"工具栏和"格式"工具栏，使屏幕阅读更加方便。与其他视图相比，阅读版式视图字号变大，行宽变小，页面适合屏幕，使视图看上去更加亲切、赏心悦目。

单击阅读版式视图窗口中的"关闭"按钮即可退出阅读版式视图。单击工具栏中的"视图选项"按钮，可在一屏一页和一屏多页之间切换。图 2-53 所示为一屏一页的显示效果。

图 2-52　阅读版式视图

图 2-53　一屏一页显示效果

（5）页面视图。在页面视图中，文档显示的效果和文档的打印效果完全相同。在此视图中，可以查看打印页面中的文本、图片和其他元素的位置。一般情况下，用户可以在编辑和排版时使用页面视图方式确定各个组成部分的位置、大小，从而大大减少以后的排版工作。但是，使用页面视图时，文档显示的速度比普通视图方式要慢，尤其是在显示图形或者显示图标的时候。

在"视图"选项卡的"文档视图"组中选择"页面视图"选项，或者单击状态栏右侧的 页面视图 按钮，即可切换到页面视图。在页面视图中，不再以一条虚线表示分页，而是直接显示页边距，如图 2-54 所示。

如果要节省页面视图中的屏幕空间，可以隐藏页面之间的空白区域。将鼠标指针移到页面的分页标记上，当鼠标变为 形状时，双击鼠标左键，效果如图 2-55 所示。

图 2-54　页面视图

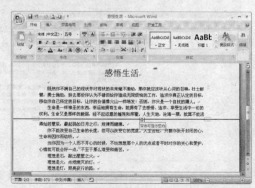

图 2-55　隐藏页面之间的空白区域

2．在 Word 2007 中插入对象

为了使文档有条理，结构更清晰，内容更为丰富，可以为文档插入表格、艺术字、图片、文本框等对象，从而达到图文并茂的效果。

（1）插入和编辑图片。为了使文档更加美观、生动，可以在其中插入图片。在 Word 2007 中，不仅可以插入系统提供的剪贴画，还可以从本地计算机中导入图片，或者从扫描仪或数码相机中获取图片。

① 插入剪贴画。Word 2007 所附带的剪贴画内容非常丰富，设计精美、构思巧妙，并且能够表达不同的主题，适合于制作各种内容的文档，如地图、人物、建筑、名胜风景等。

要插入剪贴画，可以打开"插入"选项卡，在"插图"组中单击"剪贴画"按钮，打开"剪贴画"窗格，如图 2-56 所示。

图 2-56 打开"剪贴画"窗格

在"搜索文字"文本框中输入剪贴画的相关主题或文件名称后，单击"搜索"按钮可以查找本地计算机中与网络上的剪贴画文件；在"搜索范围"下拉列表框中选择相关选项，可以缩小搜索的范围，将搜索结果限制为剪辑的特定集合；在"结果类型"下拉列表框中选择选项，可以将搜索的结果限制为特定的媒体文件类型。

② 插入来自本地磁盘中的图片。在 Word 2007 中除了可以插入附带的剪贴画之外，还可以从本地磁盘中选择要插入的图片。这些图片可以是 Windows 的标准 BMP 位图，也可以是其他应用程序所创建的图片，如 JPEG 和 TIFF 等格式的图片。

打开"插入"选项卡，在"插图"组中单击"图片"按钮，打开"插入图片"对话框，选择图片文件，单击"插入"按钮即可将图片插入文档中，如图 2-57 所示。

图 2-57 打开"插入图片"对话框

③ 编辑图片。选中要编辑的图片，选择"图片工具"中的"格式"选项卡，可以对图

片进行各种编辑，如缩放、移动、复制、设置样式和排列方式，还可以调整色调、亮度、对比度等，如图 2-58 所示。

图 2-58 "图片工具"中的"格式"选项卡

【例 2-1】 创建"商务请柬"文档，插入剪贴画和来自文件的图片，并对其进行编辑。

步骤 01 启动 Word 2007 应用程序，创建一个名为"商务请柬"的文档。

步骤 02 打开"插入"选项卡，在"插图"组中单击"剪贴画"按钮，打开"剪贴画"任务窗格。

步骤 03 在"搜索文字"文本框中输入"汽车"，单击"搜索"按钮，在搜索结果列表中单击所需的剪贴画，将其添加到文档中，如图 2-59 所示。

步骤 04 选中剪贴画，图片四周出现控制点，按住鼠标左键向右下角拖动图片右下角的尺寸控制点，放大图片尺寸，效果如图 2-60 所示。

图 2-59 插入剪贴画

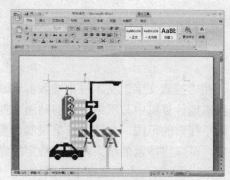

图 2-60 调节剪贴画的尺寸

步骤 05 在"插入"选项卡的"插图"组中单击"图片"按钮，打开"插入图片"对话框，选择图 2-61 所示的图片，单击"插入"按钮，将图片插入文档中，如图 2-62 所示。

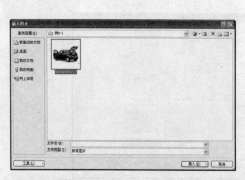

图 2-61 "插入图片"对话框

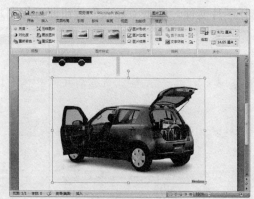

图 2-62 在文档中插入图片

步骤 06 打开"图片工具"的"格式"选项卡，在"排列"组中单击"文字环绕"按钮，从弹出的菜单中选择"衬于文字下方"命令，如 2-63 左图所示，在"大小"组中的"形状高度"和"形状宽度"文本框中输入数值，如 2-63 右图所示。

步骤 07 按住鼠标左键拖动鼠标，调节图片的大小和位置，效果如图 2-64 所示。

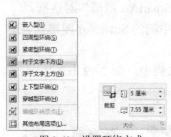

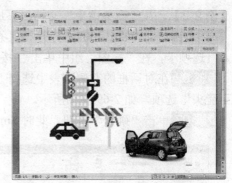

图 2-63　设置环绕方式　　　　　　　　　　　图 2-64　调节图片大小和位置

步骤 08 选中剪贴画，打开"图片工具"的"格式"选项卡，在"调整"组中，单击"重新着色"按钮，在弹出的菜单中选择"强调文字颜色 5，深色"命令，如图 2-65 所示，此时剪贴画的效果如图 2-66 所示。

图 2-65　设置颜色变体效果　　　　　　　　　图 2-66　为剪贴画重新着色

（2）插入和编辑 SmartArt 图形。Word 2007 提供了 SmartArt 图形的功能，用来说明各种概念性的内容，从而使文档更加形象生动。

① 插入 SmartArt 图形。SmartArt 图形包括列表、流程、循环、层次结构、关系、矩阵和棱锥图等。要插入 SmartArt 图形，打开"插入"选项卡，在"插图"组中单击 SmartArt 按钮，打开"选择 SmartArt 图形"对话框，如图 2-67 所示，根据需要选择合适的类型即可。

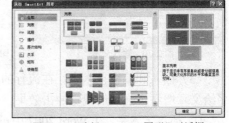

图 2-67　"选择 SmartArt 图形"对话框

② 编辑 SmartArt 图形。插入 SmartArt 图形后，如果对预设的效果不满意，可以在"SmartArt 工具"的"设计"和"格式"选项卡中对其进行编辑操作，如添加和删除形状、套用形状样式、更换图标类型等，如图 2-68 所示。

图 2-68 "SmartArt 工具"的"设计"和"格式"选项卡

【例 2-2】 在"商务请柬"文档，添加 SmartArt 图形，并对其进行编辑。

步骤 01 启动 Word 2007，打开"商务请柬"文档。将插入点定位在剪贴画右侧，打开"插入"选项卡，在"插图"组中单击 按钮，打开"选择 SmartArt 图形"对话框。

步骤 02 在对话框的左侧列表中选择"流程"选项，在中间的 SmartArt 图形列表中选择"向上箭头"选项，如 2-69 左图所示。

步骤 03 单击"确定"按钮，此时 SmartArt 图形插入文档中，如 2-69 右图所示。

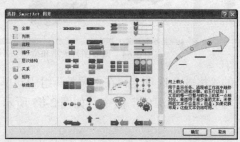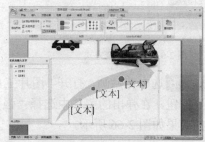

图 2-69 选择 SmartArt 图形后在文档中插入 SmartArt 图形

步骤 04 在 SmartArt 图形中的文本占位符中分别输入图 2-70 所示的文字。

步骤 05 选中 SmartArt 图形，在"SmartArt 工具"的"设计"选项卡的"SmartArt 样式"组中单击"其他"按钮，从弹出的列表中选择"平面场景"选项，如图 2-71 所示。

步骤 06 在"SmartArt 样式"组中单击"更改颜色"按钮，在弹出的菜单中选择"渐变循环-强调文字颜色 5"选项，此时 SmartArt 图形效果如图 2-72 所示。

图 2-70 输入文本　　　　图 2-71 设置 SmartArt 样式　　　　图 2-72 设置 SmartArt 颜色

（3）插入和编辑艺术字。在流行的报刊杂志上常常会看到各种各样的艺术字，这些艺术字给文章增添了强烈的视觉冲击效果。使用 Word 2007 可以创建出各种文字的艺术效果。

① 插入艺术字。在 Word 2007 中可以按预定义的形状来创建文字。打开"插入"选项卡，在"文本"组中单击"艺术字"按钮，打开艺术字库样式列表框，在其中选择一种艺术字样式，即可在文档中创建艺术字。

② 编辑艺术字。创建好艺术字后，如果对艺术字的样式不满意，可以对其进行编辑修改。选择艺术字即会出现"艺术字工具"的"格式"选项卡，使用选项卡中的工具按钮可以

对艺术字进行各种设置，如图 2-73 所示。

图 2-73　"艺术字工具"的"格式"选项卡

【例 2-3】　在"商务请柬"文档中添加艺术字，并对其进行编辑。

步骤 01 启动 Word 2007，打开"商务请柬"文档。将插入点定位在 SmartArt 图形右侧，在"文字"组中单击"艺术字"按钮，在弹出的艺术字列表中选择"艺术字样式 24"选项，如图 2-74 所示。

步骤 02 打开"编辑艺术字文字"对话框，在"文本"文本框中输入文字，设置文本字体为"华文隶书"，字号为 54，如图 2-75 所示。

图 2-74　选择艺术字样式

图 2-75　"编辑艺术字文字"对话框

步骤 03 单击"确定"按钮，此时 SmartArt 图形插入文档中，如图 2-76 所示。

步骤 04 在"艺术字工具"的"格式"选项卡的"排列"组中，单击"文字环绕"按钮，从弹出的快捷菜单中选择"浮于文字上方"命令，然后调节艺术字的大小和位置，最终效果如图 2-77 所示。

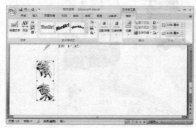

图 2-76　插入艺术字

图 2-77　编辑艺术字

（4）插入和编辑文本框。在 Word 2007 中，文本框可置于页面中的任何位置，用来建立特殊的文本。在"插入"选项卡的"文本"组中单击"文本框"按钮，在弹出的菜单中选择"绘制文本框"或"绘制竖排文本框"命令，即可开始绘制文本框。绘制完毕，即出现文本框工具的"格式"选项卡，在其中可以根据需要对文本框的大小、位置、边框、填充色、版式等进行设置，如图 2-78 所示。

图 2-78　"文本框工具"的"格式"选项卡

【例2-4】 在"商务请柬"文档中插入文本框，并对其进行编辑。

步骤01 启动 Word 2007，打开"商务请柬"文档。在"插入"选项卡的"文本"组中单击"文本框"按钮，在弹出的菜单中选择"绘制竖排文本框"命令，然后在文档中拖动鼠标绘制竖排文本框，如图 2-79 所示。

步骤02 释放鼠标后，文档中显示绘制的文本框，在文本框闪烁的光标处输入文字。

步骤03 选中文本框，在"开始"选项卡的"字体"组中设置文字字体为"华文琥珀"，字号为"小四"，字体颜色为"蓝色，强调文字颜色1"，如图 2-80 所示。

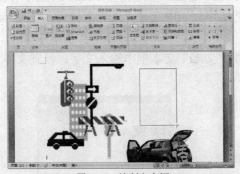
图 2-79 绘制文本框

图 2-80 输入和设置文本

步骤04 打开"文本框工具"的"格式"选项卡，在"文本框样式"组中单击"形状轮廓"按钮，在弹出的菜单中选择"无轮廓"命令，为文本框应用该属性，效果如图 2-81 所示。

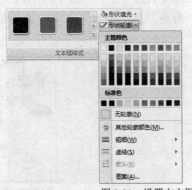

图 2-81 设置文本框的轮廓属性

（5）应用背景。在默认情况下，Word 文档的背景为白色，但有时为了增强文档的吸引力，需要为文档设置背景。用户可以为背景应用渐变、图案、图片、纯色或纹理等效果，渐变、图案、图片和纹理将进行平铺或重复以填充页面。将文档保存为网页时，纹理和渐变被保存为 JPEG 文件，图案被保存为 GIF 文件。

【例2-5】 在文档中应用背景的具体操作步骤如下。

步骤01 在"页面布局"选项卡的"页面背景"组中单击"页面颜色"下拉按钮，弹出其下拉列表，如图 2-82 所示。

步骤02 在该下拉列表中选择所需的颜色。如果没有用户需要的颜色，可选择"其他颜色"选项，在弹出的图 2-83 所示的"颜色"对话框中选择所需的颜色。

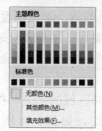

图 2-82 "主题颜色"下拉列表

图 2-83 "颜色"对话框

步骤03 还可以选择"填充效果"选项，弹出"填充效果"对话框，如图 2-84 所示。

步骤04 在该对话框中可用渐变、纹理、图案以及图片设置文档的背景。例如，在"图片"选项卡中单击"选择图片"按钮，弹出"选择图片"对话框，如图 2-85 所示。

图 2-84 "填充效果"对话框

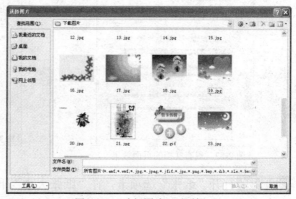

图 2-85 "选择图片"对话框

步骤05 在该对话框中选择需要的图片，单击"插入"按钮，返回"填充效果"对话框中，单击"确定"按钮完成设置，效果如图 2-86 所示。

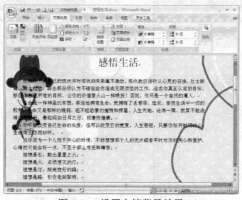

图 2-86 设置文档背景效果

3．设置页面布局

为了使创建的文档更具特色，可以在文档中设置页面布局，如添加页眉、页脚、页码等。

在编辑文档时，用标尺可以快速设置页边距、版面大小等，但这种方法不够精确。如果需要制作一个版面要求较为严格的文档，可以使用"页面设置"对话框来精确设置版面、装订线位置、页眉、页脚等内容。

【例2-6】 打开素材文档"乘车规则",使用"页面设置"对话框设置文档页面大小。

步骤01 启动 Word 2007 应用程序,打开文档"乘车规则",文档首页效果如图 2-87 所示。

步骤02 打开"页面布局"选项卡,在"页面设置"组中单击"对话框启动器"按钮,打开"页面设置"对话框。

步骤03 打开"页边距"选项卡,在"页边距"选项区域的"上"和"下"微调框中输入"3 厘米",在"左"和"右"微调框中输入"2.9 厘米",如图 2-88 所示。

图 2-87 现有文档的页面效果

图 2-88 "页边距"选项卡

步骤04 打开"纸张"选项卡,在"纸张大小"下拉列表框中选择"自定义大小"选项,在"宽度"和"高度"微调框中分别输入"19 厘米"和"25 厘米",如图 2-89 所示。

步骤05 打开"版式"选项卡,在"页眉"和"页脚"微调框中分别输入"1.5 厘米"和"1.75 厘米",如图 2-90 所示。

图 2-89 "纸张"选项卡

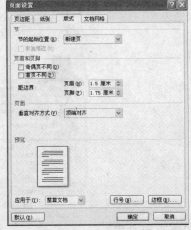

图 2-90 "版式"选项卡

步骤06 打开"文档网格"选项卡,在"网格"选项区域中选中"指定行和字符网格"单选按钮;在"字符数"选项区域中指定每行的字数为"35",跨度为"10.7 磅";在"行数"选项区域中指定每页的行数为"33",跨度为"16.3 磅",如图 2-91 所示。

步骤 07 单击"确定"按钮完成设置，此时文档页面效果如图 2-92 所示。

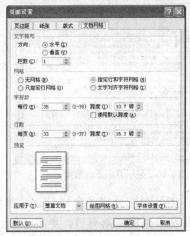

<table>
<tr><td>图 2-91 "文档网格"选项卡</td><td>图 2-92 页面设置后的效果</td></tr>
</table>

4. 应用特殊排版方式

一般报刊杂志都需要创建带有特殊效果的文档，这就需要使用一些特殊的排版方式。Word 2007 提供了多种特殊的排版方式，最常用的是首字下沉和分栏排版。

（1）首字下沉。首字下沉是报刊杂志中较为常用的一种文本修饰方式，使用该方式可以很好地改善文档的外观。

【例 2-7】 创建"酒店简介"文档，设置第 1 段首字下沉，字体为隶书。

步骤 01 启动 Word 2007 应用程序，新建一个文档，将其命名为"酒店简介"，并输入文本，如图 2-93 所示。

步骤 02 将插入点定位在第 1 段文本开始处，打开"插入"选项卡，在"文本"组中单击"首字下沉"按钮，从弹出的菜单中选择"首字下沉选项"命令，如图 2-94 所示。

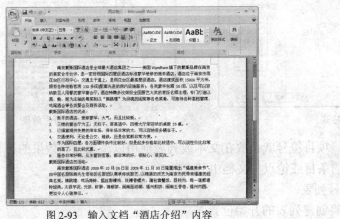

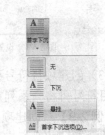

<table>
<tr><td>图 2-93 输入文档"酒店介绍"内容</td><td>图 2-94 首字下沉选项</td></tr>
</table>

步骤 03 打开"首字下沉"对话框，选择"下沉"选项，在"字体"下拉列表框中选择"隶书"选项，在"下沉行数"微调框中输入 4，如图 2-95 所示。

步骤 04 单击"确定"按钮，此时第 1 段文本的首字"南"以下沉的方式显示，如图 2-96 所示。

图 2-95 "首字下沉"对话框

图 2-96 显示首字下沉效果

（2）分栏排版。在阅读报刊杂志时，常常发现许多页面被分成多个栏目。这些栏目有的是等宽的，有的是不等宽的，从而使得整个页面布局显示更加错落有致，更易于阅读。Word 2007 具有分栏功能，用户可以把每一栏都作为一节对待，这样就可以对每一栏单独进行格式化和版面设计。

【例 2-8】 在"酒店简介"文档中，将文本分栏排版。

步骤 01 启动 Word 2007 应用程序，打开"酒店简介"文档。

步骤 02 选取"优点"段和"活动"段文本，打开"页面布局"选项卡，在"页面设置"组中，单击"分栏"按钮，在弹出的菜单中选择"更多分栏"命令，如图 2-97 所示。

步骤 03 在"预设"选项区域中选择"两栏"选项，选中"分隔线"复选框，然后单击"确定"按钮，完成分栏设置，效果如图 2-98 所示。

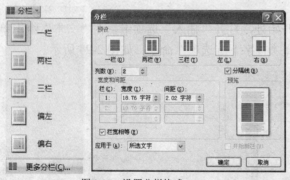

图 2-97 设置分栏格式

图 2-98 分栏效果

（3）创建项目符号列表。项目符号就是放在文本或列表前用以添加强调效果的符号。使用项目符号可将一系列重要的条目或论点与文档中其余的文本区分开。

【例 2-9】 创建项目符号列表。

步骤 01 将光标定位在要创建列表的开始位置。

步骤 02 在"开始"选项卡的"段落"组中单击"项目符号"按钮右侧的下三角按钮，弹出"项目符号库"下拉列表，如图 2-99 所示。

步骤 03 在该下拉列表中选择项目符号，或选择"定义新项目符号"选项，弹出"定义新项目符号"对话框，如图 2-100 所示。

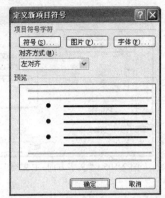

图 2-99　"项目符号库"下拉列表　　　　　图 2-100　"定义新项目符号"对话框

步骤 04 在该对话框中的"项目符号字符"选区中单击"符号"按钮,在弹出的图 2-101 所示的"符号"对话框中选择需要的符号;单击"图片"按钮,在弹出的图 2-102 所示的"图片项目符号"对话框中选择需要的图片符号;单击"字体"按钮,在弹出的"字体"对话框中设置项目符号中的字体格式。

步骤 05 设置完成后,单击"确定"按钮,为文本添加项目符号,效果如图 2-103 所示。

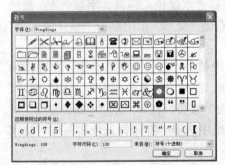

图 2-101　"符号"对话框　　　图 2-102　"图片项目符号"对话框　　　图 2-103　创建项目符号列表效果

（4）设置文字方向。文本中的文字方向默认是水平的,也可以设置成其他的方向。

【例 2-10】 设置文字方向。

步骤 01 选中文档中要改变文字方向的文本。

步骤 02 在"页面布局"选项卡的"页面设置"组中选择"文字方向"选项,弹出"文字方向"下拉列表,如图 2-104 所示。

步骤 03 在该下拉列表中选择需要的文字方向,或者选择"文字方向选项"选项,弹出"文字方向—主文档"对话框,如图 2-105 所示。

步骤 04 在该对话框中的"方向"选项组中根据需要选择一种文字方向;在"应用于"下拉列表中选择"整篇文档"选项,在"预览"框中可以预览其效果。

图 2-104　"文字方向"下拉列表

步骤 05 单击"确定"按钮,即可完成文字方向的设置,效果如图 2-106 所示。

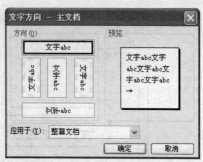

图 2-105　"文字方向–主文档"对话框

图 2-106　设置文字方向效果

 任务实施

1. 页面及背景设置

步骤 01 新建一个"企业宣传标语"文档，在"页眉布局"选项卡的"页面背景"组中单击"页面颜色"命令，在弹出的下拉列表中单击"填充效果"命令，弹出"填充效果"对话框，在"渐变"选项卡的"颜色"组中单击"双色"单选按钮，在"颜色 1（1）"下拉列表框中选择"浅蓝"，在"颜色 2（2）"下拉列表框中选择"水绿色，强调文字颜色 5，淡色80%"，在"底纹样式"组中选中"水平"单选按钮，在右侧"变形"组中单击"竖排第二个"图形，如图 2-107 所示。

步骤 02 在"页眉布局"选项卡的"页面设置"组中单击"纸张方向"命令，在弹出的下拉菜列表中选择"横向"选项；单击"纸张大小"按钮，在弹出的下拉列表中"A4"选项，如图 2-108 所示。单击"Office"按钮，单击"Word 选项"按钮，在弹出的"Word 选项"对话框中单击左侧"显示"命令，在右侧的"打印选项"组中选中"打印背景色和图像"复选框即可，如图 2-109 所示。

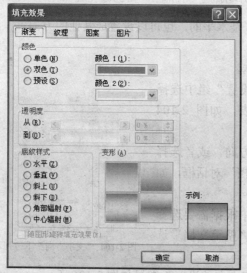

图 2-107　设置填充效果

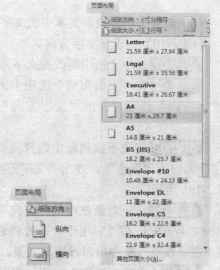

图 2-108　设置"纸张方向"和"纸张大小"

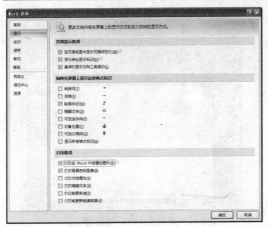

图 2-109　设置背景色并打印显示

2．绘制图形

步骤 01 单击"插入"选项卡中的"文本框"命令，在弹出的"文本框"组列表中选择"绘制文本框"命令，此时鼠标指针从"箭头"转变为"+"形状，拖动鼠标绘制图 2-110 所示大小的文本框；右键单击文本框边框，在弹出的快捷菜单中选择"设置文本框格式"命令，在"颜色与线条"选项卡的"填充"组中单击"填充效果"按钮，弹出"填充效果"对话框，在"渐变"选项卡的"颜色"组中选中"双色"单选按钮，在"颜色 1（1）"下拉列表框中选择"浅黄"，在"颜色 2（2）"下拉列表框中选择"天蓝"，在"底纹样式"组中选中"水平"单选按钮，在右侧"变形"组中单击"第一个"图形，如图 2-111 所示；单击"确定"按钮返回"颜色与线条"选项卡，在"线条"组中，设置"颜色"为"白色，背景 1，深色 25%"，设置"虚实"为"实线"，设置"粗细"为"1.5 磅"，如图 2-112 所示。最终设置效果如图 2-113 所示。

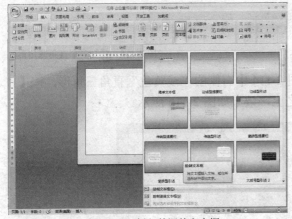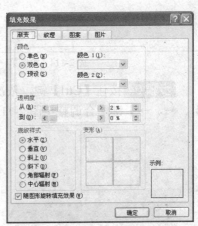

图 2-110　插入并调整文本框　　　　　　　　图 2-111　设置文本框填充效果

步骤 02 单击"插入"选项卡中的"形状"命令，在弹出的下拉列表中选中"基本形状"选项，单击"直角三角形"，拖动鼠标绘制直角三角形，右键单击直角三角形，在弹出的快捷菜单中选择"设置自选图形格式"命令，弹出"设置自选图形格式"对话框，在"颜色与线条"选项卡中设置填充颜色为"水绿色"；线条颜色为"无颜色"，效果如图 2-114 所示。

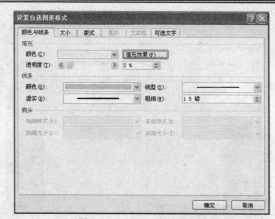

图 2-112　设置文本框线条效果　　　　　图 2-113　设置文本框总体效果

步骤 03 按住【Ctrl】键，选中设置好的直角三角形，再次复制 5 个相同的直角三角形，分别调整其至适当的大小，选中相对"水绿色"直角三角形递减的 3 个直角三角形，右键单击，在弹出的快捷菜单中选择"设置自选图形格式"命令，弹出"设置自选图形格式"对话框，在"颜色与线条"选项卡中设置填充颜色为"浅黄"，线条颜色为"无颜色"，效果如图 2-115 所示。

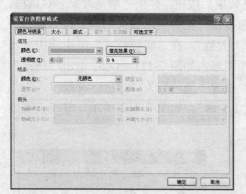

图 2-114　绘制第一个三角形　　　　　图 2-115　绘制多个直角三角形

步骤 04 按住【Ctrl】键，依次选中图 2-114 中右侧的"浅黄色"直角三角形，按【↑、↓、←、→】键配合调整至图 2-115 左侧之上，效果如图 2-116 所示。

图 2-116　重叠放置 6 个直角三角形

步骤 05 再次绘制"水绿色"直角三角形，选中其中一个，单击"绿色"翻转按钮，顺时针旋转 180°，并将直角三角形调整至适当位置，如图 2-117 所示。

步骤 06 绘制 "水绿色"的矩形，调整至适当的大小和位置；再次绘制"水绿色"直角三角形，调整至适当的大小和位置；绘制"水绿色"梯形，调整至适当的大小和位置；按住【Shift】键，选中要组合的多个图形，右键单击，在弹出的快捷菜单中选择"组合"命令即可。效果如图 2-118 所示。

图 2-117　绘制直角三角形并调整

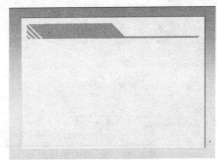

图 2-118　绘制多个图形并组合

步骤 07 绘制等腰三角形，将其缩放，调整至适当的大小及位置，设置"格式"选项卡中"形状样式"选项组的"第三个"为"彩色填充，白色轮廓-强调文字颜色 2"，复制多个等腰三角形，调整后效果如图 2-119 所示。

图 2-119　绘制多个等腰三角形并调整

步骤 08 绘制"直线"，调整至适当大小及位置，线条颜色为"白色，背景 1"，线条虚实为"实线"，粗细为"3 磅"，调整后效果如图 2-120 所示。

步骤 09 绘制矩形，调整至适当的大小及适合位置，填充颜色为"浅绿"，线条颜色为无颜色"，调整后效果如图 2-121 所示。

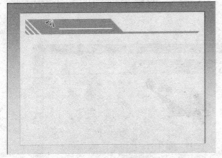

图 2-120　绘制直线

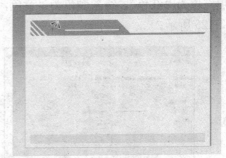

图 2-121　绘制页面下方矩形

3．插入图片

步骤 01 单击"插入"选项卡中"插图"选项组中的"图片"命令，弹出"插入图片"对话框，选中要插入的所有图片，一次性插入多张图片，如图 2-122 所示。

步骤02 选中已插入的所有图片，打开"格式"选项卡，单击"排列"组中的"文字环绕"按钮，在弹出的下拉列表中，为"瓦斯危险"图片设置文字环绕方式为"浮于文字上方"，为"瓦斯成分"图片设置文字环绕方式为"四周型环绕"，为"花边"图片设置文字环绕方式为"四周型环绕"，并调整至适当的大小及位置，效果如图2-123所示。

图 2-122　插入所有图片

图 2-123　调整图片效果

4．插入艺术字

步骤01 单击"插入"选项卡中"文本"选项组中的"艺术字"按钮，选中"艺术字样式1"，在弹出的"编辑艺术字文字"对话框中设置文字，如图2-124所示。

图 2-124　插入并编辑艺术字

步骤02 右键单击编辑的艺术字，在弹出的快捷菜单中选中"设置艺术字格式"命令，设置填充色为"红色"，线条颜色为"黄色，实线，2.5磅"，调整至适当的大小和位置，效果如图2-125所示。

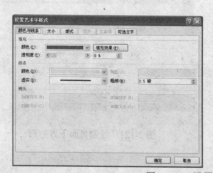

图 2-125　设置插入的艺术字效果

步骤03 依次创建多处艺术字，此处不再赘述，总体效果如图2-126所示。

5．插入文本框

步骤01 单击"插入"选项卡中"文本"选项组中的"文本框"按钮，选择"绘制文本框"命令，拖动鼠标绘制适当大小的文本框，如图2-127所示。

图2-126　设置多处艺术字效果

图2-127　插入文本框

步骤02 右键单击文本框边框，在弹出的快捷菜单中选择"编辑文字"命令，再将已编辑好的文字粘贴进来，文字格式为"宋体，小四，绿色"；右键单击文本框边框，在弹出的快捷菜单中选择"设置文本框格式"命令，在"颜色与线条"选项卡中设置填充色为"无颜色"，线条颜色为"无颜色"，效果如图2-128所示。

步骤03 重复以上操作，创建与以上相同效果的文本框，效果如图2-129所示。

图2-128　设置文本框效果

图2-129　设置右侧文本框效果

 任务总结

　　宣传科制作的文档是否起到宣传作用，要看文档是否突出主题，是否图文并茂。一篇文档不能只有文本而没有任何修饰，在文档中插入一些图形、图片、艺术字、文本框，不仅会使文档显得生动有趣，还能帮助读者更快地理解其中的内容。此外，一篇文档制作完成后，可以进行相应的页面布局设置，使其更加美观。

任务三　制作应聘登记表

任务描述

　　公司的队伍不断壮大，组织人事处为了了解新进职工的具体情况，特意设计了"人事管理信息表"文档,并发至员工电子邮箱,请员工填写回复。由组织人事处的小李负责设计"人事管理信息表"。人事管理是人力资源管理发展的第一阶段,是一系列管理工作(包括有关人事方面的计划、组织、指挥、协调、信息、控制等)的总称。

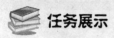 **任务展示**

在人事管理中,信息登记是一项经常性的工作。调配工作人员必须按照国家编制和人员结构要求,企业单位生产人员与非生产人员的合理比例,本着学以致用、适才适所、发挥特长的原则进行。本任务制作的招聘人员登记如图2-130所示。

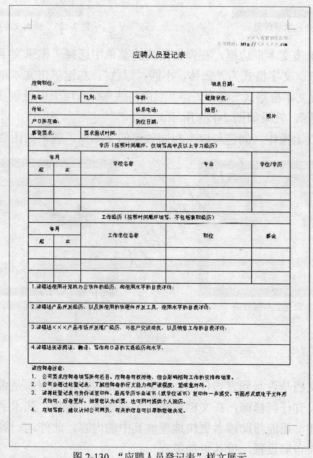

图2-130 "应聘人员登记表"样文展示

 **完成思路**

1. 人事管理的作用与特征

人事管理是人力资源管理发展的第一阶段,凡是关系到员工个人、员工相互之间以及员工与企业之间的事务,都是人事管理的内容,其具体包括员工的招聘、录用、调配、培训、交流、岗位职责制(职位分类)、考核、奖惩、任免、升降、工资、福利、统计、辞退、辞职、退休、抚恤、人事研究等一系列管理工作。
图 2-131 所示为人事档案管理的内容。

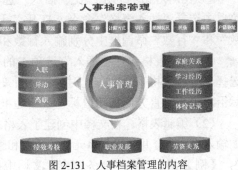

2．人事管理表格制作分析

由于人事管理内容较多，涵盖面较广，对于不同的人事管理表格，其具体包含的项目不同。但所有的表格主要包括表格标题和表格内容两部分，各部分的写作要求如下。

图 2-131　人事档案管理的内容

（1）表格标题：表格标题的命名需要突出表格的作用，即该表格是用来干什么的，如员工信息、请假单、出差报告、绩效考核等。

（2）表格内容：不同用途的表格，其具体的表格内容也不同，应根据表格的功能来规划表格的内容。

3．制作流程简述

招聘登记表的制作按文本结构分为页眉和表格标题的制作、表格制作两个部分，具体制作过程如图 2-132 所示。

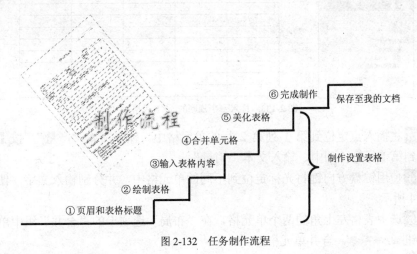

图 2-132　任务制作流程

 相关知识

1．插入和编辑表格

在办公中经常需要处理数据，使用表格可以方便地输入和管理数据。Word 2007 提供了插入表格功能，并且还可对表格进行编辑。

（1）创建表格。表格的基本单元称为单元格，表格是由许多行和列的单元格组成的一个综合体。在 Word 2007 中可以使用多种方法来创建表格，如使用表格网格框、使用对话框和绘制不规则表格等方法。

① 使用表格网格框创建：在"插入"选项卡的"表格"组中单击"表格"按钮，打开表格网络框。在网格框中按住鼠标左键拖动鼠标，确定要创建表格的行数和列数，单击鼠标即可完成一个规则表格的创建。

② 使用对话框创建：在"插入"选项卡的"表格"组中单击"表格"按钮，在弹出的菜单中选择"插入表格"命令，打开"插入表格"对话框。在"表格尺寸"选项区域的"列数"和"行数"微调框中分别输入行数和列数，单击"确定"按钮即可。

③ 绘制表格：在"插入"选项卡的"表格"组中单击"表格"按钮，在弹出的菜单中选择"绘制表格"命令，此时鼠标指针变为∥形状。在文档中拖动鼠标绘制表格外边框，然后沿水平或垂直方向拖动鼠标在表格边框内绘制表格的行和列。

（2）编辑表格。在文档中创建了表格之后，就可以在表格中输入文本或对其进行编辑了，如输入内容，合并和拆分单元格，插入和删除行、列，调整行高和列宽等，以满足不同的需要。

【例 2-11】 在"商务请柬"文档中插入表格，并对其进行编辑。

步骤 01 启动 Word 2007，打开"商务请柬"文档。将插入点定位在 SmartArt 图形右侧，在"插入"选项卡的"表格"组中单击"表格"按钮，在弹出的菜单中选择"插入表格"命令，打开"插入表格"对话框。

步骤 02 在"表格尺寸"选项区域的"列数"和"行数"微调框中分别输入 5 和 8，单击"确定"按钮创建一个规则的 5×8 表格，如图 2-133 所示。

图 2-133　插入一个规则的 5×8 表格

步骤 03 将插入点定位到第 1 列第 2 行的单元格中，输入文本"产量"，按【→】键将插入点定位到第 1 行第 4 列中，输入文本"销量"。

步骤 04 使用键盘方向键将光标定位到不同的单元格中，并分别输入文字，使得表格效果如图 2-134 所示。

步骤 05 选中表格左上角的两个单元格，在"布局"选项卡的"合并"组中单击"合并单元格"按钮 合并单元格，合并单元格。

步骤 06 重复步骤 05 的操作，对表格中的其他单元格进行合并，使得表格效果如图 2-135 所示。

	产量		销量	
	今年(万辆)	去年(万辆)	今年(万辆)	去年(万辆)
家用车	300.96	247.99	293.36	241.53
	同比增长 21.36%		同比增长 21.46%	
乘用车	212.45	176.09	208.42	172.66
	同比增长 20.65%		同比增长 20.71%	
商用车	88.51	71.90	84.94	68.86
	同比增长 23.10%		同比增长 23.36%	

图 2-134　输入表格内容

	产量		销量	
	今年(万辆)	去年(万辆)	今年(万辆)	去年(万辆)
家用车	300.96	247.99	293.36	241.53
	同比增长 21.36%		同比增长 21.46%	
乘用车	212.45	176.09	208.42	172.66
	同比增长 20.65%		同比增长 20.71%	
商用车	88.51	71.90	84.94	68.86
	同比增长 23.10%		同比增长 23.36%	

图 2-135　对表格中的多处单元格进行合并

步骤 07 单击表格左上角的 ⊞ 按钮，选中整个表格，在"设计"选项卡的"表样式"组中单击"其他"按钮，在打开的表样式列表中选择图 2-136 所示的样式，此时表格效果如图 2-137 所示。

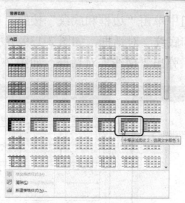

图 2-136 选择表样式

图 2-137 应用表样式

2. 设置页眉和页脚

页眉与页脚不属于文档的文本内容，它们用来显示标题、页码、日期等信息。页眉位于文档中每页的顶端，页脚位于文档中每页的底端。页眉和页脚的格式化与文档内容的格式化方法相同。

（1）插入页眉和页脚。用户可以在文档中插入不同格式的页眉和页脚，如可插入与首页不同的页眉和页脚，或者插入奇偶页不同的页眉和页脚。插入页眉和页脚的具体操作步骤如下。

步骤 01 在"插入"选项卡中的"页眉和页脚"组中选择"页眉"选项，进入页眉编辑区，并打开"页眉和页脚工具"上下文工具，如图 2-138 所示。

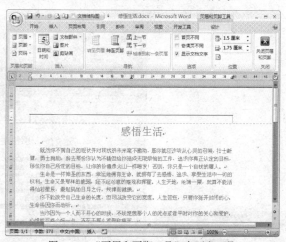

图 2-138 "页眉和页脚工具"上下文工具

步骤 02 在页眉编辑区中输入页眉内容，并编辑页眉格式。

步骤 03 在"页眉和页脚工具"上下文工具中选择 "转至页脚"选项，切换到页脚编辑区。

步骤 04 在页脚编辑区输入页脚内容，并编辑页脚格式。

步骤 05 设置完成后，选择"关闭页眉和页脚"选项，返回文档编辑窗口。

（2）插入页眉线。在默认状态下，页眉的底端有一条单线，即页眉线。用户可以对页眉线进行设置、修改和删除。插入页眉线的具体操作步骤如下。

步骤 01 将光标定位在页眉编辑区的任意位置。

步骤 02 在"开始"选项卡中的"段落"组中单击"边框和底纹"按钮，在弹出的下拉列表中选择"边框和底纹"选项，弹出"边框和底纹"对话框，如图 2-139 所示。

步骤 03 在该对话框中单击"横线"按钮，弹出"横线"对话框，如图 2-140 所示。

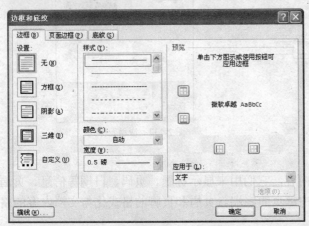

图 2-139 "边框和底纹"对话框

图 2-140 "横线"对话框

步骤 04 在该对话框中选择一种横线，单击"确定"按钮，即可在页眉编辑区中插入一条特殊的页眉线。

步骤 05 设置完成后，选择"关闭页眉和页脚"选项返回文档编辑窗口，效果如图 2-141 所示。

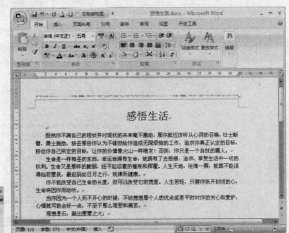

图 2-141 插入页眉线效果

（3）插入页码。有些文章有许多页，这时就可以为文档插入页码，以便于整理和阅读。在文档中插入页码的具体操作步骤如下。

步骤 01 在"插入"选项卡的"页眉和页脚"组的"页码"下拉列表中选择"设置页码格式"选项，弹出"页码格式"对话框，如图 2-142 所示。

步骤 02 在该对话框中可设置所插入页码的格式。

图 2-142 "页码格式"对话框

步骤 03 设置完成后，单击"确定"按钮，即可在文档中插入页码。

3．制作水印

（1）添加文字水印。

步骤 01 单击"页面布局"选项卡的"页面背景"选项组中的"水印"按钮，在下拉列表中单击"自定义水印"选项，弹出图 2-143 所示的对话框。

步骤 02 选中"文字水印"单选按钮，在"语言"下拉列表框中选择水印的语言种别，在"文字"下拉列表框中选择水印的文字内容，设置好水印文字的字体、字号、颜色、透明度和版式后，单击"确定"和"应用"按钮，就可以看到文本后面已经生成了设定的水印字样，设置如图 2-144 所示。

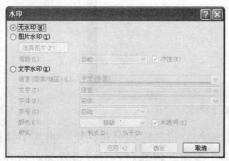

图 2-143 "水印"对话框

图 2-144 "文字水印"设置

（2）添加图片水印。在图 2-143 对话框中选中"图片水印"单选按钮，单击"选择图片"按钮，在弹出的对话框中找到事先准备用做水印的图片。添加后，设置图片的缩放比例、是否冲蚀。冲蚀的作用是让添加的图片在文字后面降低透明度显示，以免影响文字的显示效果，设置如图 2-145 所示。

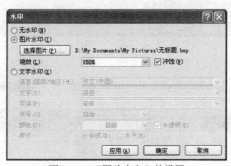

图 2-145 "图片水印"的设置

任务实施

1．页眉和表格标题的制作

步骤 01 新建一个"应聘人员登记表"文档，在"页眉布局"选项卡的"页面设置"组中单击"对话框启动器"按钮，打开"页面设置"对话框，在"页边距"选项卡中的"页边距"选项组中将其"上、下、左、右"页边距均设置为"1.5 厘米"，双击页眉区域打开"页

眉和页脚工具 设计"选项卡，选择页眉中的段落标记，在"开始"选项卡的"段落"组中单击"下框线"下拉按钮，在弹出的下拉菜单中选择"无框线"命令，删除段落标记的下框线，如图 2-146 所示。

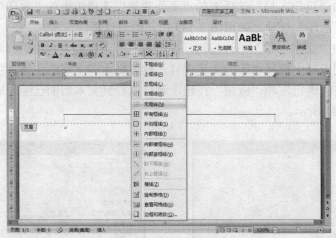

图 2-146　清除页眉下框线

步骤 02 在页眉中空 4 行，在中间两行中分别输入公司名称和公司网址，将其字体格式设置为"小五"，在"段落"组中单击"文本右对齐"按钮，将其对齐方式设置为右对齐，效果如图 2-147 所示。

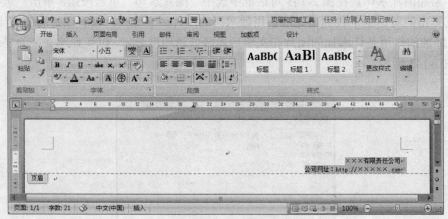

图 2-147　设置页眉文字

2．表格内容的制作

步骤 01 在"页面布局"选项卡的"页面背景"组中单击"水印"按钮，在弹出的菜单中选择"自定义水印"命令，打开"水印"对话框，选中"文字水印"单选按钮，在"文字"文本框中输入"×××有限责任公司"，在"字体"下拉列表框中选择"经典叠圆体简"，在"颜色"下拉列表的"主题颜色"区域中选择"白色，背景 1，深色 15%"颜色，如图 2-148 所示，单击"确定"按钮应用设置的水印效果。

步骤 02 在标题文本下方输入"应聘职务："和"填表日期"，并在其后设置相应的下画线，选择整行文本并右击，在弹出的快捷菜单中选择"段落"命令，打开"段落"对话框，在"间距"选项组中的"段后"数值框中输入"0.5 行",如图 2-149 所示,单击"确定"按钮为选择的文本设置段后间距格式。

图 2-148　"水印"对话框

图 2-149　"段落"对话框

步骤 03 将光标插入点定位到需要插入表格的位置,在"插入"选项卡的"表格"组中单击"表格"按钮,在弹出的菜单中选择"插入表格"命令,打开"插入表格"对话框,在"表格尺寸"选项组中的"列数"数值框中输入"5",在"行数"数值框中输入"21",如图 2-150 所示,单击"确定"按钮在文档中插入表格。

步骤 04 选择插入的表格,在"表格工具"选项卡的"单元格大小"组中的"高度"数值框中输入"0.79 厘米",在"对齐方式"组中单击"中部两端对齐"按钮,如图 2-151 所示。

图 2-150　"插入表格"对话框

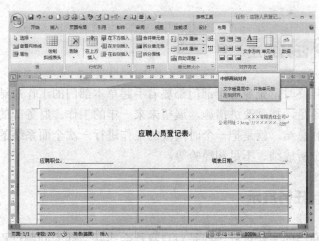

图 2-151　修饰表格布局

步骤 05 选择需要合并的单元格,在"表格工具 布局"选项卡的"合并"组中单击"合并单元格"按钮,将选择的单元格进行合并,并在其中输入相应的文本以及为其设置相应的对齐方式。单击"表格工具 设计"选项卡的"绘图边框"组中的"绘制表格"按钮,当鼠标指针变为 形状时,按住鼠标左键拖动鼠标在单元格中绘制表格,如图 2-152 所示。

步骤 06 选择需要合并的单元格，在"表格工具 布局"选项卡的"合并"组中单击"合并单元格"按钮，将选择的单元格进行合并，并在其中输入相应的文本以及为其设置相应的对齐方式，如图 2-153 所示。

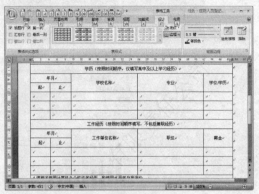

图 2-152 合并和绘制单元格　　　　　　图 2-153 完善表格

 任务总结

人事处的小李通过插入表格、编辑表格、美化表格等操作，制作了让企业满意的应聘登记表。通过以上步骤的讲解，读者能够对表格进行编辑与相应的美化操作。

任务四　制作企业年度工作总结

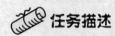 **任务描述**

年终时，企业各个部门都要着手起草本部门的工作总结，总结本年度所作的工作，从中查找不足，找到改进措施，展望未来一年的工作。财务部的张经理正在拟写一份工作总结。总工作总结，就是把一个时间段的工作进行一次全面系统的总检查、总评价、总分析、总研究，分析成绩、不足和经验等。

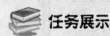 **任务展示**

总结的写作过程，即是对自身社会实践活动的回顾过程，又是思想认识提高的过程。通过总结，人们可以把零散的、肤浅的感性认识上升为系统、深刻的理性认识，从而得出科学的结论，以便克服缺点，吸取经验教训，使今后的工作少走弯路，多出成果。它还可以作为先进经验被上级推广，为其他单位所借鉴，从而推动实际工作的顺利开展。年终工作总结的效果如图 2-154 所示。

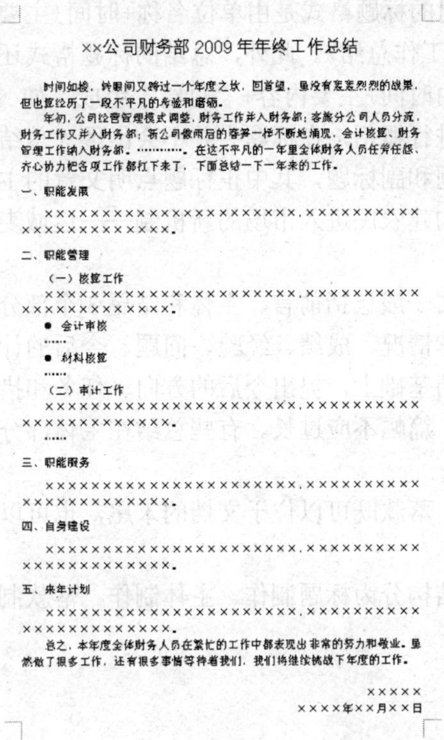

××公司财务部 2009 年年终工作总结

时间如梭，转眼间又将过一个年度之际，回首望，虽没有轰轰烈烈的战果，但也算经历了一段不平凡的考验和磨砺。

年初，公司经营管理模式调整，财务工作并入财务部；客旅分公司人员分流，财务工作又并入财务部；新公司做而后的奉第一样不断地涌现，会计核算、财务管理工作纳入财务部。⋯⋯⋯⋯ 在这不平凡的一年里全体财务人员任劳任怨、齐心协力把各项工作都扛下来了，下面总结一下一年来的工作。

一、职能发展
××××××××××××××××，×××××××××××
×××××××××××××。

二、职能管理
　（一）核算工作
×××××××××××××××××××××××××××××××××
● 会计审核
● 材料核算
　（二）审计工作
×××××××××××××××××
⋯⋯⋯⋯

三、职能服务
×××××××××××××××××××××××××

四、自身建设
　××××××××××××××××××××××

五、来年计划
×××××××××××××

总之，本年度全体财务人员在繁忙的工作中都表现出非常的努力和敬业。虽然做了很多工作，还有很多事情等待着我们，我们将继续挑战下年度的工作。

×××××
××××年××月××日

图 2-154　"××公司财务部 2009 年年终工作总结"样文

完成思路

1. 总结分类

总结是应用写作的一种，是党政机关、企事业单位、社会团体都广泛使用的一种常用文体。它主要对前段社会实践活动进行全面回顾、检查、分析、评判，并从理论知识的高度概括经验教训，以明确努力方向，有助于指导今后的工作。根据不同的标准，可从范围、性质、时间和内容上对总结进行分类，如图 2-155 所示。

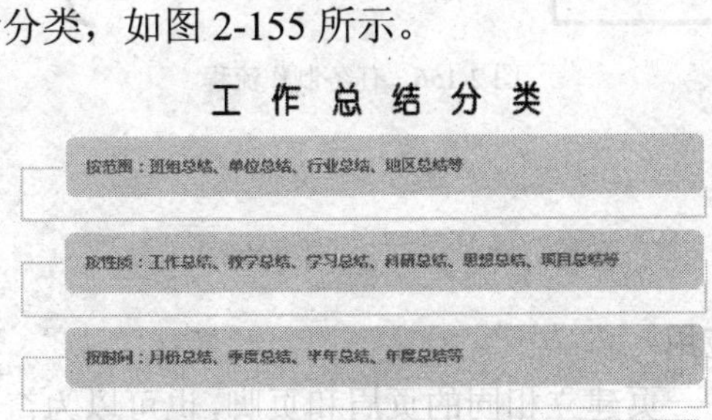

工 作 总 结 分 类

按范围：团组总结、单位总结、行业总结、地区总结等

按性质：工作总结、教学总结、学习总结、科研总结、思想总结、项目总结等

按时间：月份总结、季度总结、半年总结、年度总结等

按内容：全面总结、专题总结等

图 2-155　总结分类

2. 年终工作总结写作分析

总结一般由 3 个部分构成的，即标题、正文和落款，各部分的写作要求如下。

（1）标题：总结最常用的标题格式是由单位名称+时间+主要内容+"总结"二字组成的，如《×××公司2009年度工作总结》。此外，总结的标题格式还有其他3种，第一种是标题中省略了单位名称，直接由时间+主要内容+"总结"组成，如《2009年工作总结》；第二种标题格式是对总结的内容进行概括，在标题中并不会出现"总结"字样；第三种标题格式是采用双标题格式，即正标题和副标题，其中正标题点明文章的主旨或重心，副标题具体说明文章的内容和文种，如《构建农民进入市场的新机制——运城麦棉产区发展农村经济的实践与总结》。

（2）正文：总结的正文一般包括前言、主体和结尾3个部分。其中，前言和主体是不可或缺的部分，主要写明基本情况、成绩、经验、问题、今后的计划等内容，而结尾是正文的收束，应在总结经验教训的基础上，提出今后的方向、任务和措施，表明决心、展望前景。这段内容要与开头相照应，篇幅不应过长。有些总结在主体部分已将这些内容表达过了，就不必再写结尾了。

（3）落款：在总结中，落款既可以位于文档的末尾，也可以位于总结标题的下方。

3．制作流程简述

总结的制作按其文本结构分为标题制作、主体制作、落款制作3个部分，具体制作过程如图2-156所示。

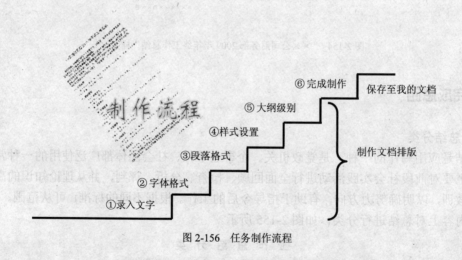

图 2-156　任务制作流程

相关知识

1．页眉和页脚高级应用

Word可以给文档的每一页建立相同的页眉和页脚，也可以为奇数页和偶数页建立不同的页眉和页脚。

（1）为首页创建页眉和页脚。

通常情况下，在书籍的章首页需要创建独特的页眉和页脚。

【例2-12】　为文档"乘车规则"添加封面，并在封面中创建页脚。

步骤01 启动Word 2007应用程序，打开已创建的文档"乘车规则"。

步骤 02 打开"插入"选项卡,在"页"组中单击"封面"按钮,在弹出的菜单中选择"小室型"命令,为文档添加图 2-157 所示的封面。

图 2-157 选择并添加封面

步骤 03 在封面页的占位符中修改或添加文字,使得封面效果如图 2-158 所示。

步骤 04 打开"插入"选项卡,在"页眉和页脚"组中单击"页脚"按钮,在弹出的菜单中选择"传统型"命令,如图 2-159 所示。

图 2-158 修改封面中的文本内容　　　　　　图 2-159 选择页脚样式

步骤 05 进入页脚编辑状态,在页脚输入文字,并设置文字字号为"小四",如图 2-160 所示。

步骤 06 打开"页眉和页脚"工具的"设计"选项卡,在"关闭"组中单击"关闭页眉和页脚"按钮,完成页脚的添加,如图 2-161 所示。

步骤 07 在快速访问工具栏中单击"保存"按钮,保存所作的设置。

(2)为奇偶页创建不同的页眉页脚。

在书籍中,奇偶页的页眉、页脚通常是不同的。在 Word 2007 中,可以很方便地为奇偶页创建不同的页眉、页脚。

【例 2-13】 在"乘车规则"文档中,为奇偶页创建不同的页眉。

步骤 01 启动 Word 2007 应用程序,打开已创建的文档"乘车规则"。

步骤 02 打开"插入"选项卡,在"页眉和页脚"组中单击"页眉"按钮,在弹出的菜单中选择"编辑页眉"命令,进入页眉和页脚编辑状态。在"设计"选项卡的"选项"组中选中"奇偶页不同"复选框。

图 2-160　在首页添加页脚

图 2-161　首页显示的页脚效果

步骤 03 在偶数页页眉区域中选中段落标记符，打开"开始"选项卡，在"段落"组中单击"边框"按钮，在弹出的菜单中选择"无框线"命令，隐藏偶数页页眉的边框线。

步骤 04 将光标定位在段落标记符上，输入文字"公共交通乘车规则"，设置文字字体为"华文楷体"，字号为"小四"，字形为"加粗"，设置对齐格式为"左对齐"，并单击"下画线"按钮 U，此时偶数页页眉如图 2-162 所示。

步骤 05 使用同样的方法设置奇数页页眉，最终效果如图 2-163 所示。

图 2-162　偶数页页眉

图 2-163　奇数页页眉

步骤 06 打开"设计"选项卡，在"关闭"组中单击"关闭页眉和页脚"按钮，完成设置。

步骤 07 在快速访问工具栏中单击"保存"按钮，保存所作的设置。

（3）设置页码。

页码就是给文档的每页所编的号码，以便于读者阅读和查找。页码一般添加在页眉或页脚中，当然，也可以添加到其他地方。

【例 2-14】 在"乘车规则"文档中添加页码。

步骤 01 启动 Word 2007 应用程序，打开已创建的文档"乘车规则"。

步骤 02 打开"插入"选项卡，在"页眉和页脚"组中单击"页码"按钮，在弹出的菜单中选择"页边距"列表中的"箭头（左侧）"命令，在偶数页插入页码。

步骤 03 参照步骤 02，在奇数页插入"箭头（右侧）"样式的页码，效果如图 2-164 所示。

图 2-164　分别在奇偶页添加页码

2．使用样式和模板

样式和模板是快速排版文档的有力工具。Word 2007 提供了多种默认样式，用户可将这些样式应用于文档中，而模板就是样式的集合，用户可将常用的文档及文档样式设置为一个模板，从而大大加快文档的制作速度。

（1）应用样式。

样式就是应用于文档中的文本、表格和列表的一套格式特征，它能迅速改变文档的外观。Word 2007 内置了多种样式，如标题、副标题、正文等，可以将其应用于文档中。同样，也可以打开已经设置好样式的文档，将其样式应用于文本中。

【例 2-15】　在"乘车规则"文档中应用标题样式。

步骤 01 启动 Word 2007 应用程序，打开已创建的文档"乘车规则"。

步骤 02 在"开始"选项卡的"样式"组中单击"快速样式"按钮，在样式列表中选择"标题 1"选项，应用该样式，如图 2-165 所示。

 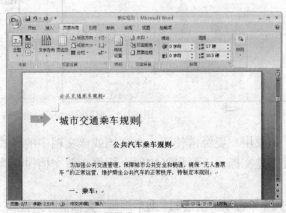

图 2-165　应用标题样式

步骤 03 单击快速访问工具栏上的"保存"按钮，保存修改过的文档。

（2）修改样式。

如果某些内置样式无法完全满足用户的要求，则可以在内置样式的基础上进行修改。在"开始"选项卡中单击"样式""对话框启动器"按钮 ，打开"样式"任务窗格，单击样式选项的下拉列表框旁的箭头按钮，在弹出的菜单中选择"修改"命令，打开"修改样式"对话框，在该对话框中更改相应的选项即可，如图 2-166 所示。

 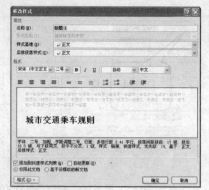

图 2-166　修改样式

（3）应用模板。

模板是一种带有特定格式的扩展名为 .dotx 的文档，它包括特定的字体格式、段落样式、页面设置、快捷键方案、宏等格式。

Word 2007 自带许多模板，通过这些模板可以快速创建特殊的文档。单击"Office"按钮，在弹出的菜单中选择"新建"命令，打开"新建文档"对话框，在"模板"列表中选择"已安装的模板"选项，此时列表中显示已安装的模板，选择一种模板，单击"创建"按钮即可使用模板快速创建文档，如图 2-167 所示。

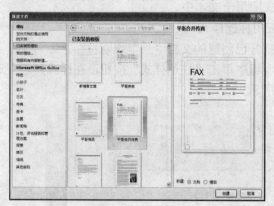 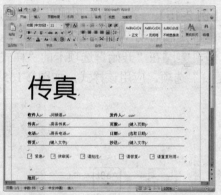

图 2-167　使用模板快速创建文档

另外，如果用户要经常使用一个文档或该文档中的样式，可将其保存为模板，随后即可应用该模板创建文档。下面将以实例介绍将当前文档保存为模板文件，再应用该模板创建文档的方法。

【例 2-16】　将以上创建的"乘车规则"文档保存为模板文件，然后应用该模板创建新文档。

步骤 01　启动 Word 2007 应用程序，打开已创建的"乘车规则"文档。

步骤 02　单击"Office"按钮，从弹出的菜单中选择"另存为"中的"Word 模板"命令，打开"另存为"对话框。

步骤 03　选择"受信任模板"选项，在"文件名"文本框中输入模板名称"规则模板"，单击"保存"按钮，如图 2-168 所示。

步骤 04　关闭并重新启动 Word 2007，单击"Office 按钮"，从弹出的菜单中选择"新建"命令，打开"新建文档"对话框，在"模板"栏中选择"我的模板"选项，如图 2-169 所示。

图 2-168　另存为模板　　　　　　　　　图 2-169　选择"我的模板"选项

步骤 05 打开"新建"对话框，在中间的列表框中选择刚才创建的"规则模板"模板，单击"确定"按钮，即可新建一个文档，如图 2-170 所示。

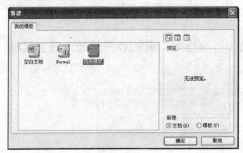

图 2-170　应用模板

3．审阅文档

在实际工作中，常常会遇到诸如"员工手册"、"公司企划"、"工作报告"等长达数十页的文档。这时在 Word 文档中使用大纲视图审阅，可以达到省时省力的效果。

Word 2007 中的大纲视图是专门用于制作提纲的，它以缩进文档标题的形式表示在文档结构中的级别。使用大纲视图，可以快速查看文档的结构，并对结构进行调整等。

打开"视图"选项卡，在"文档视图"组中单击"大纲视图"按钮，或单击状态栏上的"大纲视图"按钮　，就可以切换到大纲视图模式。此时"大纲"选项卡随即出现在窗口中，如图 2-171 所示。

图 2-171　"大纲"选项卡

【例 2-17】　将素材文档"行政人事管理制度"切换到大纲视图查看其结构。

步骤 01 启动 Word 2007，打开文档"行政人事管理制度"，打开"视图"选项卡，在"文档视图"组中单击"大纲视图"按钮，切换到大纲视图模式。

步骤 02 打开"大纲"选项卡，在"大纲工具"组的"显示级别"下拉列表框中选择"显示级别 2"选项，此时，视图上只显示到标题 2，标题 2 以后的标题都被折叠，如图 2-172

所示。

步骤03 将鼠标指针移至标题 2 前的⊕符号处，双击鼠标即可展开其后的下属文本，如图 2-173 所示。

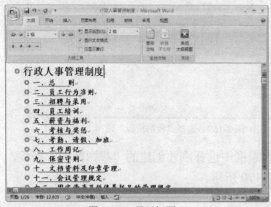

图 2-172　显示标题 2　　　　　　　　　　图 2-173　展开文档

步骤04 将鼠标指针移动到文本"二、员工行为准则"前的⊕符号处，双击鼠标，该标题下的文本被折叠，如图 2-174 所示。

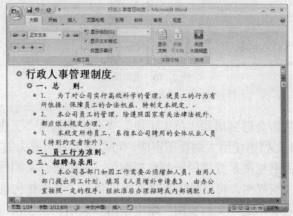

图 2-174　折叠文档

 **任务实施**

1. 标题和开头制作

步骤01 新建一个"年终工作总结"文档，在其中输入标题文本和开头文本，将标题文本的字体格式设置为"方正小标宋简体、小二"，然后在"开始"选项卡的"段落"组中单击"居中"按钮，将其设置为居中对齐，如图 2-175 所示。

步骤02 在"开始"选项卡的"段落"组中单击"对话框启动器"按钮，打开"段落"对话框，在"缩进和间距"选项卡的"常规"选项组中的"大纲级别"下拉列表框中选择"1级"选项，将标题文本的大纲级别设置为 1 级，在"间距"选项组中将"段后"设置为"0.5行"，如图 2-176 所示。

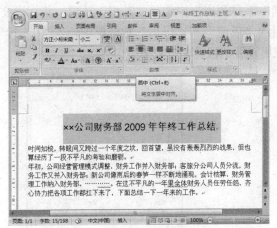

图 2-175　设置标题字体格式　　　　　图 2-176　设置标题段落格式及大纲级别

步骤 03 选择第一段和第二段文本，在"开始"选项卡的"字体"组中的"字体"下拉列表框中选择"字体"选项，在"字号"下拉列表框中选择"小四"选项，更改开头文本的字体格式，如图 2-177 所示。

步骤 04 在"开始"选项卡的"段落"组中单击"对话框启动器"按钮，打开"段落"对话框，在"缩进和间距"选项卡的"缩进"选项组中的"特殊格式"下拉列表框中选择"首行缩进"选项，在"间距"选项组中的"行距"下拉列表框中选择"固定值"选项，在"设置值"数值框中输入"16 磅"，如图 2-178 所示，单击"确定"按钮应用设置。

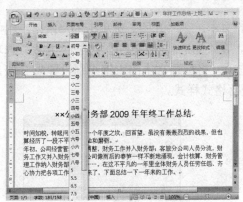

图 2-177　设置文本字体　　　　　图 2-178　设置文本段落格式及大纲级别

2．主体的制作

步骤 01 选择第一个小标题和第二个小标题所包含的文本，在"开始"选项卡的"字体"组中的"字体"下拉列表框中选择"宋体"选项，在"字号"下拉列表框中选择"小四"选项更改字体格式。在"开始"选项卡的"段落"组中单击"对话框启动器"按钮，打开"段落"对话框，在"缩进和间距"选项卡的"间距"选项组中的"行距"下拉列表框中选择"固定值"选项，在"设置值"数值框中输入"16 磅"，如图 2-179 所示，最后单击"确定"按钮应用设置的段落格式样式。

步骤 02 选择主体文本中的小标题文本，将其"字体"设置为"黑体"。在"开始"选项卡的"段落"组中单击"对话框启动器"按钮，打开"段落"对话框。在"缩进和间距"

选项卡的"常规"选项组中的"大纲级别"下拉列表框中选择"2 级"选项，将标题文本的大纲级别设置为 2 级，在"间距"选项组的"段前"和"段后"数值框中输入"0.5 行"，如图 2-180 所示，然后单击"确定"按钮应用设置的段落格式样式。

图 2-179　设置正文格式

图 2-180　设置标题格式

步骤 03 选择主体文本中小标题的下级文本，在"开始"选项卡的"段落"组中单击"对话框启动器"按钮，打开"段落"对话框，在"缩进和间距"选项卡的"缩进"选项组的"特殊格式"下拉列表框中选择"首行缩进"选项，如图 2-181 所示，单击"确定"按钮应用设置的段落格式样式。

步骤 04 选择需要设置大纲级别为 3 级的文本，在"开始"选项卡的"段落"组中单击"对话框启动器"按钮，打开"段落"对话框，在"缩进和间距"选项卡的"常规"选项组中的"大纲级别"下拉列表框中选择"3 级"选项，将标题文本的大纲级别设置为 3 级，如图 2-182 所示，单击"确定"按钮应用设置的段落格式样式。

图 2-181　设置小标题文本格式

图 2-182　设置 3 级标题格式

步骤 05 选择需要使用项目符号的文本，在"开始"选项卡的"段落"组中单击"项目符号"按钮，为选择的文本设置相应的项目符号格式，如图 2-183 所示。

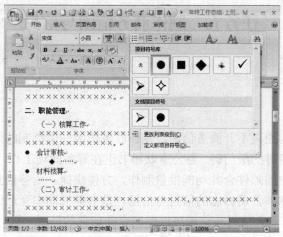

图 2-183　添加项目符号

3. 落款的制作

落款主要包括制作总结的单位或个人以及总结成文的时间，由于其制作简单，这里不再赘述了。

4. 保存为模板

步骤01 单击"Office 按钮"，在弹出的下拉列表中选择"另存为"命令，在子菜单中选择"Word 模板"命令，弹出"另存为"对话框，如图 2-184 所示。

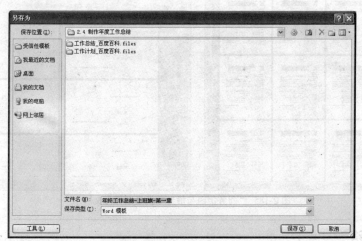

图 2-184　"另存为"对话框

步骤02 设置保存选项，单击"保存"按钮即可，保存后的模板扩展名为".dotx"。

 **任务总结**

张经理在完成工作总结排版之后，并对此文档进行了审阅查看，不仅巩固了设置文档的字体、段落基本排版能力外，还将文档保存为模板，以便今后使用，提高办公效率。

任务五　制作商务信函与信封

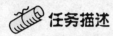 **任务描述**

　　企业之间的相互沟通离不开商务信函，制作商务信函并用特制的信封传递至企业好友是向对方表示诚意与邀请时的敲门砖。办公室耿秘书正在筹备此项工作，由于外联的客户较多，因此采用 Word 2007 中的邮件合并功能批量制作，方便快捷。商务信封与信函是商务活动中专用的、带有公司名称和公司标志的信封与信函，是商务活动中互通信息、联系业务和商洽合作的一种手段。制作商务信封与信函可以保证企业信件的外观一致，是企业商务活动标志。

 任务展示

　　商务信函是指在日常的商务往来中用以传递信息、处理商务事宜以及联络和沟通关系的信函、电讯文书。常用的商务信函主要有商洽函、询问函、答复函、请求函、告知函和联系函等。本任务制作的商务信函与信封展示效果，如图 2-185 所示。

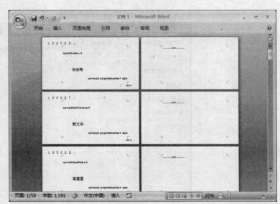

图 2-185　"商务信函与信封"批量制作样文展示

 完成思路

1．中文商务信函写作格式

同一般信函一样，商业信函一般由开头、正文、结尾、署名、日期等 5 个部分组成。

（1）开头：开头写明收信人或收信单位的称呼。称呼单独占行、顶格书写，称呼后用冒号。

（2）正文：正文是信函的主要部分，叙述商业业务往来联系的实质问题，主要包括以下内容。

①　向收信人问候。

②　写信的事由，如何时收到对方的来信、表示谢意、对于来信中提到的问题答复等。

③ 该信要进行的业务联系，如询问有关事宜、回答对方提出的问题、阐明自己的想法或看法、向对方提出要求等。如果既要向对方询问，又要回答对方的询问，则先答后问，以示尊重。

④提出进一步联系的希望、方式和要求。

（3）结尾：结尾往往用简单的一两句话，写明希望对方答复的要求。如"特此函达，即希函复。"同时写表示祝愿或致敬的话，如"此致敬礼"、"敬祝健康"等。祝语一般分为两行书写，"此致"、"敬祝"可紧随正文，也可和正文空开。"敬礼"、"健康"则转行顶格书写。

（4）署名：署名即写信人签名，通常写在结尾后另起一行（或空一、二行）的偏右下方位置。以单位名义发出的商业信函，署名时可写单位名称或单位内具体部门名称，也可同时署写信人的姓名。重要的商业信函，为郑重起见，也可加盖公章。

（5）日期：写信日期——般写在署名的下一行或同一行偏右下方位置。商业信函的日期很重要，不要遗漏。

2．商务信函写作分析

商务信函的写作需要注意以下几点。

（1）准确：商务信函的内容多与双方的利益有着直接的利害关系，因而要完整、精确地表达意思，甚至标点符号都要做到准确无误，以免造成不必要的麻烦。

（2）简洁：在做到准确、周到的前提下，应用最少的文字表达真实的意思，不能拖沓冗长。

（3）具体：信函所要交待的事项必须具体明确，尤其要注意需要对方答复或会对双方关系产生影响的内容，绝不能语言不详。

（4）礼貌：要掌握礼貌、得体的文字表达方式，以有利于双方保持良好的关系。

（5）体谅：要学会换位思考，能够站在对方的立场上思考问题。这样容易获得对方的认同，有利于双方达成有效的沟通。

3．制作流程简述

商务信函的制作按文本结构分为信函主文档制作、信函数据源制作、合并信函制作、信封制作4个部分，具体制作过程如图2-186所示。

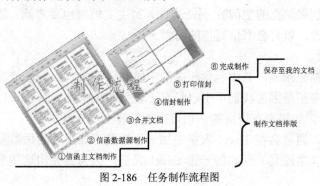

图2-186　任务制作流程图

 相关知识

1．邮件合并基础知识

（1）邮件合并的定义。

"邮件合并"这个词最初是在批量处理邮件文档时提出的。具体地说，就是在邮件文档

（主文档）的固定内容中，合并与发送信息相关的一组通信资料（数据源，如 Excel 表、Access 数据表等），从而批量生成需要的邮件文档，大大提高工作的效率。

邮件合并功能除了可以批量处理信函、信封等与邮件相关的文档外，还可以轻松地批量制作标签、工资条、成绩单等。

（2）适用范围。

工作中可能遇到过这样的情况：要向一群人发送内容相同的文档，但每份文档的称谓等各不相同。例如，要打印请柬、邀请函或信封之类。这类文档的特点是文档中的主要内容相同，只有个别部分不同。传统做法则是每打印一张进行一次修改。虽然这样也可以完成任务，但却非常麻烦，如果使用邮件合并功能，则可以非常轻松地做好这项工作。

邮件合并的原理是将发送的文档中相同的部分保存为一个文档，称为主文档；将不同的部分，如收件人的姓名、地址等保存成另一个文档，称为数据源；然后将主文档与数据源合并起来，形成用户需要的文档。

数据源可看成是一张简单的二维表格。表格中的每一列对应一个信息类别，如姓名、性别、职务、住址等。各个数据域的名称由表格的第一行来表示，这一行称为域名行，随后的每一行为一条数据记录。数据记录是一组完整的相关信息，如某个收件人的姓名、性别、职务、住址等。

邮件合并功能不仅能用来处理邮件或信封，也可用来处理具有上述原理的文档。

（3）邮件合并制作过程。

邮件合并的基本过程包括以下 3 个步骤，只要理解了这些步骤，就可以得心应手地利用邮件合并来完成批量作业。

① 建立主文档。

主文档是指邮件合并内容的固定不变的部分，如信函中的通用部分、信封上的落款等。建立主文档的过程就和平时新建一个 Word 文档一样，在进行邮件合并之前它只是一个普通的文档。唯一不同的是，如果用户正在为邮件合并创建一个主文档，则可能需要花点心思考虑一下，这份文档要如何写才能与数据源更完美地结合，以满足要求（最基本的一点，就是在合适的位置留下数据填充的空间）；另一方面，写主文档时也要考虑，是否需要对数据源的信息进行必要的修改，以符合书信写作的习惯。

② 准备数据源。

数据源就是数据记录表，其中包含相关的字段和记录内容。一般情况下，我们考虑使用邮件合并来提高效率正是因为我们手上已经有了相关的数据源，如 Excel 表格、Outlook 联系人或 Access 数据库。如果没有现成的，也可以重新建立一个数据源。

在实际工作中，通常会在 Excel 表格中加一行标题。如果要用做数据源，应该先将其删除，得到以标题行（字段名）开始的一张 Excel 表格，因为将使用这些字段名来引用数据表中的记录。

③ 将数据源合并到主文档中。

利用邮件合并工具，可以将数据源合并到主文档中，得到目标文档。合并完成的文档的份数取决于数据表中记录的条数。

（4）数据源合并到主文档的操作步骤。

步骤 01 选择文档类型。单击功能区上的"邮件"选项卡，再单击"开始邮件合并"组中的"开始邮件合并"按钮，然后选择要创建的文档类型。

步骤02 将文档与数据源连接。在"邮件"选项卡的"开始邮件合并"组中单击"选择收件人"按钮。

步骤03 精简收件人。在"邮件"选项卡的"开始邮件合并"组中单击"编辑收件人列表"按钮。

步骤04 插入合并域。将插入点置于要插入合并域的位置，使用"邮件"选项卡的"写入和插入域"组中的命令。

步骤05 预览信函。在"邮件"选项卡的"预览结果"组中单击"预览结果"按钮。

步骤06 完成合并。在"邮件"选项卡的"完成"组中单击"完成和合并"按钮，从列表中选择一个选项。

2．宏的使用

用户在使用 Office 办公软件时会接触到宏的概念。宏是 Office 软件提供的一个很好的扩展功能，使用宏可以提高工作效率。

宏是由一系列的 Word 命令或指令组成的、用来完成特定任务的指令集合，以实现任务执行的自动化。如果要完成一项由多个 Word 选项和操作指令组成的任务，可以将这些操作步骤按照操作顺序录制成一个宏，并取一个名称。在需要时运行这个录制的宏，系统将自动按顺序执行宏中所包含的所有操作步骤。

（1）宏的作用。

① 加快普通的编辑和格式设置，简化操作。

② 使用户更易于选择对话框中的选项。

③ 自动执行一系列复杂的操作。

④ 组合多个命令。

（2）录制宏。

录制宏的过程实际就是执行一系列需要使用的操作。Word 2007 中提供了两种录制宏的方法，使用宏录制器和使用 Visual Basic 编辑器。

使用宏录制器录制宏的具体操作步骤如下。

步骤01 在"开发工具"选项卡的"代码"组中单击"录制宏"按钮，弹出"录制宏"对话框，如图 2-187 所示。

图 2-187　"录制宏"对话框

步骤02 在该对话框中的"宏名"文本框中输入宏的名称；在"将宏保存在"下拉列表中选择保存宏的位置；在"说明"文本框中输入该宏的一些说明文字。

步骤03 如果需要将宏指定到自定义快速访问工具栏中，在"将宏指定到"选区中单击"Office"按钮，弹出"Word 选项"对话框，如图 2-188 所示。在该对话框中选中一个宏名称，如"Normal.NewMacros.宏 1",单击"添加"按钮,将其添加到"自定义快速访问工具栏"列表框中,单击"确定"按钮,即可开始录制宏。

图 2-188 "Word 选项"对话框

(3)编辑宏。

录制完一段宏后,还可以对其进行编辑。编辑宏包括修改宏的说明文字和编辑宏命令两个方面。编辑宏的具体操作步骤如下。

步骤 01 在"开发工具"选项卡的"代码"组中选择"查看宏"选项,弹出"宏"对话框,如图 2-189 所示。

步骤 02 在"宏名"列表框中选择要编辑的宏的名称,如"宏 1"。

步骤 03 单击"编辑"按钮,打开图 2-190 所示的"Visual Basic 编辑器"窗口,在该窗口中可对宏进行编辑、修改和调试。

图 2-189 "宏"对话框

图 2-190 "Visual Basic 编辑器"窗口

步骤 04 编辑完成后,关闭该窗口,返回 Word 文档编辑窗口。

(4)运行宏。

步骤 01 在"开发工具"选项卡的"代码"组中选择"查看宏"选项,弹出"宏"对话框。

步骤 02 在该对话框中的"宏名"列表框中选择需要运行的宏。

步骤 03 单击"运行"按钮即可运行宏。

（5）删除宏。

删除宏的方法非常简单，在"宏"对话框中的"宏名"列表框中选择需要删除的宏，然后单击"删除"按钮，系统弹出图 2-191 所示的信息提示框，单击"是"按钮即可删除宏。

图 2-191 信息提示框

注意：如果要删除多个宏，可在按住【Ctrl】键的同时选择"宏名"列表框中要删除的多个宏，然后单击"删除"按钮即可。

3. 域的使用

域是一种特殊的代码，用于指明在文档中插入何种信息。域在文档中有两种表现形式：域代码和域结果。域代码是一种代表域的符号，它包含域符号、域类型和域指令。域结果就是当 Word 执行域指令时，在文档中插入的文字或图形。

使用域可以在 Word 中实现数据的自动更新和文档自动化，如插入可自动更新的时间和日期、自动创建和更新目录等。

（1）插入域。

步骤 01 将光标定位在需要插入域的位置。

步骤 02 在"插入"选项卡的"文本"组中的"文档部件"下拉列表中选择"域"选项，弹出"域"对话框，如图 2-192 所示。

图 2-192 "域"对话框

步骤 03 在该对话框中单击"公式"按钮，弹出图 2-193 所示的"公式"对话框，在该对话框中可编辑域代码。

步骤 04 在"域"对话框中的"类别"下拉列表中选择要插入域的类别，"时间和日期"选项，在"域名"列表框中选择需要插入的域。

步骤 05 单击"域代码"按钮，再单击"选项"按钮，弹出"域选项"对话框，如图 2-194 所示。

图 2-193 "公式"对话框

图 2-194 "域选项"对话框

步骤 06 在该对话框中选择开关类型，单击"添加到域"按钮，即可为域代码添加开关。

步骤 07 设置完成后，单击"确定"按钮，即可在文档中插入选定的域。

（2）查看域。

查看域有两种方式：查看域结果或查看域代码。一般情况下，在文档中看到的是域结果，在显示的域代码中可以对插入的域进行编辑。Word 允许用户在这两种方式之间切换。

如果用户需要查看域代码，可将鼠标指针移至域上，单击鼠标右键，从弹出的快捷菜单中选择"切换域代码"命令，可在文档中查看域代码。

（3）更新域。

域的内容可以被更新，这就是域与普通文字的不同之处。如果要更新某个域，需要先选中域或域结果，然后按【F9】键即可；如果要更新整个文档中的域，可以在"开始"选项卡的"编辑"组中选择"选择"中的"全选"命令，选定整个文档，然后按【F9】键即可。

（4）锁定域和解除域锁定。

如果要锁定域，首先选中该域，然后按【Ctrl+F11】组合键即可。锁定域的外观与未锁定域的外观相同，但在锁定域上单击鼠标右键时，会发现快捷菜单中的"更新域"命令呈不可用状态，即该域不随着文档的更新而更新。

如果要解除域锁定以便于更新域结果，首先选中该域，然后按【Ctrl+Shift+F11】组合键即可。

 **任务实施**

1．建立"邀请函"主文档

步骤 01 启动 Word 应用程序，将自动生成的文档保存为"邀请函"。

步骤 02 根据实际需要，对页面尺寸进行设置，此处设置为"letter"。

步骤 03 利用绘制表格的方法来安排页面的布局。打开"插入"选项卡，单击"表格"组中的"表格"按钮，在弹出的列表中选择"绘制表格"命令后，光标呈 ∅ 形状。拖动光标，在文档中绘制一个表格，从而将页面分为 3 部分：上部用来插入图片，左侧用来输入会议的时间、地点等信息，右侧用来输入邀请函的主要内容。

步骤 04 输入内容后，对字体格式和段落格式进行设置。制作完成的邀请函效果如图 2-195 所示。

2．建立"通讯录"数据源

制作好了邀请函主文档后，就要准备数据源了。数据源的文件类型可以是 Excel 工作簿、Word 文档，也可以是 Access 数据库，但一般要包括姓名、性别、通讯地址、邮政编码和电子邮件地址等字段。本例中创建了一个名为"通讯录"的 Excel 工作簿，将其中的工作表"Sheet1"重命名为"通讯录"后输入内容，效果如图 2-196 所示。

在"通讯录"工作表中，"姓名"和"性别"字段将作为合并域插入"邀请函"主控文档中，邮件合并完成后，将显示具体的内容；"通讯地址"和"邮政编码"字段将作为合并域插入信封封面中；而"电子邮件地址"字段将在批量发送电子邮件时用到。有关 Excel 的具体使用方法请参见"项目三 速算办公报表"。

3．邮件合并

准备好主文档和数据源之后，就可以进行邮件合并了。

图 2-195　制作完成后的邀请函　　　　　　图 2-196　"通讯录"工作表

（1）选择数据源。

步骤 01 在"邀请函"Word 文档中，打开"邮件"选项卡，如图 2-197 所示。

图 2-197　"邮件"选项卡

步骤 02 从"邮件"选项卡中，我们可以看到，此时"编写和插入域"组中的按钮呈现灰色，需要激活才能进行邮件合并的操作。

步骤 03 在"开始邮件合并"组中，单击"开始邮件合并"右侧的下三角按钮，从弹出的菜单中选择"信函"命令，如图 2-198 所示。

步骤 04 在"开始邮件合并"组中，单击"选择联系人"右侧的下三角按钮，从弹出的菜单中选择"使用现有列表"命令，如图 2-199 所示。

图 2-198　选择"信函"命令　　　　　　图 2-199　选择"使用现有列表"命令

步骤 05 在弹出的"选择数据源"对话框中，选择数据源文件，打开"通讯录"Excel工作簿，如图 2-200 所示。

步骤 06 单击"打开"按钮，弹出"选择表格"对话框，从中选择表"通讯录"工作簿中的"通讯录"工作表，如图 2-201 所示。

步骤 07 单击"确定"按钮，此时"编写和插入域"组中的大部分按钮都被激活了。

图 2-200 选择数据源

图 2-201 选择工作表

（2）设置邮件合并。

步骤 01 将光标定位于"邀请函"Word 文档中"尊贵的"之后，在"编写和插入域"组中单击"插入合并域"右侧的下三角按钮，从弹出的列表中选择"姓名"命令，如图 2-202 所示。

步骤 02 松开鼠标后，即可看到在"尊贵的"后面插入了"《姓名》"。

步骤 03 接着在"《姓名》"的后面加上称谓。

图 2-202 选择"姓名"

步骤 04 将光标定位于"《姓名》"之后，在"编写和插入域"组中，单击"规则"按钮，从弹出的菜单中选择"如果…那么…否则…"，如图 2-203 所示。

步骤 05 弹出"插入 Word 域：IF"对话框，在"域名"列表框中选择"性别"选项；在"比较条件"列表框中选择"等于"选项；在"比较对象"文本框中输入"男"；在"则插入此文字"文本框中输入"先生"；在"否则插入此文字"文本框中输入"女士"，如图 2-204 所示。

图 2-203 选择"如果…那么…否则…"规则

图 2-204 "插入 Word 域：IF"对话框

步骤 06 设置完成后，单击"确定"按钮，即可在"《姓名》"后面插入称谓。选中称谓，将其设置成与正文相同的字体。

（3）预览邮件合并结果。

步骤 01 设置好邮件合并后，可以在"邮件"选项卡的"预览结果"组中，单击"预览结果"按钮进行预览；单击"首记录"上的"上一记录，下一记录，尾记录"按钮，可以查看每一个合并到邀请函中的数据。图 2-205 所示为邀请函中的第五条记录。

步骤 02 再次单击"预览结果"按钮，退出预览状态。

（4）完成邮件合并。

步骤 01 如果对预览合并后的效果满意，就可以完成邮件合并的操作了。

图 2-205　预览第五条记录

步骤 02 在"完成"组中单击"完成并合并"按钮，在弹出菜单中选择"编辑单个文档"命令，如图 2-206 所示。

步骤 03 在弹出的"合并到新文档"对话框中，设置合并的范围，此处保留默认设置，如图 2-207 所示。

步骤 04 单击"确定"按钮，即可生成一个包含多页信函并设置好了姓名和称谓的新文档"信函 1"。

步骤 05 如果需要将邀请函打印出来，可以在新文档"信函 1"中，单击"Office"按钮，再选择"打印"列表中的"打印"命令，完成打印操作。

4．通过电子邮件发送邀请函

将邀请函进行了邮件合并后，还可以通过电子邮件一次性将邀请函发送出去。

步骤 01 在"邀请函"文档中，打开"邮件"选项卡，单击"完成"组中的"完成并合并"按钮，在弹出菜单中选择"发送电子邮件"命令，弹出图 2-208 所示的对话框。

图 2-206　选择"编辑单个文档"命令　　图 2-207　"合并到新文档"对话框　　图 2-208　"合并到电子邮件"对话框

步骤 02 在对话框中，在"收件人"下拉列表中选择"电子邮件地址"选项，即在"通讯录"工作表中设置的字段；在"主题行"文本框中输入主题；其余选项保留默认设置，单击"确定"按钮，即可启动 Outlook 应用程序，并根据数据源"通讯录"工作表中所提供的"电子邮件地址"，将邀请函发送出去。

5．批量制作信封

制作好邀请函以后，还需要打印信封，将邀请函以纸制的形式邮寄出去。这项工作可以使用邮件合并中专门的信封制作向导来完成。

步骤 01 将"邀请函"文档和"信函 1"文档保存并关闭。

步骤 02 新建一个 Word 文档，打开"邮件"选项卡，在"创建"组中单击"中文信封"按钮，弹出图 2-209 所示的"信封制作向导"对话框。

步骤 03 单击"下一步"按钮，打开图 2-210 所示的对话框。

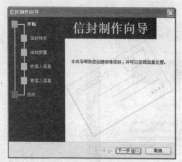

图 2-209 "信封制作向导" 对话框

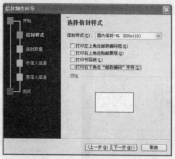

图 2-210 选择信封样式

步骤 04 只需要把邮编、收件人姓名等信息打印在已有的信封上，而不需要用于填写邮政编码和贴邮票的框线，所以要根据实际情况选择信封样式，并取消"打印左上角处邮政编码框"等 4 个复选框的选中状态。

步骤 05 单击"下一步"按钮，在弹出的对话框中选择"基于地址簿文件，生成批量信封"，如图 2-211 所示。

步骤 06 单击"下一步"按钮，在弹出的对话框中单击"选择地址簿"按钮，弹出"打开"对话框，在对话框的右下角选择文件类型为"Excel"，然后选择所需的"通讯录"工作簿，如图 2-212 所示。

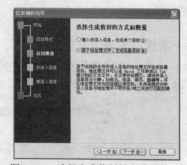

图 2-211 选择生成信封的方式和数量

图 2-212 选择工作簿

步骤 07 单击"打开"按钮，返回"信封制作向导"对话框。在"匹配收件人信息"列表中进行相应的配置，如图 2-213 所示。

步骤 08 单击"下一步"按钮，在弹出的对话框中，输入寄件人的信息，如图 2-214 所示。

图 2-213 设置匹配收件人信息

图 2-214 填写寄件人信息

步骤 09 单击"下一步"按钮，弹出图 2-215 所示的对话框。

步骤 10 单击"完成"按钮，即生成一个含有大量填写好信封的文档，如图 2-216 所示。

图 2-215 完成对话框

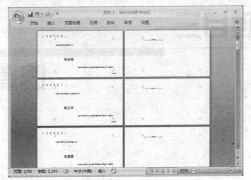

图 2-216 生成信封文档

6. 打印信封

如果需要将信封打印出来，为防止打偏，还需要在当前文档的"邮件"选项卡中，做进一步的设置。

步骤 01 在当前文档中，打开"邮件"选项卡，在"创建"组中单击"信封"按钮，弹出图 2-217 所示的对话框。

步骤 02 在对话框中单击"选项"按钮，打开"信封选项"对话框。

步骤 03 在对话框中打开"打印选项"选项卡，在"送纸方式"组中选择一种送纸方式；在"进纸处"下拉列表中选择需要的选项，此处选择"在纸盒 1 中手动送纸"，如图 2-218 所示。

步骤 04 单击"确定"按钮，完成设置。

图 2-217 "信封和标签"对话框

图 2-218 "信封选项"对话框

 任务总结

耿秘书使用 Word 2007 中的邮件合并功能及模板批量制作了发送给多名客户的信函与信封，体现了 Word 批量处理文档的优势，不仅制作美观而且快捷。

项目三

速算办公报表

任务一 往来信函登记表

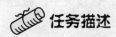 **任务描述**

在企业的日常办公中，需要处理的各种事务很多，如果不统筹管理和合理安排就会使事务杂乱无章。收发室的工作人员每天都要登记企业与相关单位之间的信函，在长期的工作中，小白办事员经领导同意审批制作了信函登记表，便于处理日常单位来往信函。登记的作用就是把有关事项或东西登录记载在册籍上。

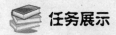 **任务展示**

企业正常运转，以及企业和企业之间、企业内部各部门与其他企业、同级单位或上级部门之间的交流畅通的前提条件是相关工作人员必须做好办公室负责的往来信函、行文、送发公文和表单申请，以及其他各种表格的管理登记工作。"往来信函登记表"制作完成后的最终效果如图 3-1 所示。

往来信函登记表

类别	日期	来函/去函单位	来函/去函内容	处理人	回函日期	回函内容
去函	2009-7-15	恒通科技有限公司	商讨生产合作事宜	杨娟/生产部	2009-7-18	请准备更详细的资料
来函	2009-7-25	恒通科技有限公司	商讨合作事宜的若干要求	杨娟/生产部	2009-8-2	经与高层商讨后决定
来函	2009-7-27	靖江区社保局	关于2009年社保改革的通知	李鹏/办公室	2009-8-2	立即执行
来函	2009-8-4	高新区技术研究中心	邀请参加开发项目的研讨会	张炜/技术部	2009-8-4	届时将准时出席
去函	2009-8-10	美利达机械制造厂	催问安装机组事宜	谢晋/生产部	2009-8-12	尽快办理
去函	2009-8-18	腾普科技（华南）分公司	建议分公司人员重组	张婷婷/人事部	2009-8-22	经与高层商讨后决定
来函	2009-8-20	电子信息工程学院	组织学员参观工厂	李鹏/办公室	2009-8-25	欢迎参观
去函	2009-8-26	美丽点广告公司	催问广告项目设置	李鹏/办公室	2009-8-30	尽快办理

图 3-1 "往来信函登记表"效果

完成思路

1．往来信函登记表处理分析

（1）往来信函记录表主要用来登记企业及内部各部门与其他企业、同级单位或上级部门之间进行交流的往来信函的相关内容。

（2）往来信函记录表的内容主要包括往来信函类别、日期、单位、内容、处理人、回函日期和回函内容等。

（3）为了方便工作人员操作，在制作该表格时，为往来信函类别数据设置了数据有效性格式，这样，工作人员直接在下拉列表框中选择信函类别即可，从而避免了重复输入信函类别数据的操作。

（4）制作该表格时，为了使表格简单明了，直接体现清晰的往来业务关系，便于相关人员了解和查询往来信函的信息，还为表格套用了表格样式。

2．制作流程简述

往来信函登记表的制作按文本结构分为表格标题与表头制作、表格制作两个部分，具体制作过程如图 3-2 所示。

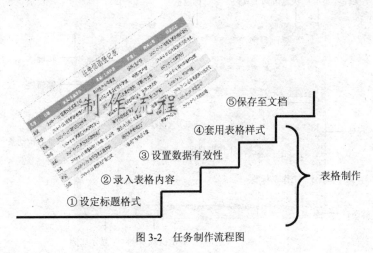

图 3-2 任务制作流程图

 相关知识

1．Excel 2007 的启动与退出

（1）启动 Excel 2007。

启动 Excel 2007 的方法有很多种，下面介绍常用的 3 种方法。

① 通过"开始"菜单启动。

选择"开始"菜单中的"所有程序"命令，在列表中单击"Microsoft Office"选项，在弹出的子菜单中选择"Microsoft Office Excel 2007"命令，启动 Excel 2007 应用程序。

② 通过桌面快捷方式启动。

双击桌面上的"Microsoft Office Excel 2007"图标，启动 Excel 2007 应用程序。

③ 通过"运行"对话框启动。

选择"开始"菜单中的"运行"命令，弹出"运行"对话框，如图 3-3 所示。在"打开"文本框中输入"Excel.exe"，单击"确定"按钮，启动 Excel 2007 应用程序。

（2）退出 Excel 2007。

① 单击 Excel 2007 窗口右上角的"关闭"按钮。

② 单击"Office"按钮，在下拉列表中选择"退出 Excel"命令。

③ 双击 Excel 2007 窗口左上角的"Office"按钮。

④ 按【Alt+F4】组合键。

图 3-3 "运行"对话框

2．Excel 2007 的工作界面

Excel 2007 是 Microsoft Office 2007 办公软件套装中的核心组件之一，使用它可以轻松地完成计算数据、创建图表和分析数据等操作，被广泛应用于学习、工作和生活的各个领域。与以前的版本相比，Excel 2007 的工作界面颜色更加柔和。Excel 2007 的工作界面主要由"文件"菜单、标题栏、快速访问工具栏、功能区、编辑栏、工作表格区、滚动条和状态栏等部分组成。启动 Excel 2007 之后，进入其工作界面，如图 3-4 所示。

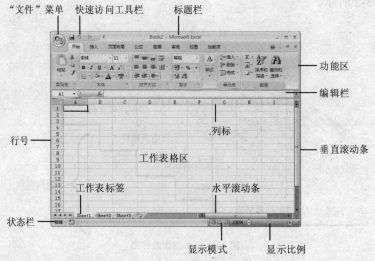

图 3-4 Excel 2007 工作界面

3．认识工作簿、工作表与单元格

工作簿、工作表与单元格是组成 Excel 文件的 3 大元素，在 Excel 中的操作主要是针对它们进行的。在 Excel 中，单元格是存储数据的最小单位，由单元格组成工作表，再由工作表组成工作簿，即 Excel 文件，它们之间的关系如图 3-5 所示。

图 3-5 工作簿、工作表与单元格之间的关系

（1）工作簿。

在 Excel 中，工作簿是处理和存储数据的文件，每个工作簿可以包含多张工作表，每张工作表可以存储不同类型的数据，因此可在一个工作簿文件中管理多种类型的相关信息。默认情况下启动 Excel 2007 时，系统会自动生成一个包含 3 个工作表的工作簿。在工作簿中可进行的操作主要有以下两个方面。

① 利用工作簿底部的 4 个标签滚动按钮进行工作表之间的切换。

② 利用工作簿底部的工作表标签，进行工作表之间的切换。

（2）工作表。

工作表是组成工作簿的基本单位。工作表本身是由若干行、若干列组成的。工作表是 Excel 中用于存储和处理数据的主要文档，也称为电子表格。工作表总是存储在工作簿中。从外观上看，工作表是由排列在一起的行和列，即单元格构成的。列是垂直的，由字母区别；行是水平的，由数字区别。在工作表界面上分别移动水平滚动条和垂直滚动条，可以看到行的编号是由上到下为 1～1048576，列标从左到右的字母编号为 A～XFD。因此，一个工作表可以达到 1048576 行、16384 列。每张工作表都有相对应的工作表标签，如"Sheet1"、"Sheet2"、"Sheet3"等，数字依次递增。

（3）单元格。

每一张工作表都是由多个长方形的"存储单元"所构成，这些长方形的"存储单元"即为单元格。输入的任何数据都将保存在这些单元格中。单元格由它们所在行和列的位置来命名。例如，单元格 C2 表示第 C 列与第 2 行的交叉点上的单元格。在 Excel 中，当单击选择某个单元格后，在窗口编辑栏左边的名称框中会显示出该单元格的名称。

4．单元格区域

单元格区域是指多个单元格的集合，它是由许多个单元格组合而成的一个范围。单元格区域可分为连续单元格区域和不连续单元格区域。在数据运算中，经常会对一个单元格区域中的数据进行计算。例如，SUM（C2:D6），表示对 C2 单元格到 D6 单元格之间的所有单元格数据进行行求和计算；而 SUM（C2，D6），则表示只对 C2 单元格和 D6 单元格中的数据进行求和计算。前者为连续单元格区域，后者为不连续的单元格区域。在表元单元格的表示中，如果单元格名称与单元格名称中间是冒号（:），则表示一个连续的单元格区域；若中间是逗号（,）则表示不连续的单元格区域。

5．Excel 2007 视图应用

视图是 Excel 2007 应用程序窗口在计算机屏幕上的显示方式。它主要包括 4 种视图方式，分别为普通视图、页面视图、分页预览视图和全屏显示视图。下面分别对 4 种视图进行介绍。

（1）普通视图。

普通视图是 Excel 中默认的视图方式，在"视图"选项卡中单击"普通"按钮，即可切换到普通视图中。

在普通视图中可以进行任意编辑，如输入文本、数字、字符、公式、函数等，可以插入图形对象、创建图表、创建数据透视表等，还可以对单元格或单元格区域进行格式化设置。

（2）页面布局视图。

在"视图"选项卡中单击"页面布局"按钮，即可切换到页面布局视图中，如图 3-6 所示。

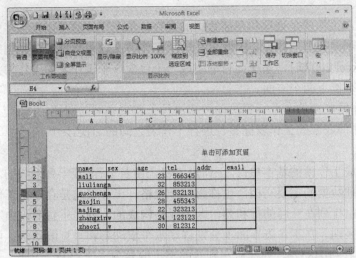

图 3-6　页面布局视图

在该视图中，可以像在普通视图中那样更改数据的布局和格式。此外，还可以使用标尺测量数据的宽度和高度、更改页面方向、添加或更改页眉和页脚、设置打印边距以及隐藏或显示行标题与列标题。

（3）分页预览视图。

在"视图"选项卡中单击"分页预览"按钮，即可切换到分页预览视图中，如图 3-7 所示。

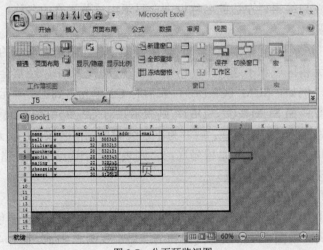

图 3-7　分页预览视图

分页预览视图是将活动工作表切换到分页预览状态，它是按打印方式显示工作表的编辑视图。在分页预览视图中，可以通过用鼠标上、下、左、右拖动分页符来调整工作表，使其行和列适合页面的大小。

（4）全屏显示视图。

在"视图"选项卡中单击"全屏显示"按钮，即可切换到全屏显示视图中，如图 3-8 所示。

在该视图下，Excel 窗口会尽可能多地显示文档内容，自动隐藏工具栏、功能区等以增大显示区域。

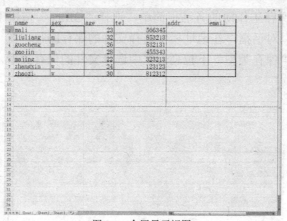

图 3-8　全屏显示视图

6. 工作簿的基本操作

工作簿的扩展名为.xlsx，用于保存表格中的内容。在 Excel 中，工作簿的基本操作主要包括新建、保存、打开和关闭工作簿等。下面分别进行介绍。

（1）新建工作簿。

启动 Excel 2007 时，系统自动新建一个名为 Book1 的工作簿，用户还可以根据需要新建空白工作簿。下面新建一个空白工作簿，具体操作如下。

步骤 01 启动 Excel 2007，单击"Office"按钮，在下拉列表中选择"新建"命令，如图 3-9 左图所示。

步骤 02 弹出"新建工作簿"对话框，默认选中"空白文档和最近使用的文档"列表框中的"空工作簿"选项，单击"创建"按钮，如图 3-9 右图所示。

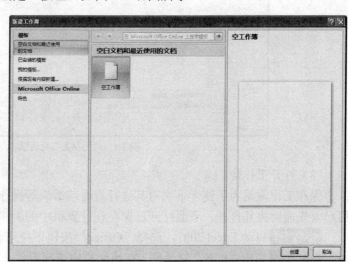

图 3-9 "新建工作簿"对话框

步骤 03 返回工作界面后，即可看到新建的工作簿，其标题栏的名称变为 Book2，如图 3-10 所示。

（2）保存工作簿。

完成对工作簿的编辑后，还需要将其保存。保存时还可以为工作簿重命名，以便下次准确地打开该工作簿。保存工作簿的方法很简单，选择"Office"按钮下拉菜单中的"保存"命令，弹出"另存为"对话框，在地址栏中选择文件的保存路径，在"文件名"下拉列表框中为工作簿命名，在"保存类型"下拉列表框中选择文件的保存类型，单击"保存"按钮即可，如图 3-11 所示。

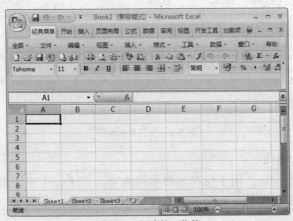

图 3-10 新建的工作簿

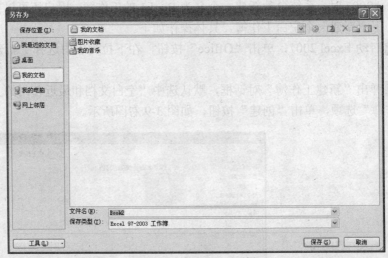

图 3-11 "另存为"对话框

（3）打开工作簿。

保存工作簿是为了便于下次对其进行查看或编辑等操作，而在查看或编辑工作簿之前，用户首先需要将其打开。下面打开已保存在计算机中的工作簿，具体操作如下。

步骤 01 启动 Excel 2007，选择"Office"按钮下拉列表中的"打开"命令。

步骤 02 弹出"打开"对话框，在地址栏中选择要打开工作簿的所在位置，单击"打开"按钮，如图 3-12 所示。

步骤 03 返回工作界面后，即可看到打开的工作簿。

7．工作表的基本操作

工作表用于组织和管理各种相关的数据信息，掌握工作表的基本操作是熟练使用 Excel 的基础。工作表的基本操作主要包括选择、插入、重命名、移动、复制以及删除工作表等。

图 3-12　"打开"对话框

（1）选择工作表。

每张工作簿通常都是由多张工作表构成的，但它们不可能同时显示出来，所以经常需要选择不同的工作表，以完成不同的工作。选择工作表的方法如下。

①　选择一张工作表：单击某一工作表标签即可选择相应的工作表。

②　选择相邻的工作表：单击所需的第一张工作表标签，然后在按住【Shift】键的同时单击需要选择的最后一张工作表标签。

③　选择不相邻的工作表：单击所需的第一张工作表标签，然后在按住【Ctrl】键的同时单击需要选择的其他工作表标签。

④　选择全部工作表：在任意一个工作表标签上单击鼠标右键，在弹出的快捷菜单中选择"选定全部工作表"命令，即可选择全部工作表。

（2）插入工作表。

在实际操作中，工作簿默认的 3 张工作表有时不能满足需要，此时用户可以根据需要插入工作表。插入工作表的方法很简单，在要插入工作表的工作表标签上单击鼠标右键，在弹出的快捷菜单中选择"插入"命令，弹出"插入"对话框，默认选择"工作表"选项，单击"确定"按钮，返回工作簿后即可看到插入的名为 Sheet4 的工作表，如图 3-13所示。

图 3-13　插入工作表

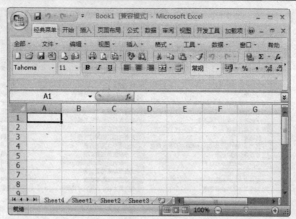

图 3-13　插入工作表（续）

（3）重命名工作表。

在 Excel 2007 中工作表名称默认为 Sheet1、Sheet2、Sheet3……很容易混淆。此时为了快速查看表格中的数据内容，用户可以重命名工作表。其方法为：在要重命名的工作表标签上单击鼠标右键，在弹出的快捷菜单中选择"重命名"命令，当标签以黄字黑底"Sheet1"显示时输入新的名称，然后按【Enter】键或单击任意单元格即可完成工作表的重命名操作，如图 3-14 所示。

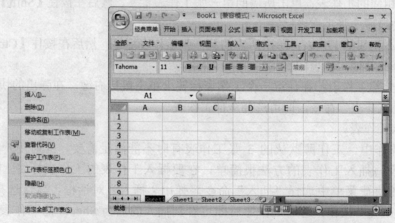

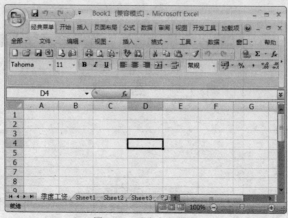

图 3-14　重命名工作表

（4）移动与复制工作表。

熟练掌握移动与复制工作表操作可以提高工作效率，快速完成任务。移动或复制工作表可以在同一工作簿中进行，也可以在不同工作簿之间进行。

① 在同一工作簿中移动或复制工作表。

在需要移动或复制的工作表标签上单击鼠标右键，在弹出的快捷菜单中选择"移动或复制工作表"命令，在弹出的"移动或复制工作表"对话框中设置移动后的位置，单击"确定"按钮，即可移动被选定的工作表，如图 3-15 所示。若同时选中"建立副本"复选框，再单击"确定"按钮，则复制被选定的工作表。

② 在不同工作簿之间移动或复制工作表。

图 3-15　"移动或复制工作表"对话框

打开目标工作簿，在当前工作簿中选定需移动或复制的工作表，然后在需要移动或复制的工作表标签上单击鼠标右键，在弹出的快捷菜单中选择"移动或复制工作表"命令，在弹出的"移动或复制工作表"对话框中选择目标工作簿以及移动后的工作表位置，单击"确定"按钮，即可移动被选定的工作表。若同时选中"建立副本"复选框，再单击"确定"按钮，则复制被选定的工作表。

（5）删除工作表。

为了有效地管理工作簿，用户还可以将多余的工作表删除。其方法很简单，在要删除的工作表标签上单击鼠标右键，在弹出的快捷菜单中选择"删除"命令，弹出提示对话框，询问用户是否要永久删除工作表中的数据，单击"确定"按钮即可。

8．单元格的基本操作

除了工作表的基本操作，还应熟练掌握单元格的基本操作，其中主要包括选中、合并、插入与删除单元格等操作。下面分别对其进行介绍。

（1）选中单元格。

选中单元格是对单元格进行操作的前提，其方法介绍如下。

① 选中某一单元格：直接用鼠标单击要选择的单元格即可，选中的单元格以粗黑线条显示。

② 选中连续的多个单元格：单击选择区域内左上角的单元格，按住鼠标左键不放并拖动至选择区域内右下角的单元格即可。

③ 选中不连续的多个单元格：选择某一单元格后，按住【Ctrl】键的同时单击其他要选择的单元格即可选择不连续的单元格。

④ 选中整行或整列单元格：将鼠标指针移至行标或列号处，待其变为 ↓ 或 → 形状后单击即可选择整行或整列。

（2）合并单元格。

在实际操作中时常会遇到需要合并单元格的情况，如制作表头时。合并单元格的方法很简单，选择要合并的连续单元格区域，在"开始"选项卡的"对齐方式"组中单击"合并并居中"按钮，即可合并单元格并设置单元格内容居中对齐，如图 3-16 所示。

图 3-16　合并单元格

（3）插入与删除单元格。

在对工作簿进行编辑时，时常会漏输或多输了一些数据，这时就需要进行插入或删除单元格操作。

① 插入单元格：选中相应的单元格并单击鼠标右键，在弹出的快捷菜单中选择"插入"命令，在弹出的"插入"对话框中选择单元格插入的位置，单击"确定"按钮即可，如图 3-17 所示。

② 删除单元格：选中要删除的单元格并单击鼠标右键，在弹出的快捷菜单中选择"删除"命令，在弹出的"删除"对话框中选中相应的单选按钮，单击"确定"按钮即可，如图 3-18 所示。

图 3-17 "插入"对话框　　　　图 3-18 "删除"对话框

9．常见的数据类型

Excel 2007 中包含 4 种数据类型，分别是文本型数据、数值型数据、日期型数据和时间型数据，它们在工作表中具有不同的含义。

（1）文本型数据。该类数据通常是指字符或者任何数字、空格和字符的组合，如 125DLDW、32-364 等。

（2）数值型数据。该类数据包含数字和公式两种形式，数字除了通常所理解的形式外，还有各种特殊格式的数字形式，如 12345、（123.62）、￥123.56、（−123）、（0 1/2）等。

（3）日期型数据。该类数据用来表达日期，如 08/07/11、2011-08-07 等。

（4）时间型数据。该类数据用来表达时间，如 9:00、2:00AM 等。

10．在 Excel 中输入数据

Excel 是专业的数据处理软件，要发挥其计算数据的强大功能，首先需要在单元格中输入数据。在 Excel 中输入的数据包括文本、数字和特殊符号等。下面分别对其输入方法进行介绍。

（1）输入文本。

文本主要是指汉字、英文字母等。其输入方法很简单，选中单元格后直接输入数据，然后按【Enter】键即可；也可先选中单元格，然后单击编辑栏，将文本插入点定位于编辑栏中，再直接输入数据，如图 3-19 所示。

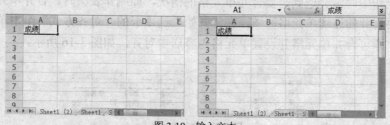

图 3-19 输入文本

（2）输入数字。

数字是指可用于计算的整数、小数、分数和逻辑值等，其输入方法与输入文本的方法一致。需要注意的是，输入数字前需要对其数值格式进行相应的设置。设置数字格式的方法为：选择要设置的单元格，单击鼠标右键，在弹出的快捷菜单中选择"设置单元格格式"命令，弹出"设置单元格格式"对话框，在"数字"选项卡的"分类"列表框中选择相应的数值类型，单击"确定"按钮即可，如图 3-20 所示。

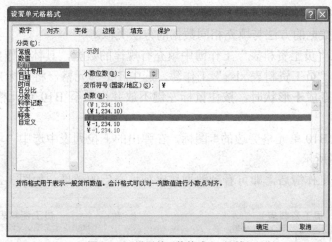

图 3-20 "设置单元格格式"对话框

（3）输入日期和时间。

在 Excel 中输入时间和日期时，系统会将单元格的格式从通用格式转换为相应的时间或日期格式，而不需要用户设置单元格的格式。

在 Excel 2007 中，系统将时间和日期作为数字进行处理，因此，输入的时间和日期在单元格中靠右对齐，当用户输入的时间和日期不能被系统识别时，系统将认为输入的是文本，并使它们在单元格中靠左对齐。

在单元格中输入时间时，可以用"："分隔时间的各部分；输入日期时，用"/"或"–"分隔日期的各部分，输入完成后，按【Enter】键即可。在输入时间和日期时，应该注意以下两方面的问题。

① 如果要在一个单元格中同时输入时间和日期，则需要在时间和日期之间以空格将它们分隔。

② 输入时间和日期时，按文本方式输入并用引号将其引起来，即可进行加减运算。

11．快速填充数据

有时用户需要在单元格中输入一些相同或有规律的数据，如员工的基本工资、学生的学号等，逐一输入不但费时，而且容易出错，这时 Excel 提供的快速填充数据功能就派上用场了。在 Excel 中填充数据主要分为填充相同的数据和填充有规律的数据两种形式，下面分别进行介绍。

（1）填充相同的数据。

填充相同数据的方法很简单，选择单元格后移动鼠标光标到该单元格的右下角，当其变成✛形状时，按住鼠标左键不放并拖动至目标单元格后释放即可，如图 3-21 所示。

图 3-21　填充相同数据

（2）填充有规律的数据。

填充有规律的数据的方法与填充相同数据的方法类似。

【例 3-1】　以"员工资料表"工作簿中填充有规律的数据，具体操作如下。

步骤 01 打开"员工资料表.xlsx"工作簿，选中 B3 单元格，将鼠标光标移动至该单元格的右下角，当其变成╋形状时，按住鼠标左键不放并拖动至 B10 单元格处释放鼠标，如图 3-22 左图所示。

步骤 02 单击 B10 单元格旁边的图标，在弹出的下拉列表中选中"填充序列"单选按钮，如图 3-22 中图所示。

步骤 03 返回工作簿后，即可看到数据按序列填充后的效果，如图 3-22 右图所示。

图 3-22　填充序列

12．数据有效性

在单元格中输入数据时，有时需要对输入的数据加以限制。例如，在输入大学生年龄时，数据必须为整数，且应在 18～25 岁。为此，可利用 Excel 2007 提供的为单元格设置数据有效性条件的功能来加以限制。

【例 3-2】　以大学生年龄范围在 18～25 岁定义数据的有效性。

步骤 01 选中 A1:A30 单元格区域，准备进行数据有效性的检查。

步骤 02 在"数据"选项卡中"数据工具"组中单击"数据有效性"按钮，在列表中单击"数据有效性"命令，弹出"数据有效性"对话框，如图 3-23 左图所示。

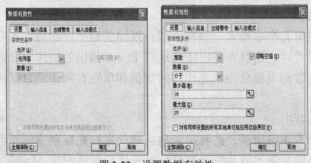

图 3-23　设置数据有效性

步骤03 在"设置"选项卡的"允许"下拉列表框中选择"整数"选项,在"数据"下拉列表框中选择"介于"选项,在"最小值"文本框中输入"18",在"最大值"文本框中输入"25",如图3-23右图所示。

步骤04 分别切换至"输入信息"和"出错警告"选项卡,参照图3-24输入"输入信息"和"出错警告"的标题及内容。

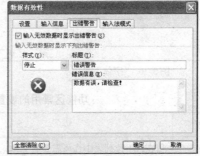

图3-24 设置输入提示和出错警告

步骤05 单击"确定"按钮,关闭"数据有效性"对话框。

步骤06 单击A1单元格,输入一个错误数据,如"36",按"Enter"键,系统弹出一个提示对话框,如图3-25所示。

步骤07 单击"重试"或"取消"按钮,返回编辑窗口,删除或重新输入数据。

13.美化工作表

图3-25 "错误警告"对话框

对工作表进行格式化设置,首先要设置单元格的格式,包括字符格式和数字格式两种。设置单元格格式主要在"单元格格式"对话框和"格式"工具栏中进行。

(1)设置字符格式。

通过设置字符格式可以达到美化工作表的目的。设置字符格式主要包括设置字体、字号、字形以及字符颜色等。在Excel 2007中,用户可以使用以下3种方法设置字符格式。

① 使用对话框设置字符格式。

步骤01 选中要设置字符格式的文本或数字。

步骤02 在"开始"选项卡的"字体"组中单击"对话框启动器"按钮,弹出"设置单元格格式"对话框,切换到"字体"选项卡,如图3-26所示。

步骤03 在"字体"列表框中选择需要的字体,在"字形"列表框中选择合适的字形,在"字号"列表框中选择字号大小。

步骤04 单击颜色框右侧的下拉按钮,弹出颜色下拉列表,如图3-27所示。用户可在该列表中选择一种颜色作为字符颜色。

步骤05 在"下划线"下拉列表中可以为文本添加下划线;在"特殊效果"选项区中可以选中某个复选框,为字符添加特殊效果。

步骤06 设置完成后,单击"确定"按钮即可。

② 使用功能区按钮设置字符格式。

与对话框相比,使用字体功能区中提供的工具,可以更加方便快捷地设置字符格式。字体功能区中用来设置字符格式的工具如表3-1所示。

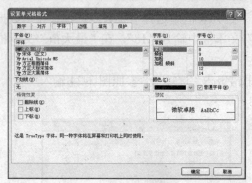

图 3-26 "字体"选项卡

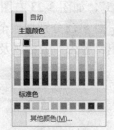

图 3-27 颜色下拉列表

表 3-1 功能区常用的设置字符格式的工具

工具	用途
宋体	可在该下拉列表中选择需要的字体
11	在该下拉列表中选择可用的字号
A˄	单击该按钮可增大选中字符的字号
A˅	单击该按钮可减小选中字符的字号
B	单击该按钮可将选定的文字改为粗体格式,再次单击该按钮则取消粗体
I	单击该按钮可将选定的文字改为斜体格式,再次单击该按钮将取消斜体
U	单击该按钮可为选定的文字添加下画线,再次单击该按钮将取消下画线
A	可在该下拉列表中选择一种颜色作为字符颜色

③ 设置默认字体格式。

新建 Excel 文档并在单元格中输入数据时,如果用户对单元格格式不加以设置,则单元格将使用系统默认的格式设置值。默认的字符格式可以更改,具体的操作步骤如下。

步骤 01 单击"Office"按钮,在弹出的下拉菜单中选择"Excel 选项"命令,弹出"Excel 选项"对话框,如图 3-28 所示。

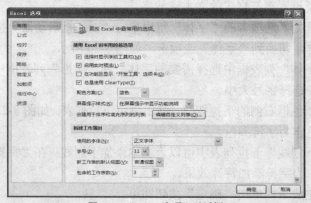

图 3-28 "Excel 选项"对话框

步骤 02 用户可在"常用"选项卡中的"新建工作簿时"选项区中对字符的格式进行设置。设置效果如图 3-29 所示。

步骤 03 设置完成后，单击"确定"按钮，所做设置将成为系统默认设置。

如果要使用新的默认字体和字号，必须重新启动 Microsoft Excel。新的字体和字号只应用于重新启动后创建的新工作簿中，已有的工作簿不受影响。

（2）设置数字格式。

数字格式是指数字、日期、时间等各种数值数据在工作表中的显示方式。在工作表中，应根据数字含义的不同，将它们以不同的格式显示出来。数字格式通常包括常规、数值、货币、会计专用、日期、时间、百分比、分数、科学计算、文本和特殊格式，用户可以根据需要在单元格中设置合适的数字格式。

① 使用功能区设置数字格式。

步骤 01 选中要设置数字格式的单元格。

步骤 02 在"开始"选项卡中的"数字"组中单击"日期"右侧的下拉按钮，弹出其下拉列表，如图 3-30 所示，用户可在该列表中选择合适的数字格式。

图 3-29　设置字符格式　　　　图 3-30　日期下拉列表

② 使用对话框设置数字格式。

步骤 01 选中要设置数字格式的单元格。

步骤 02 在"开始"选项卡的"数字"组中单击"对话框启动器"按钮，弹出"设置单元格格式"对话框，并打开"数字"选项卡。

步骤 03 在"分类"列表框中选择数字格式，在右侧的列表中对选中的格式进行详细设置。图 3-31 所示为在"分类"列表框中选择"日期"时的设置，用户可在右侧的"类型"列表框中选择合适的日期类型。

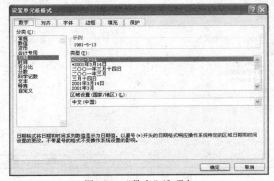

图 3-31　"数字"选项卡

步骤 04 设置完成后，单击"确定"按钮即可。

（3）设置对齐方式。

在 Excel 2007 中，默认情况下单元格中的文本是左对齐，数字是右对齐，用户也可以根据自己的需要对单元格中内容的对齐方式进行修改。

在 Excel 2007 中，用户可以使用两种方法设置单元格的对齐方式，下面分别进行介绍。

① 使用功能区设置数字格式。

步骤 01 选中要设置对齐方式的单元格。

步骤 02 在"开始"选项卡的"对齐"组中，用户可根据需要单击相应的按钮设置单元格的对齐方式。

具体项目如表 3-2 所示。

表 3-2 对齐方式按钮列表功能

"顶端对齐"按钮	单击该按钮，可使数字在单元格中顶对齐
"垂直居中"按钮	单击该按钮，可使数字在单元格中垂直居中对齐
"底端对齐"按钮	单击该按钮，可使数字在单元格中底对齐
"左对齐"按钮	单击该按钮，可使数字在单元格中左对齐
"居中对齐"按钮	单击该按钮，可使数字在单元格中水平居中对齐
"右对齐"按钮	单击该按钮，可使数字在单元格中右对齐
"减少缩进量"按钮	单击该按钮，可减少数字在单元格中的缩进量
"增大缩进量"按钮	单击该按钮，可增大数字在单元格中的缩进量

② 使用对话框设置数字格式。

如果功能区中的对齐工具按钮不能满足用户的需要，用户可在对话框中对单元格的对齐方式进行设置，具体操作步骤如下。

步骤 01 选中要设置对齐方式的单元格。

步骤 02 在"开始"选项卡的"对齐"组中单击"对话框启动器"按钮，弹出"设置单元格格式"对话框，打开"对齐"选项卡，如图 3-32 所示。

图 3-32 "对齐"选项卡

步骤 03 用户可在该选项卡中设置文本的对齐方式以及文本的方向等。

③ 设置单元格文字的方向。

在"单元格格式"对话框的"对齐"选项卡中有一个"方向"栏，在其中可以设置单元格中文字的方向，设置方法有以下 3 种。

步骤 01 如果想使单元格中的文字竖排，直接在"方向"栏中单击左边的竖排框即可，图 3-33 所示的 A2 单元格即为竖排。

步骤 02 在竖排框右边有一个指针框，可以拖动该指针到一个合适的角度，或者在合适的角度单击来设定文字的角度。

步骤 03 在下端的微调框中直接输入一个-90°～90°的数字，表示文字在单元格中的角度，图 3-33 所示的 C2 和 D2 单元格即为设置角度的结果，其中 D2 单元格中的文字方向为-90°。

④ 单元格中文字的换行。

单元格的宽度是一定的，如果单元格的内容过长，则超出单元格的部分就会被下一个单元格所遮盖，如图 3-34 所示的 A1 和 B1 单元格。

　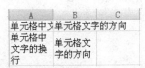

图 3-33　设置文字方向结果　　　　图 3-34　单元格自动换行前后效果

对于以上情况，可以通过调整列宽的方法显示该单元格中的所有内容。但由于屏幕在水平方向滚动不方便，一般列宽过大会影响视觉效果，因此，Excel 2007 提供了自动换行功能，图 3-34 所示的 A2 和 B2 单元格就是设置了自动换行的结果。由图 3-34 可知，设置了自动换行之后，单元格中的文字会根据列宽自动分行，且会自动调整行高以显示所有内容。设置自动换行的操作步骤如下。

步骤 01 选择要设置自动换行的单元格或单元格区域。

步骤 02 在"开始"选项卡的"对齐"组中单击"对话框启动器"按钮，弹出"设置单元格格式"对话框，打开"对齐"选项卡。

步骤 03 在"文本控制"栏中选中"自动换行"复选框。

步骤 04 单击"确定"按钮，完成自动换行设置。

（4）格式化行与列。

在 Excel 2007 中，工作表的默认行高是"13.5"，列宽是"8.38"，根据需要可适当调整列宽和行高，以充分利用工作表的空间。用户可以使用鼠标直接在工作表中调整，也可以利用菜单命令对行高和列宽作精确的调整。

① 使用鼠标调整行高和列宽。

步骤 01 将鼠标指针移动到要调整的行标题和列标题的边界线上（用行标题的下边界调整该行的高度，用列标题的右边界调整该列的宽度）。

步骤 02 当光标变为十形状时，按住鼠标左键并拖动到合适的位置即可，如图 3-35 所示。在拖动的过程中，将显示当前列或行的尺寸。

② 使用菜单命令调整行高和列宽。

使用鼠标拖动，只能粗略地调整行高和列宽，如果要精确地对行高和列宽进行调整，需要使用菜单命令和对话框，具体操作步骤如下。

步骤 01 选择要调整的行或列。如果要调整单一的行或列，只需要选中该行或该列中任意一个单元格即可。

步骤 02 在"开始"选项卡中的"单元格"组中单击"格式"按钮，弹出其下拉菜单，如图3-36所示。

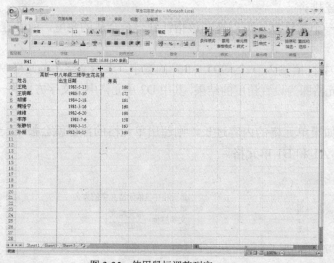
图 3-35 使用鼠标调整列宽

图 3-36 下拉菜单

步骤 03 在该下拉菜单中选择"行高"命令，弹出"行高"对话框，如图3-37所示，用户可在"行高"文本框中输入行高值。

步骤 04 在该下拉菜单中选择"列宽"命令，弹出"列宽"对话框，如图3-38所示，用户可在"列宽"文本框中输入列宽值。

图 3-37 "行高"对话框

图 3-38 "列宽"对话框

步骤 05 设置好数值后，单击"确定"按钮即可。

（5）自动套用格式。

Excel 2007提供了自动套用格式的功能。对于某些比较特殊的格式，如会计表格等，不可能逐个设置单元格格式，此时，用户可以通过使用自动套用格式功能来自动为工作表添加格式。完全套用格式就是套用Excel 2007预设自动套用格式中的全部预设的表格格式，如字体、边框、数字、图案和对齐方式等。具体操作步骤如下。

步骤 01 选中要自动套用格式的单元格区域。

步骤 02 在"开始"选项卡中的"样式"组中单击"套用表格格式"按钮，弹出其下拉菜单，如图3-39所示。

步骤 03 在该菜单中选择合适的样式，弹出图3-40所示的"套用表格格式"对话框。

步骤 04 在该对话框中选中"表包含标题"复选框，单击"确定"按钮，效果如图3-41所示。

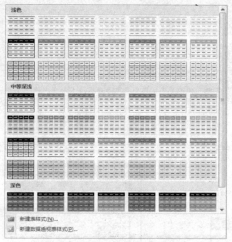

图 3-39　自动套用格式下拉菜单

图 3-40　"套用表格式"对话框

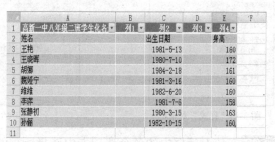

图 3-41　完全套用格式的效果

（6）样式的使用。

样式就是 Excel 中一组可以定义并保存的格式集合，如字体、字号、颜色、边框、底纹、数字格式和对齐方式等。对单元格进行编辑时，如果要保持对应的单元格格式一致，就可以使用样式。用户不仅可以使用 Excel 的内部样式，如常规、百分比、超链接、货币和千位分隔等，也可以自己创建样式，以及对样式进行修改。

① 应用已有样式。

在 Excel 2007 中，系统提供了一组预定义的样式，用户可以直接应用这些样式，以快速创建具有某种风格的表格。在表格中直接应用样式的具体操作步骤如下。

步骤01　选中要应用样式的单元格区域。

步骤02　在"开始"选项卡中的"样式"组中单击"单元格样式"按钮，弹出样式下拉列表，如图 3-42 所示。

步骤03　在"主题单元格样式"区域中单击要应用的样式，即可将其应用到选中的单元格区域，如图 3-43 所示。

② 创建新样式。

如果用户对系统提供的样式不满意，可以创建新的样式，具体操作步骤如下。

步骤01　在"开始"选项卡的"样式"组中单击"新建单元格样式"按钮，弹出"样式"对话框，如图 3-44 所示。

步骤02　在"样式名"文本框中输入新的样式名，单击"格式"按钮，弹出"设置单元格格式"对话框，如图 3-45 所示。

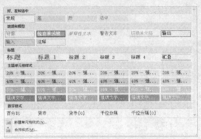

图 3-42　样式下拉列表

高新一中八年级二班学生花名册				
姓名		出生日期		身高
王艳		1981-5-13		160
王晓晖		1980-7-10		172
胡娜		1984-2-18		161
魏娅宁		1981-3-16		160
维维		1982-6-20		160
李萍		1981-7-6		158
张静初		1980-3-15		163
孙俪		1982-10-15		160

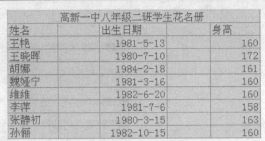

图 3-43　应用样式后的单元格

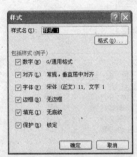

图 3-44“样式”对话框

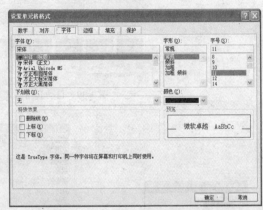

图 3-45“设置单元格格式”对话框

步骤 03 在该对话框中的各个选项卡中选择所需的格式后单击“确定”按钮，返回“样式”对话框。

步骤 04 在“样式”对话框中的“包括样式（例子）”选项区，清除在单元格样式中不需要的格式的复选框，单击“确定”按钮。

步骤 05 在工作表中选中要应用新创建样式的单元格区域。

步骤 06 在“开始”选项卡的“样式”组中单击“单元格样式”按钮，在弹出的下拉列表框中的“自定义”选项区中单击“样式 5”按钮，即可应用该样式，如图 3-46 所示。

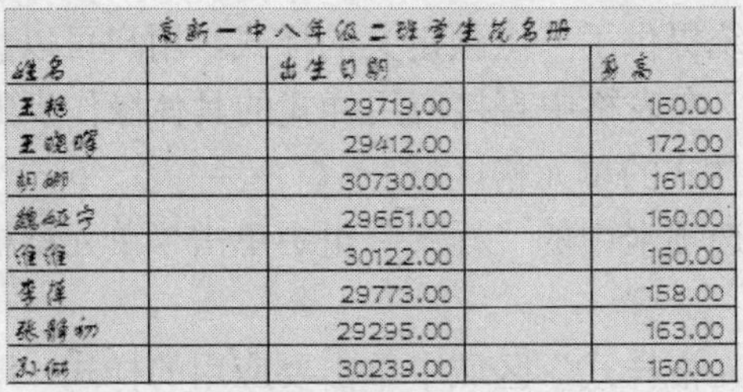

高新一中八年级二班学生花名册				
姓名		出生日期		身高
王艳		29719.00		160.00
王晓晖		29412.00		172.00
胡娜		30730.00		161.00
魏娅宁		29661.00		160.00
维维		30122.00		160.00
李萍		29773.00		158.00
张静初		29295.00		163.00
孙俪		30239.00		160.00

图 3-46　应用自定义样式

③ 修改样式。

样式创建完成后，若再次使用，由于具体要求不同，就需要对原有的样式进行修改，修改样式的具体操作步骤如下。

步骤 01 选中要修改样式的单元格或单元格区域。

步骤 02 在“开始”选项卡的“样式”组中单击“单元格样式”按钮，弹出样式下拉列表。

步骤 03 在需要修改的样式上单击鼠标右键，从弹出的快捷菜单中选择“修改”命令，弹出"样式"对话框。

步骤 04 在"样式名"文本框中为新单元格样式输入适当的名称，单击"格式"按钮，在弹出的"设置单元格格式"对话框中对数字格式、对齐方式、字体、边框和底纹以及图案等进行设置。

步骤 05 设置完成后，单击"确定"按钮，返回"样式"对话框。

步骤 06 单击"确定"按钮，即可将创建的样式应用于所选单元格中，如图 3-47 所示。

高新一中八年级二班学生花名册		
姓名	出生日期	身高
王艳	29719.00	160.00
王晓晖	29412.00	172.00
胡娜	30730.00	161.00
魏姬宁	29661.00	160.00
维维	30122.00	160.00
李泽	29773.00	158.00
张静初	29295.00	163.00
孙俪	30239.00	160.00

图 3-47 修改并应用样式

④ 合并样式。

合并样式是将其他工作簿中创建的样式格式复制到当前工作簿中，以便在当前工作簿中使用。合并样式的具体操作步骤如下。

步骤 01 打开源工作簿（已经设置了样式的工作簿）和目标工作簿（要合并样式的工作簿），并激活目标工作簿。

步骤 02 在"开始"选项卡的"样式"组中单击"单元格样式"按钮，弹出样式下拉列表。

步骤 03 在该下拉列表框中单击"合并样式"按钮，弹出"合并样式"对话框，如图 3-48 所示。

步骤 04 在"合并样式来源"列表框中选择源工作簿，单击"确定"按钮，返回"样式"对话框。

步骤 05 单击"确定"按钮，弹出图 3-49 所示的提示框。

图 3-48 "合并样式"对话框

图 3-49 提示框

步骤 06 单击"是"按钮，返回"样式"对话框，单击"确定"按钮即可。

⑤ 删除样式。

当不再需要某种样式时，可以将其删除，具体操作步骤如下。

步骤 01 在"开始"选项卡的"样式"组中单击"单元格样式"按钮，弹出样式下拉列表框。

步骤 02 在要删除的样式名上单击鼠标右键，在弹出的快捷菜单中选择"删除"命令，即可将选中的样式删除。

 任务实施

1. 表格标题和表头的制作

步骤 01 新建一个"往来信函记录表"工作簿，双击"Sheet1"工作表标签使其处于可编辑状态，重新输入新的工作表名称，单击工作表编辑区的任意位置退出工作表标签的可编辑状态。在第一张工作表标签上右击，在弹出的快捷菜单中选择"工作表标签颜色"命令，在弹出的子菜单中的"主体颜色"区域中选择"红色，强调文字颜色 2"颜色，如图 3-50 所示。

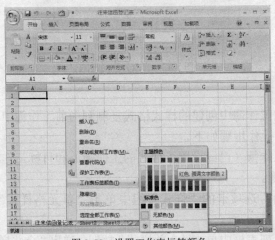

图 3-50 设置工作表标签颜色

步骤 02 选择"Sheet2"工作表标签，在"开始"选项卡的"单元格"组中单击"格式"按钮，在弹出的菜单中的"可见性"区域中选择"隐藏和取消隐藏"列表中的"隐藏工作表"命令，将该工作表隐藏，如图 3-51 所示，用相同的方法将"Sheet3"工作表隐藏。

图 3-51 隐藏"Sheet2"工作表

步骤 03 利用"行高"对话框将第一行单元格的行高设置为"25.5"，将第 2 行单元格的行高设置为"9"，将第3行单元格的行高设置为"23.5"，如图3-52所示。

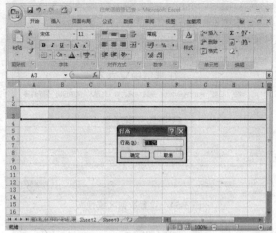

图3-52 设置前三行行高

步骤04 将 A1:G1 单元格区域合并，在其中输入标题文本"往来信函记录表"，将其字体格式设置为"方正大标宋简体，20"，在 A3:G3 单元格区域输入表头内容，将其字体格式设置为"黑体，11"，选择表头文本，在"对齐方式"组中单击"居中"按钮，将选择的文本的对齐方式设置为居中对齐，如图3-53所示。

图3-53 设置标题与表头

2．表格内容的制作

步骤01 选中第 4～11 行单元格，在"开始"选项卡的"单元格"组中单击"格式"按钮，在弹出的菜单的"单元格大小"区域中选择"行高"命令，打开"行高"对话框，在"行高"文本框中输入"23.25"，如图3-54所示，单击"确定"按钮为选择的单元格设置行高。

步骤02 选择 A4:A11 单元格区域，在"数据"选项卡的"数据工具"组中单击"数据有效性"按钮，在弹出的菜单中选择"数据有效性"命令，打开"数据有效性"对话框，在"有效性条件"选项组中的"允许"下拉列表框中选择"序列"选项，在"来源"文本框中输入"去函，来函"文本，如图3-55所示，单击"确定"按钮应用设置的数据有效性规则。

图 3-54 设置数据区域行高

图 3-55 设置"类别"列数据有效性

步骤 03 选择 A4 单元格，在该单元格右侧出现按钮，单击该按钮，在弹出的下拉列表中选择相应的选项，即可在单元格中输入相应的数据。在其他单元格中输入表格内容数据，并用鼠标拖动的方法调整单元格的列宽，如图 3-56 所示。

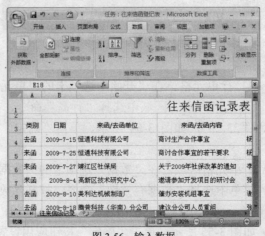

图 3-56 输入数据

步骤 04 选择 A3:G11 单元格区域，在"开始"选项卡的"样式"组中单击"套用表格格式"按钮，在弹出的菜单的"中等深浅"区域中选择"表样式中等深浅 6"样式，如图 3-57 所示。

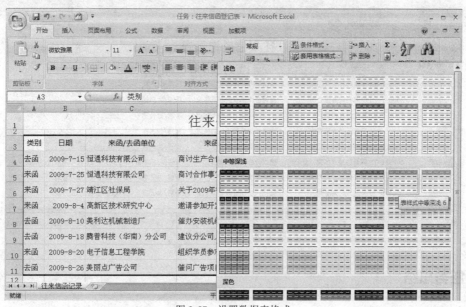

图 3-57　设置数据表格式

步骤 05 在打开的"套用表格式"对话框中直接单击"确定"按钮，即可为选择的单元格区域应用设置的表格样式，如图 3-58 所示。

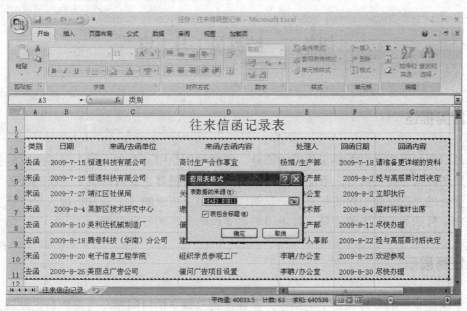

图 3-58　应用表格样式

步骤 06 选择 A3:G3 单元格区域，在"开始"选项卡的"编辑"组中单击"排序和筛选"按钮，在弹出的菜单中选择"筛选"命令隐藏单元格右侧按钮，如图 3-59 所示。

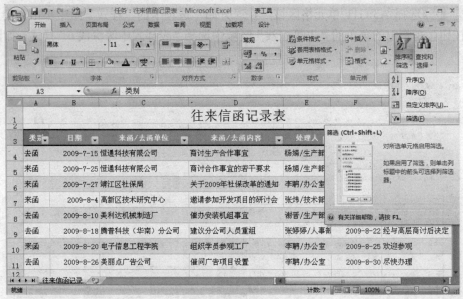

图 3-59　取消筛选按钮

 任务总结

　　小白办事员将工作中来往信函登记整理得井然有序，受到了领导的好评。通过本任务的学习，同学们可独立制作 Excel 数据表，同时利用数据有效性设置数据输入范围，使用自动套用表格格式应用已设置好的表格格式，制作出效果较好的表格。

任务二　结算员工月工资

任务描述

　　每月结算月工资是财务科工作的一部分，在此项工作中，要求工作人员必须有较强的责任心，处理数据方面要认真，不能出纰漏。因此，每月核算企业内部员工工资的任务由张科长来负责处理，就让我们跟随张科长一起制作员工月工资表吧。工资是指用人单位依据国家有关规定和劳动关系双方的约定，以货币形式支付给员工的劳动报酬。

任务展示

　　为了保证企业的发展和员工的稳定，企业在每月规定的时间都会为每位员工发放当月的工资。在发放薪资时，会涉及多个金额项目，包括员工的基本工资、保险、考勤、加班、奖金以及个人所得税等内容。制作"员工工资表"可以统计这些相关的数据，以计算出员工每月实际得到的工资。"员工月工资表"如图 3-60 所示。

福 利 表				
员工编号	员工姓名	住房补助	车费补助	保险金
1001	李丹	¥100	¥120	¥200
1002	杨陶	¥100	¥120	¥200
1003	刘小明	¥100	¥0	¥200
1004	张嘉	¥100	¥120	¥200
1005	张炜	¥100	¥0	¥200
1006	李聘	¥100	¥120	¥200
1007	杨娟	¥100	¥120	¥200
1008	马英	¥100	¥120	¥200
1009	周晓红	¥100	¥120	¥200
1010	薛敏	¥100	¥120	¥200
1011	祝苗	¥100	¥0	¥200
1012	周纳	¥100	¥120	¥200
1013	李菊芳	¥100	¥0	¥200
1014	赵磊	¥100	¥120	¥200
1015	王涛	¥100	¥120	¥200
1016	刘仪伟	¥100	¥120	¥200
1017	杨柳	¥100	¥120	¥200
1018	张洁	¥100	¥120	¥200

（a）福利表

员工出勤统计表						
员工编号	员工姓名	迟到	事假	病假	旷工	应扣工资
1001	李丹	2	0	0	0	¥20
1002	杨陶	1	1	2	0	¥70
1003	刘小明	0	0	0	0	¥0
1004	张嘉	0	1	0	1	¥130
1005	张炜	0	2	0	0	¥60
1006	李聘	1	0	0	1	¥110
1007	杨娟	2	0	0	0	¥20
1008	马英	0	0	2	0	¥30
1009	周晓红	0	0	0	0	¥0
1010	薛敏	0	0	0	0	¥0
1011	祝苗	0	0	0	0	¥0
1012	周纳	0	0	0	0	¥0
1013	李菊芳	1	0	0	0	¥10
1014	赵磊	0	2	0	0	¥60
1015	王涛	0	0	0	0	¥0
1016	刘仪伟	0	0	1	0	¥15
1017	杨柳	0	0	0	0	¥0
1018	张洁	1	0	0	0	¥10

（b）员工出勤统计表

员工工资表								
员工编号	员工姓名	基本工资	奖金	住房补助	车费补助	保险金	出勤扣款	应发金额
1001	李丹	¥3,000	¥300	¥100	¥120	¥200	¥20	¥3,700
1002	杨陶	¥2,000	¥340	¥100	¥120	¥200	¥70	¥2,690
1003	刘小明	¥2,500	¥360	¥100	¥0	¥200	¥0	¥3,160
1004	张嘉	¥2,000	¥360	¥100	¥120	¥200	¥130	¥2,650
1005	张炜	¥3,000	¥340	¥100	¥0	¥200	¥60	¥3,580
1006	李聘	¥2,000	¥300	¥100	¥120	¥200	¥110	¥2,610
1007	杨娟	¥2,000	¥300	¥100	¥120	¥200	¥20	¥2,700
1008	马英	¥3,000	¥340	¥100	¥120	¥200	¥30	¥3,730
1009	周晓红	¥2,500	¥250	¥100	¥120	¥200	¥0	¥3,170
1010	薛敏	¥1,500	¥450	¥100	¥120	¥200	¥0	¥2,370
1011	祝苗	¥2,000	¥360	¥100	¥0	¥200	¥0	¥2,660
1012	周纳	¥3,000	¥360	¥100	¥120	¥200	¥0	¥3,780
1013	李菊芳	¥2,500	¥120	¥100	¥0	¥200	¥10	¥2,910
1014	赵磊	¥3,000	¥450	¥100	¥120	¥200	¥60	¥3,810
1015	王涛	¥2,000	¥120	¥100	¥120	¥200	¥0	¥2,540
1016	刘仪伟	¥3,000	¥120	¥100	¥120	¥200	¥15	¥3,525
1017	杨柳	¥2,000	¥450	¥100	¥120	¥200	¥0	¥2,870
1018	张洁	¥2,500	¥450	¥100	¥120	¥200	¥10	¥3,360

（c）员工工资表

图 3-60　"员工月工资表"样文展示

完成思路

1．工资表

工资结算表又称工资表，是按部门编制的，每月一张。正常情况下，工资表会在工资正式发放前的1～3天发放到员工手中。员工可以就工资表中出现的问题向上级反映。在工资结算表中，要根据工资卡、考勤记录、产量记录及代扣款项等资料按人名填入"应付工资"、"代扣款项"、"实发金额"3大部分。

2．工作表制作内容分析

（1）"员工工资表"主要用来记录和统计员工每月的工资情况，包括各种福利、考勤和奖金等数据。

（2）"员工工资表"主要由3张表组成，分别是"福利表"、"考勤表"和"工资表"。其中，"福利表"主要用于记录和统计员工所得的相应福利薪酬，该表格的主要内容包括员工编号、员工姓名、住房补助、车费补助和保险金；"考勤表"主要用于记录和统计员工的出勤扣除金额，该表格主要包括员工编号、员工姓名、迟到、事假、病假、旷工和应扣工资等；"工资表"主要用于记录和统计每位员工的具体工资，该表格的主要内容包括员工编号、员工姓名、基本工资、奖金、住房补助、车费补助、保险金、出勤扣款和应发金额等。

（3）在制作"考勤表"时，假设迟到一次应扣金额为 10 元，事假一次应扣金额为 30 元，病假一次应扣金额为 15 元，旷工一次应扣金额 100 元。

（4）为了方便对各种薪酬的管理，本例并没有将所有涉及的金额项目设计在一张表格中，而是使用工作表引用的相关知识来获取需要的数据源。

3. 工作表通用格式

在实际工作中，企业发放职工工资、办理工资结算是通过编制"工资结算表"来进行的。工资表的通用格式如表 3-3 所示。

表 3-3　　　　　　　　　　　　　　工资表通用格式

编号	部门	姓名	职务	基本工资	考勤工资	绩效考核	应缴税额	公司福利	实发工资
1	技术部	××	程序员	3000	1000	1000	8%	200	3800

4. 制作流程简述

"员工工资表"的制作按文本结构分为"福利表"制作、"考勤表"制作、"工资表"制作 3 个部分，具体制作过程如图 3-61 所示。

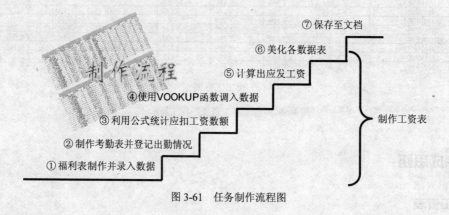

图 3-61　任务制作流程图

 相关知识

1. 条件格式

条件格式是一种自定义的带有条件的单元格格式，是一种"动态变化"的格式。在 Excel 2007 中可以为单元格设置条件格式，如果条件满足，Excel 便自动将该格式应用到符合条件的单元格中，当单元格中的值更改不再满足指定的条件时，Excel 2007 会自动将单元格恢复为原格式显示；如果条件不满足，则单元格不应用该格式。

（1）设置条件格式。

在 Excel 2007 中，用户可以用以下几种方法为选中的单元格区域设置条件格式。

① 使用双色刻度设置单元格的格式。

双色刻度使用两种颜色的深浅程度来帮助用户比较某个区域的单元格。颜色的深浅表示值的高低。例如，在绿色和红色的双色刻度中，可以指定较高值单元格的颜色为绿色，而较低值单元格的颜色为红色。使用双色刻度设置单元格格式的具体操作步骤如下。

步骤 01 在工作表中选中要设置格式的单元格区域。

步骤 02 在"开始"选项卡的"样式"组中单击"条件格式"按钮，从弹出的下拉菜单中选择"色阶"命令，弹出色阶下拉列表，如图 3-62 所示。

步骤 03 在该列表的第二行任选一种样式，即可将其应用到所选的单元格区域中。图 3-63 所示即为选中"黄-红"色阶时的效果。

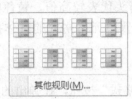

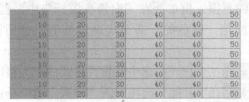

图 3-62　色阶下拉列表　　　　图 3-63　应用双色刻度设置单元格格式

② 使用三色刻度设置单元格的格式。

三色刻度使用 3 种颜色的深浅程度来帮助用户比较某个区域的单元格。颜色的深浅表示值的高、中、低。例如，在绿色、黄色和红色的三色刻度中，可以指定较高值单元格的颜色为绿色，中间值单元格的颜色为黄色，而较低值单元格的颜色为红色。使用三色刻度设置单元格格式的具体操作步骤如下。

步骤 01 在工作表中选中要设置格式的单元格区域。

步骤 02 在"开始"选项卡的"样式"组中单击"条件格式"按钮，在弹出的下拉菜单中选择"色阶"命令，弹出色阶下拉列表。

步骤 03 在该列表的第一行任选一种样式，即可将其应用到所选的单元格区域中。图 3-64 所示即为选中"红-黄-绿"色阶时的效果。

图 3-64　应用三色刻度设置单元格格式

③ 使用数据条设置单元格的格式。

数据条的长度代表单元格中的值。数据条越长，表示值越大，数据条越短，表示值越小。在观察大量数据中的较高值和较低值时，数据条尤其有用。使用数据条设置单元格格式的具体操作步骤如下。

步骤 01 在工作表中选中要设置格式的单元格区域。

步骤 02 在"开始"选项卡的"样式"组中单击"数据条"按钮，弹出数据条下拉列表，如图 3-65 所示。

步骤 03 在该列表中选择要应用的样式，即可将其应用到所选单元格区域中，如图 3-66 所示。

图 3-65　数据条下拉列表

图 3-66　使用数据条设置单元格格式

④ 使用图标集设置单元格的格式。

使用图标集可以对数据进行注释，并可以按阈值将数据分为 3～5 个类别。每个图标代表一个值的范围。例如，在三向箭头图标集中，红色的上箭头代表较高值，黄色的横向箭头代表中间值，绿色的下箭头代表较低值。使用图标集设置单元格格式的具体操作步骤如下。

步骤 01 在工作表中选中要设置格式的单元格区域。

步骤 02 在"开始"选项卡的"样式"组中单击"条件格式"按钮，在弹出的下拉菜单中选择"图标集"命令，弹出其下拉列表，如图 3-67 所示。

步骤 03 在该列表中选择要应用的样式，即可将其应用到所选单元格区域中，如图 3-68 所示。

图 3-67　图标集下拉列表

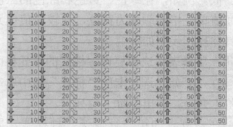

图 3-68　使用图标集设置单元格格式

⑤ 仅对包含文本、数字或日期/时间值的单元格设置格式。

若要更方便地查找单元格区域中的特定单元格，可以基于比较运算符设置这些特定单元格的格式。例如，在一个按类别排序的库存工作表中，可以用黄色突出显示现有量少于 10 个的产品；而在一个零售店汇总工作表中，可以标识利润超过 10%、销售额低于￥100 000、地区为"东南"的所有零售店。仅对包含文本、数字或日期/时间值的单元格设置格式的具体操作步骤如下。

步骤 01 在工作表中选中要设置格式的单元格区域。

步骤 02 在"开始"选项卡的"样式"组中单击"条件格式"按钮，在弹出的下拉菜单中选择"突出显示单元格规则"命令，弹出其下拉列表，如图 3-69 所示。

步骤 03 在该下拉列表中选择所需的命令，如选择"文本包含"命令，弹出"文本中包含"对话框，如图 3-70 所示。

步骤 04 输入要查询的文本并为其设置合适的值，单击"确定"按钮，效果如图 3-71 所示。

⑥ 仅对排名靠前或靠后的数值设置格式。

可以根据指定的截止值查找单元格区域中的最高值和最低值。例如，可以在地区报表中查找最畅销的 5 种产品，在客户调查表中查找最不受欢迎的 15%产品，或在部门人员分析表中查找薪水最高的 25 名雇员。仅对排名靠前或靠后的数值设置格式的具体操作步骤如下。

图 3-69　下拉列表　　　　图 3-70　"文本中包含"对话框　　　　图 3-71　突出显示文本

步骤 01 在工作表中选中要设置格式的单元格区域。

步骤 02 在"开始"选项卡的"样式"选项组中单击"条件格式"按钮，在弹出的下拉菜单中选择"项目选取规则"命令，弹出其下拉列表，如图 3-72 所示。

步骤 03 在该列表中选择所需的命令，如选择"值最大的 10 项"命令，弹出"10 个最大的项"对话框，如图 3-73 所示。

图 3-72　项目选取规则下拉列表　　　图 3-73　"10 个最大的项"对话框

步骤 04 单击"确定"按钮，效果如图 3-74 所示。

10	20	30	40	40	50	50	
10	20	30	40	40	50	50	
10	20	30	40	40	50	50	
10	20	30	40	40	50	50	
10	20	30	40	40	50	50	
10	20	30	40	40	50	50	
10	20	30	40	40	50	50	
10	20	30	40	40	50	50	
10	20	30	40	40	50	50	
10	20	30	40	40	50	50	
10	20	30	40	40	50	50	
10	20	30	40	40	50	50	
10	20	30	40	40	50	50	
10	20	30	40	40	50	50	

图 3-74　突出显示 10 个最大的项

⑦仅对高于或低于平均值的数值设置格式。

可以在单元格区域中查找高于或低于平均值或标准偏差的值。例如，可以在年度业绩审核中查找业绩高于平均水平的人员，或者在质量评级中查找低于 1/2 标准偏差的制造材料。仅对高于或低于平均值的数值设置格式的具体操作步骤如下。

步骤 01 在工作表中选中要设置格式的单元格区域。

步骤 02 在"开始"选项卡的"样式"选项组中单击"条件格式"按钮,在弹出的下拉菜单中选择"项目选取规则"命令,弹出其下拉列表。

步骤 03 在该列表中选择所需的命令,如选择"高于平均值"命令,弹出"高于平均值"对话框,如图 3-75 所示。

步骤 04 在该对话框中设置合适的值,单击"确定"按钮,效果如图 3-76 所示。

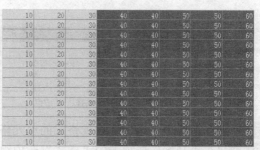

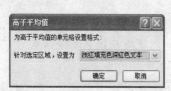

图 3-75 "高于平均值"对话框

图 3-76 突出显示高于平均值的数值

(2)更改条件格式。

用户还可以根据需要,对已经设置好的条件格式进行更改。下面以更改"数据条"格式为例,介绍更改条件格式的方法,具体操作步骤如下。

步骤 01 选中应用条件格式的单元格区域。

步骤 02 在"开始"选项卡的"样式"选项组中单击"条件格式"按钮,在弹出的下拉菜单中选择"管理规则"命令,弹出"条件格式规则管理器"对话框,如图 3-77 所示。

步骤 03 单击"编辑规则"按钮,弹出"编辑格式规则"对话框,如图 3-78 所示。

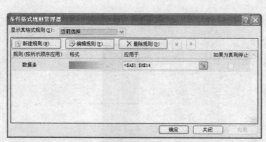

图 3-77 "条件格式规则管理器"对话框

图 3-78 "编辑格式规则"对话框

步骤 04 在该对话框中对样式进行设置,设置好后单击"确定"按钮即可。

(3)删除条件格式。

步骤 01 选中应用了条件格式的单元格区域。

步骤 02 在"开始"选项卡的"样式"选项组中单击"条件格式"按钮,在弹出的下拉菜单中选择"清除规则"命令,弹出其下拉列表,如图 3-79 所示。

步骤 03 在该下拉列表中选择"清除整个工作表的规则"命令,

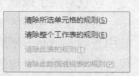

图 3-79 清除规则下拉列表

即可将选中单元格中的样式删除。

2. 公式概述

公式有助于分析工作表中的数据，完成简单或复杂的计算。在工作表中输入计算值时便可以使用公式。公式中可以包含运算符、单元格引用、名称以及工作表函数。下面介绍公式的基本概念、公式的语法、常用数学符号以及公式的计算。

（1）公式的概念。

公式就是对工作表中的数值进行计算的等式。对公式的计算，可以直接输入数值，也可以引用其他单元格中已有的数值。公式输入单元格后，Excel 自动进行运算，然后将结果显示在存放公式的单元格中，而公式则显示在编辑栏中。

公式中的单元格引用，可以引用同一工作表中的其他单元格、同一工作簿不同工作表中的单元格，或者其他工作簿的工作表中的单元格。

下面是一些常用的公式。

=SUM(A2: A4)

=SUM(IF((A2: A11＝"South")+(A2: A11＝"East"),D2: D11))

其中，等号（=）是公式的开始标志；SUM()和 IF()是工作表函数；A2:A4 是单元格区域引用；="South"和="East"是公式运行后产生的文本值。

公式是按照特定的顺序进行数值计算的，这一特定顺序就是语法。公式的语法描述了计算的过程，或者说描述了公式中元素的结构或顺序。在 Excel 中公式遵循特定的语法，即最前面是"="，后面是参与运算的元素（运算数）和运算符。元素可以是常量数值、单元格引用、标志名称以及工作表函数等。

（2）常用运算符。

运算符即代表各种运算的符号，例如"*"为算术运算符，它用于在操作过程中将前后两个操作对象进行乘法运算。下面主要介绍运算符的类型和运算顺序。公式的运算符包括算术运算符、比较运算符、文本运算符和引用运算符 4 种。

①算术运算符。

算术运算符用来完成基本的数学运算，如加法、减法和乘法等。算术运算符及其含义如表 3-4 所示。

表 3-4 算术运算符及其含义

算术运算符	含义	示例	结果
+（加分）	加法运算	4+5	9
－（减号）	减法运算	10-4	6
×（乘法）	乘法运算	4×5	20
/（正斜线）	除法运算	6/3	2
%（百分号）	百分比	30%	0.30
^（乘方）	乘幂运算	3^3	27

② 比较运算符。

比较运算符可以进行两个值的比较，其结果是一个逻辑值 TRUE 或 FALSE。比较运算符及其含义如表 3-5 所示。

表 3-5   比较运算符及其含义

比较运算符	含义	示例
=（等号）	等于	A1=B1
>（大于号）	大于	A1>B1
<（小于号）	小于	A1<B1
>=（大于等于号）	大于或等于	A1>=B1
<=（小于等于号）	小于或等于	A1<=B1
<>（不等于）	不相等	A1<>B1

③ 文本运算符。

文本运算符只有一个：&（和号），使用文本运算符，可以加入或连接一个或更多文本字符串以产生一串文本。例如，"Know"&"ledge"的结果就是"Knowledge"。

④ 引用运算符。

引用运算符是将单元格区域合并计算。引用运算符及其含义如表 3-6 所示。

表 3-6   引用运算符及其含义

引用运算符	含义	示例
:（冒号）	表示对包括在两个引用之间的所有单元格的引用	（B5:B15）
，（逗号）	表示将多个引用合并为一个引用	（SUM（B5:B15，D5:D15））
（空格）	表示对两个引用共有的单元格的引用	（B7:D7 C6:C8）

（3）创建公式。

在 Excel 2007 中，可以通过 6 种方式创建公式，分别为创建包含常量和运算符的简单公式、包含函数的公式、包含嵌套函数的公式、包含引用和名称的公式、计算单个结果的数组公式、计算多个结果的数组公式。

步骤 01 选定要输入公式的单元格。

步骤 02 首先输入等号"="，然后输入计算数据和数据所在的单元格名称。

步骤 03 输入运算符和函数即可建立一个公式，例如，在单元格中输入"=2×G4+C10−F5"。

步骤 04 单击编辑栏中的"输入"按钮✓或者按【Enter】键，此时，选定的单元格内显示计算结果，单元格中的公式内容显示在编辑栏中。

① 创建包含常量和运算符的简单公式。

步骤 01 选定要输入公式的单元格。

步骤 02 在单元格中输入等号"="。

步骤 03 在等号后面输入公式中包含的内容，如图 3-80 所示。

步骤 04 按【Enter】键，即可在该单元格中显示计算结果。

②创建包含函数的公式。

步骤 01 选定要输入公式的单元格。

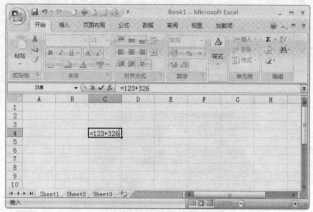

图 3-80 创建简单公式

步骤 02 单击编辑栏中的"函数向导"按钮 f_x，弹出"插入函数"对话框，如图 3-81 所示。

步骤 03 在"选择函数"列表框中选择要使用的函数（如选择"SUM"函数），单击"确定"按钮，弹出"函数参数"对话框，如图 3-82 所示。

图 3-81 "插入函数"对话框

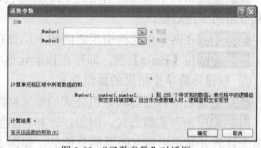

图 3-82 "函数参数"对话框

步骤 04 单击"压缩对话框"按钮，在工作表中选择要参加运算的数据。

步骤 05 选择完成后，单击"展开对话框"按钮，返回"函数参数"对话框中。

步骤 06 单击"确定"按钮，即可根据所选函数计算出结果。

③ 创建包含嵌套函数的公式。

步骤 01 选定要输入公式的单元格。

步骤 02 单击编辑栏中的"函数向导"按钮，弹出"插入函数"对话框。

步骤 03 若要将单元格引用作为参数输入，可单击"压缩对话框"按钮 ，暂时隐藏该对话框，在工作表中选择单元格，然后单击"展开对话框" 按钮。

步骤 04 若要将其他函数作为参数输入，可在参数框中输入所需的函数。例如，可在"IF"函数的"Value_if_true"编辑框中添加"SUM(G2:G5)"，如图 3-83 所示。

步骤 05 单击"确定"按钮，即可根据所选函数计算出结果。

④ 创建包含引用和名称的公式。

步骤 01 选定要输入公式的单元格。

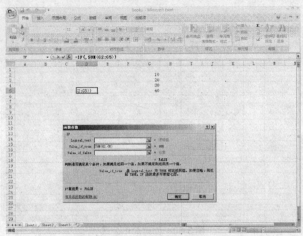

图 3-83　输入参数

步骤 02 在编辑栏中输入等号"="。

步骤 03 若要创建引用，则选择一个单元格、单元格区域、另一个工作表或工作簿中的位置，如图 3-84 所示。

步骤 04 第一个单元格引用是 B3，为蓝色，单元格区域显示一个带有方角的蓝色边框。

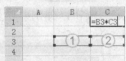

图 3-84　选定单元格

步骤 05 第二个单元格引用是 C3，为绿色，单元格区域显示一个带有方角的绿色边框。

步骤 06 在两个单元格引用之间输入运算符。

步骤 07 按【Enter】键，即可在该单元格中显示计算结果。

⑤ 创建计算单个结果的数组公式。

步骤 01 选定需要输入数组公式的单元格区域。

步骤 02 输入数组公式。例如，计算一组股票价格和股份的总价值，而不是使用一行单元格来计算并显示出每支股票的总价值，如图 3-85 所示。

步骤 03 按【Ctrl+Shift+Enter】组合键即可计算出最终结果，且 Excel 2007 自动在 { } （大括号）之间插入公式，如图 3-86 所示。

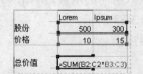

图 3-85　产生单个结果的数组公式

图 3-86　计算出最终结果

⑥ 创建计算多个结果的数组公式。

步骤 01 选定需要输入数组公式的单元格区域。

步骤 02 输入数组公式。例如,给出了 3 个月(A 列中)的 3 个销售量(B 列中),TREND 函数返回销售量的直线拟合值。如果要显示公式的所有结果,应在 C 列的 3 个单元格(C1:C3)中输入数组公式,即将单元格区域 C1:C3 选中,在编辑栏中输入公式,如图 3-87 所示。

步骤 03 按"Ctrl+Shift+Enter"组合键即可计算出最终结果,且 Excel 2007 自动在{ }(大括号)之间插入公式,如图 3-88 所示。

图 3-87 产生多个结果的数组公式　　　　　　图 3-88 计算出结果

3. 公式的基本操作

公式的基本操作包括公式的命名、显示、隐藏、编辑等,下面就对公式所涉及的操作进行介绍。

(1)命名公式。

步骤 01 打开一个成绩单工作表,如图 3-89 所示。

图 3-89 打开工作表

步骤 02 在"公式"选项卡中的"定义的名称"选项区中单击"定义名称"按钮,弹出"新建名称"对话框,如图 3-90 左图所示。

步骤 03 在"名称"文本框中输入公式名称,如"平均分"。

步骤 04 在"引用位置"文本框中输入公式或函数,如"=AVERAGE(Sheet1!$B$2:$C$2)",表示将对工作表 Sheet1 中的 B2:C2 单元格区域求平均值,如图 3-90 右图所示。

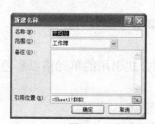

图 3-90 "新建名称"对话框中输入相关内容

步骤05 输入完成后，单击"确定"按钮。

步骤06 当运用此公式求"B2: C2"单元格区域中的平均值时，选定要显示计算结果的单元格，并在此单元格中输入"=平均分"，如图 3-91 所示。

步骤07 按"Enter"键，即可在此单元格中显示计算结果。

图 3-91　输入公式名称

（2）隐藏公式。

步骤01 选定要隐藏的公式所在的单元格区域。

步骤02 在"开始"选项卡的"单元格"选项组中单击"格式"按钮，在弹出的下拉菜单中选择"设置单元格格式"命令，弹出"自定义序列"对话框，打开"保护"选项卡，如图 3-92 所示。

步骤03 选中"隐藏"复选框，单击"确定"按钮确认操作。

步骤04 在"开始"选项卡的"单元格"选项组中单击"格式"按钮，在弹出的下拉菜单中选择"保护工作表"命令，弹出"保护工作表"对话框，如图 3-93 所示。

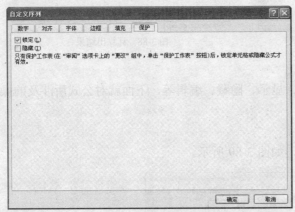

图 3-92　"保护"选项卡

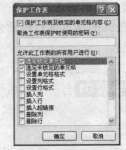

图 3-93　"保护工作表"对话框

步骤05 选中"保护工作表及锁定的单元格内容"复选框，单击"确定"按钮即可隐藏编辑栏中的公式，效果如图 3-94 所示。

（3）显示公式。

步骤01 在"审阅"选项卡的"更改"选项区中单击"撤销工作表保护"按钮。

步骤02 选取要取消隐藏其公式的单元格区域。

步骤03 在"开始"选项卡的"单元格"选项区中单击"格式"按钮，在弹出的下拉菜单中选择"设置单元格格式"命令，弹出"自定义序列"对话框，并打开"保护"选项卡。

步骤04 取消选中"隐藏"复选框，即可重新显示隐藏的公式。

（4）编辑公式。

步骤01 双击要修改公式的单元格，此时被公式引用的单元格以彩色显示，如图 3-95 所示。

步骤02 在单元格中移动光标，删除或输入数值。

步骤03 编辑完成后，按【Enter】键即可。

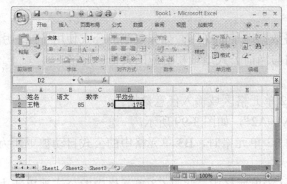 

图 3-94　隐藏编辑栏中的公式　　　　　　图 3-95　显示被引用的单元格

（5）复制公式。

在 Excel 中编辑好一个公式后，如果在其他单元格中需要编辑的公式与此单元格中编辑的公式相同，可以复制公式。例如，将 J2 单元格的公式复制到 J3 单元格，其具体操作步骤如下。

步骤 01 选定 J2 单元格，单击鼠标右键，在弹出的快捷菜单中选择"复制"命令。

步骤 02 单击 J3 单元格，单击"粘贴"按钮，复制公式的结果如图 3-96 所示。

图 3-96　复制公式结果

（6）移动公式。

创建公式后，还可以将其移动到其他单元格中。移动公式后，改变公式中元素的大小，此单元格的内容也会随着元素的改变而改变它的值。移动公式的具体操作步骤如下。

步骤 01 选定 J2 单元格，将指针移动到 J2 单元格边框上，此时指针变为 形状，如图 3-97 所示。

步骤 02 按住鼠标左键不放，拖曳鼠标到 J10 单元格，释放鼠标左键，将公式移动到 J10 单元格，此时 J3～J9 单元格也引用了该公式，如图 3-98 所示。

图 3-97　移动鼠标　　　　　　图 3-98　移动公式

4．引用单元格

引用的作用在于标识工作表上的单元格或单元格区域，并指明公式中所使用的数据位置。通过引用，可以在公式中使用工作表不同部分的数据，或者在多个公式中使用同一个单元格的数据，还可以引用同一个工作簿中不同工作表上的单元格和其他工作簿中的数据。引用不同工作簿中的单元格称为链接。

（1）相对引用。

相对引用就是在输入公式时，对单元格数据地址的引用。如果复制的公式使用了相对引用，被粘贴的单元格地址将被更新，并指向与当前公式地址相对应的其他单元格。

下面举例说明公式的相对引用。

步骤 01 分别在 A1:A2、B1:B2、C1:C2 单元格区域输入任意数据。

步骤 02 在 A3 单元格中输入公式"=A1+A2"，如图 3-99 所示。

步骤 03 将 A3 单元格中的公式复制到 B3 单元格时，B3 单元格中的公式自动被更新为"=B1+B2"，如图 3-100 所示。

步骤 04 将 A3 单元格中的公式复制到 C3 单元格中，此时 C3 单元格中的公式被更新为"=C1+C2"，依此类推，这种引用方式即为相对引用。

图 3-99　输入公式

图 3-100　相对引用

（2）绝对引用。

绝对引用与相对引用不同，相对引用时单元格中的公式会被自动更新，而绝对引用在复制时不改变其公式内容。

下面举例说明公式的绝对引用。

步骤 01 分别在工作表中的 B1 和 D5 单元格中输入任意数据。

步骤 02 在 A1 单元格中输入公式"=$B$1+$D$5"，如图 3-101 所示。

步骤 03 将 A1 单元格中的公式复制到工作表的任意单元格中，其公式的内容不发生改变，如图 3-102 所示，即为绝对引用。

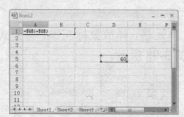
图 3-101　输入公式

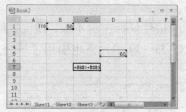
图 3-102　绝对引用

（3）混合引用。

如果一个公式内既使用了相对引用，又使用了绝对引用，则称为混合引用。在使用混合引用时，一定要分清哪部分是相对引用，哪部分是绝对引用。

绝对引用使用"$"符号来加以区别。例如，"$A1"表示列位置是绝对的，均为第 A 列，而行位置是相对的；"A$1"则表示列位置是相对的，行位置是绝对引用。

在输入公式时，可以通过按【F4】键改变引用类型。对于公式，仅输入单元格地址如"D1"为相对引用，按【F4】键，公式变为"$D$1"，即绝对引用，继续按【F4】键，变成混合引用"D$1"，即列相对，行绝对；再接着按【F4】键，仍为混合引用"$D1"，但为列绝对，行相对；第 4 次按【F4】键时，则返回到相对引用"D1"。

下面举例说明公式的混和引用。

步骤 01 分别在 A1:A5 和 B1:B5 单元格区域中输入任意数据。

步骤 02 在 A6 单元格中输入公式"=\$A1+\$A2+A3+A4+A5"，如图 3-103 所示。

步骤 03 将 A6 单元格中的数据输入 B6 单元格，此时单元格中的公式被更新为"=\$A1+\$A2+B3+B4+B5"。如图 3-104 所示，可以看到"\$A1+\$A2"为绝对引用，而"B3+B4+B5"为相对引用，即为混合引用。

图 3-103　输入公式

图 3-104　混合引用

（4）三维引用。

三维引用是对两个或两个以上的工作表中的单元格或单元格区域进行的引用，也可以在一个工作簿中的不同工作表之间进行公式的引用。三维引用的一般格式为"工作表名！单元格地址"，工作表名后的"！"是系统自动加上的。

三维引用并不适合于所有函数，它只适用于如表 3-7 所示的函数。

表 3-7　　　　　　　　　　　　　　在三维引用中使用的函数

函数名称	含义
SUM	将数值相加
AVERAGE	计算数值的平均值（数学加法）
AVERAGEA	计算数值（包含字符串和逻辑值）的平均值（数学方法）
COUNT	计算包含数字的单元格个数
COUNTA	计算非空白单元格个数
MAX	查找一组数值中的最大值
MAXA	查找一组数值中的最大值（包括字符串和逻辑值）
MIN	查找一组数值中的最小值
MINA	查找一组数值中的最小值（包括文本和逻辑值）
PRODUCT	将数字相乘
STDEV	估算基于给定样本的标准偏差
STDEVA	估算基于给定样本（包括字符串和逻辑值）的标准偏差
STDEVP	估算基于给定样本总体标准偏差
VAR	估计样本的方差
VARA	估算给定样本（包括文本和逻辑值）的方差
VARP	计算基于给定样本的总体方差
VARPA	计算样本（包括文本和逻辑值）的总体方差

下面举例说明公式的三维引用。

步骤 01 打开一个工作簿,在第一张工作表的 A1 单元格中输入数值"20",在第二张工作表的 B1 单元格中输入数值"30"。

步骤 02 在第二张工作表的 C1 单元格中输入公式"=Sheet1!A1+B1",如图 3-105 所示,表示将第一张工作表中的 A1 单元格和第二张工作表中的 B1 单元格相加。

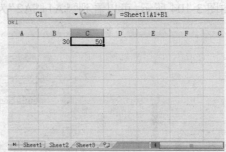

图 3-105 在工作表中输入数据

步骤 03 输入完成后按【Enter】键,即可在第二张工作表的 C1 单元格中显示计算结果。

5.函数概述

在 Excel 中,函数是系统预先建立在工作表中,用于执行数学、正文或者逻辑运算以及查找数据区有关信息的公式。它使用参数的特定数值,按照语法的特定顺序进行计算。例如,要对 B2~B4 几个单元格进行求和,可以使用公式"=B2+B3+B4",也可以使用求和函数 SUM(),创建求和公式"=SUM()"。

(1)函数概述。

函数是一种预定义的计算关系,它可以将指定的参数按特定的顺序或结构进行计算,并返回计算结果。函数的参数是函数中用来执行计算的数值,是函数进行计算所必需的初始值。参数的类型由函数自身决定,因此使用内置函数时,必须清楚函数的格式。函数的参数类型包括数字、单元格引用、单元格名称、文本等,也可以是常量、公式或其他的函数。

函数的语法以函数的名称开始,后面是左括号以及逗号隔开的参数和右括号。如果函数要以公式的形式出现,必须在函数名前面输入等号。

(2)函数的分类。

在使用 Excel 处理工作表时,经常要用函数和公式来自动处理大量的数据。在 Excel 中提供了大量的函数,这些函数按功能可以分为如表 3-8 所示的几种类型。

表 3-8   函数类别与功能简述

函数类别	函数功能
数字和三角函数	用于进行数学上的计算
文本函数	用于处理字符串
逻辑函数	用于判断真假值或者进行符号的检验
查找和引用函数	用于在表格中查找特定的数据或者查找一个单元格中的引用
信息函数	用于确定存储在单元格中的数据类型
时间和日期函数	用于在公式中分析处理日期和时间值

续表

函数类别	函数功能
统计函数	用于对选定的单元格区域进行统计
财务函数	用于进行简单的财务计算
工程函数	用于进行工程分析
数据库函数	用于分析数据清单中的数值是否符合特定条件
外部函数	这些函数使用加载项程序加载，用于连接一个外部数据源并从工作表中运行查询，然后将查询的结果以数值的形式返回，无须进行宏编辑

（3）函数的语法。

函数与公式一样，其结构也是以等号"="开始，后面是函数名称和左括号，然后以逗号分隔输入参数，最后输入右括号。

① 函数名称：如果要查看可用函数的列表，可以选中一个单元格并按【Shift+F3】组合键，从弹出的"插入函数"对话框中查看函数，如图 3-106 所示。

② 参数：参数可以是文本、数字、逻辑值（TRUE 或 FALSE）、数组、错误值（如#N/A）或单元格引用。参数也可以是常量、公式等，但指定的参数都必须为有效参数。

③ 参数工具栏：在输入函数时，会出现带有语法和参数的工具提示。例如，输入函数"=AVEDEV"时，参数工具栏就会出现，如图 3-107 所示。

图 3-106　"插入函数"对话框

图 3-107　参数工具栏

④ 输入公式：如果要创建含有函数的公式，"插入函数"对话框将有助于用户输入工作表函数。在公式中输入函数时，"插入函数"对话框不仅可以显示出函数的名称、各个参数，还可以显示出函数的功能和参数说明、函数的当前结果和整个公式的当前结果。

6. 常用函数

在 Excel 2007 中有 200 多个函数，下面介绍比较常用的函数及其参数，并结合实例进行说明。

（1）数学和三角函数。

数学和三角函数主要用于数学计算。它包括很多函数，如 SUM、ABS、EXP 等。

【例 3-3】　SUM 函数。求和函数，计算参数的数值和。

格式，SUM(number1, number2, number3…)

例如，在图 3-108 所示的工作表中，利用自动求和计算李浩同学的总分。选取 G2 单元格，单击"自动求和"按钮，在单元格区域 B2:F2 周围出现闪烁的虚线边框，表明求和的区域，如果该区域不是所需区域，可用鼠标选择单元格区域进行调整；如果该区域就是所需区域，单击"输入"按钮或按"Enter"键即可。

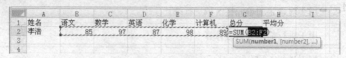

图 3-108 求和函数实例

【例 3-4】 ABS 函数。ABS 函数返回的是参数的绝对值，参数绝对值是参数去掉正负号后的数值。

格式：ABS(number)

例如，函数 ABS(2)，其返回值为 2；函数 ABS(-2)，其返回值也为 2。

（2）文本函数。

文本函数主要是对文本进行处理，它也包括许多函数，如 LEN、TRIM、UPPER、REPLACE、FIND、ASC 和 LEFT 等。

【例 3-5】 LEN 函数。LEN 函数用于返回文本串中的字符数。它也应用于 LENB 函数，LENB 函数用于返回文本串中用于代表字符的字节数。LENB 函数用于双字节字符。

LEN 函数的格式：LEN(text)

LENB 函数的格式：LENB(text)

其中，"text"是要查找其长度的文本，而空格也作为字符进行计数。

例如，函数 LEN("telephone, BC")的返回值为 13；函数 LEN("")的返回值为 0；函数 LENB("我爱妈妈")的返回值为 8。

【例 3-6】 TEXT 函数。TEXT 函数用于按指定数字格式的文本来转换一个数值。

格式：TEXT(value,format_text)

其中，"value"为数值或计算结果为数值的公式，或对数值单元格的引用；"format_text"表示所要选用的文本型数字格式，format_text 不能包含星号(*)，也不能是常规型。

例如，函数 TEXT(9.759,"$0.00")的返回值为"$9.76"。

提示：在文本型数字格式中的格式可以从"设置单元格格式"对话框中的"数字"选项卡中看到，如图 3-109 所示。

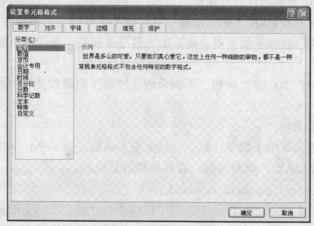

图 3-109 "数字"选项卡

（3）财务函数。

财务函数可以进行一般的财务计算，如计算证券的利息和返回折旧值等。下面通过实例介绍几个常用的财务函数。

【例3-7】 ACCRINT函数：用于返回定期付息有价证券的应计利息。

格式：ACCRINT(issue,first_interest,settlement,rate,par,frequency,basis)

其中，issue是有价证券的发行日；first_interest是证券的起息日；settlement是证券的成交日；rate为有价证券的年息票利率；par为有价证券的票面价值，如果省略par，函数ACCRINT视par为$1 000；frequency为年付息次数（如果按年支付，frequency=1，按半年期支付，frequency=2，按季支付，frequency=4）；basis为日计数基准类型。在计算的过程中，参数issue、first_interest、settlement、frequency和basis将被截尾取整，如果issue、first-interest或settlement不是合法日期，则函数ACCRINT返回错误值#VALUE!。

例如，在A2:A8单元格区域中分别输入发行日"2005-3-1"，起息日"2005-8-1"，成交日"2005-5-1"，息票利率"10.00%"，票面价值"1 000"，付息次数"2"以及日计数基准类型"0"，然后在A9单元格中输入公式"=ACCRINT(A2,A3,A4,A5,A6,A7,A8)"，按【Enter】键确认，即计算出本次有价证券的应计利息为16.66666667，如图3-110所示。

【例3-8】 SLN函数：用于返回一笔资产在某个期间内的线性折旧值。

格式：SLN(cost,salvage,life)

其中，cost为资产原值；salvage为资产在折旧期末的价值（也称为资产残值）；life为折旧期限（也称为资产的使用寿命）。

例如，在C2~C4单元格区域中分别输入资产原值"25 000"、资产残值"10 000"和使用寿命"10"，然后在C5单元格中输入公式"=SLN(C2,C3,C4)"，按【Enter】键确认，即可得出年折旧值¥1 500.00，如图3-111所示。

图3-110 计算有价证券的应计利息

图3-111 计算线性折旧值

（4）信息函数。

使用信息函数可以观察和处理工作表中有关单元格的格式、内容，有关当前操作环境及数字类型等信息。

【例3-9】 TYPE函数：使用该函数可返回单元格中数据类型的数字，如单元格中数据为数字型时返回"1"，文本型返回"2"，逻辑值返回"4"，误差值返回"16"，数组返回"64"。

格式：TYPE(value)

其中，value可以为任意Excel数值、单元格引用或数组常量。

例如，在A8单元格中输入"我爱中华"，然后在A10~A12单元格中分别输入公式：

=TYPE(A8)

=TYPE(A8+2)

=TYPE(A8&"Excel 2003")

即可得到图 3-112 所示的结果。其中公式"=TYPE(A8+2)"检查返回错误值#VALUE!的公式类型；公式"=TYPE(A8&"Excel 2003")"检查"我爱中华 Excel 2003"的类型。

7. 统计函数

使用统计函数可以帮助用户处理一些简单的问题，如计算平均值、返回几何平均值及估算方差等。

【例 3-10】 AVERAGE 函数：使用该函数可以返回其参数的平均值。

格式：AVERAGE(number1,number2…)

其中，number1,number2…为需要计算平均值的 1～30 的参数。参数可以是数字，也可以是包含数字的名称、数组或引用。如果数组或引用参数包含文本、逻辑值或空白单元格，则这些值将被忽略，但包含零值的单元格将计算在内。

例如，B2:G2 自动作为参数出现在 Number1 文本框内，这不是所需区域，需要进行调整，单击 Number1 文本框后面的"区域选择"按钮，重新选取，用鼠标选取 B2:F2，如图 3-113 所示，单击"输入"按钮即可。

图 3-112 计算单元格数据类型

图 3-113 重新选择参数区域

【例 3-11】 COUNT 函数：使用该函数可以计算参数列表中的数字个数。

格式：COUNT(value1,value2…)

其中，value1,value2…为包含或引用各种类型数据的参数（1～30），包含数字、日期或以文本代表的数字计算在内，但只有数字类型的数据才被计算，错误值或其他无法转换成数字的文字将被忽略。如果参数是一个数组或引用，那么只统计数组或引用中的数字，数组或引用中的空白单元格、逻辑值、文字或错误值都将被忽略。如果要统计逻辑值、文字或错误值，可使用函数 COUNTA，其语法与 COUNT 相同。

例如，在 B8～G8 单元格中输入如图 3-114 所示的内容，然后分别在 B9～D9 单元格中输入公式：

=COUNT(B8:G8)

=COUNT(D8:G8)

=COUNT(B8:G8,2)

按【Enter】键确认后，即可得到图 3-115 所示的结果。

图 3-114 输入工作表内容

图 3-115 返回数字个数

8．输入函数

如果要在工作表中使用函数，那么首先要输入函数。输入函数与输入公式的过程类似，函数的输入可以采用手工和函数向导两种方法来实现。如果能记住函数的名称、参数和作用，直接在单元格中手工输入函数是最快捷的方法。如果不能确定函数的拼写或者参数，可以使用函数向导输入。

（1）手工输入。

对于一些比较简单的函数，可以采用手工输入法。手工输入函数的方法与在单元格中输入公式的方法相同，先在编辑栏中输入等号"＝"，然后直接输入函数即可。

例如，要求工作表中 A1～A5 单元格中数值的平均值，可在其他任意单元格中输入函数"=AVERAGE(A1:A5)"，然后按【Enter】键即可，如图 3-116 所示。

（2）利用函数向导输入。

如果要输入比较复杂的函数，或者为了避免在输入过程中产生错误，可以通过向导来输入。图 3-117 所示为某班学生的成绩表，在成绩表中的 E9 单元格中输出总分的最高分。

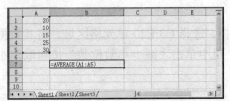

图 3-116　输入函数　　　　　　　　　　　　　图 3-117　成绩表

步骤 01 选择要输入结果的单元格 E9。

步骤 02 在"公式"选项卡的"函数库"选项组中单击"插入函数"按钮，弹出"插入函数"对话框，如图 3-118 所示。

步骤 03 在"选择函数"列表框中选择"MAX"选项，单击"确定"按钮，弹出"函数参数"对话框，如图 3-119 所示。

图 3-118　"插入函数"对话框　　　　　　　　图 3-119　"函数参数"对话框

步骤 04 在"MAX"区域的"Number1"文本框中输入要计算最大值的单元格区域，本例输入"E2:E6"。

步骤 05 输入完成后单击"确定"按钮，即可在 E9 单元格中显示计算结果，如图 3-120 所示。

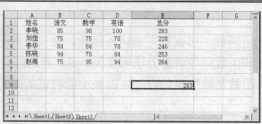

图 3-120　显示计算结果

任务实施

1．福利表的制作

步骤 01 新建一个"员工工资表"工作簿。将"Sheet1"工作表重命名为"福利表"。合并 A1:E1 单元格区域，在 A1 单元格中输入标题文本，将其字体格式设置为"方正大黑简体，20"，在 A2:E2 单元格区域中输入表头数据，将其字体格式设置为"微软雅黑，11，居中"，如图 3-121 所示。

步骤 02 在 A3:E20 单元格区域中输入表格数据，选择 C3:E20 单元格区域，将其数据类型更改为"货币"，并在"开始"选项卡的"数字"组中单击"减少小数位数"按钮取消小数位数，如图 3-122 所示。

图 3-121　输入标题和表头文本

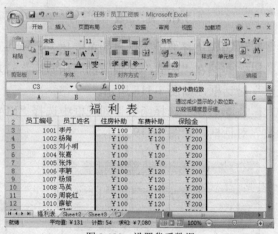

图 3-122　设置货币数据

步骤 03 选择 A1 单元格，将其填充色设置为"水绿色，强调文字颜色 5，淡色 40%，将标题文本颜色设置为白色。选择 A2:E20 单元格区域，在"开始"选项卡的"字体"组中单击"下框线"按钮的下拉按钮，在弹出的下拉菜单中选择"所有框线"命令，为选择的单元格区域设置边框，如图 3-123 所示。

步骤 04 选择 A2:E20 单元格区域并右击，在弹出的快捷菜单中选择"列宽"命令，打开"列宽"对话框，在"列宽"文本框中输入"10"，如图 3-124 所示，单击"确定"按钮为选择的单元格区域应用设置的列宽。

2．考勤表的制作

步骤 01 将"Sheet2"工作表重命名为"考勤表"。合并 A1:G1 单元格区域，在 A1 单元格中输入标题文本，将其字体格式设置为"方正大黑简体，20"，在 A2:G2 单元格区域中输入表头数据，将其字体格式设置为"微软雅黑，11，居中"，如图 3-125 所示。

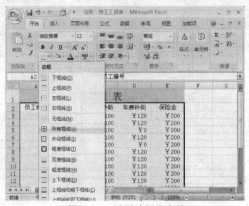

图 3-123　设置边框和底纹

图 3-124　设置列宽

步骤 02 在 A3:F20 单元格区域中输入表格数据。选择 G3:G20 单元格区域，将其数据类型更改为"货币"，如图 3-126 所示。

图 3-125　输入标题和表头文本

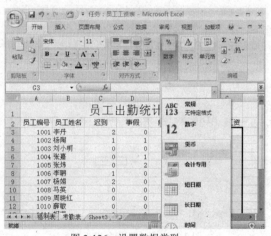

图 3-126　设置数据类型

步骤 03 选择 G3 单元格，在其中输入公式"=C3*10+对*30+E3*15+F3*100"，如图 3-127 所示。按"Enter"键计算出员工的应扣工资。用复制公式的方法计算出其他员工的应扣工资。选择 G3:G20 单元格区域，在"开始"选项卡的"数字"组中单击"减少小数位数"按钮取消小数位数。

步骤 04 选择 A1 单元格，将其填充色设置为"水绿色，强调文字颜色 5，淡色 40%"，将标题文本的字体颜色设置为白色。选择 A2:G20 单元格区域，单击"所有框线"按钮，为选择的单元格区域设置边框，并打开"列宽"对话框，将选择的单元格区域的列宽设置为"10"，如图 3-128 所示。

3．工资表的制作

步骤 01 将"Sheet3"工作表重命名为"工资表"。合并 A1:I1 单元格区域，在 A1 单元格中输入标题文本，将其字体格式设置为"方正大黑简体，20"。在 A2:I2 单元格区域中输入表头数据，将其字体格式设置为"微软雅黑，11，居中"，如图 3-129 所示。

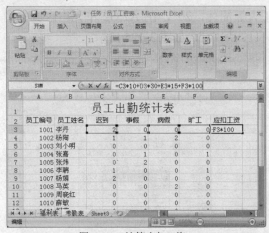

图 3-127　计算应扣工资

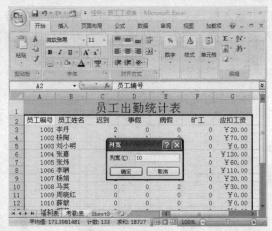

图 3-128　设置列宽

步骤 02 在 A3:B20 单元格区域中输入表格数据。选择 C3:I20 单元格区域，将其数据类型更改为"货币"，如图 3-130 所示，并在"开始"选项卡的"数字"组中单击"减少小数位数"按钮两次取消小数位数。

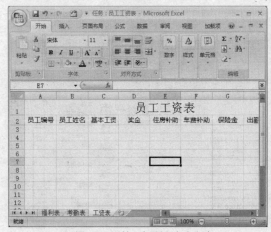

图 3-129　输入标题和表头文本

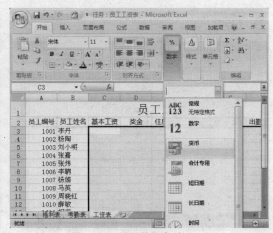

图 3-130　设置数据类型

步骤 03 在 C3:D20 单元格区域中输入基本工资和奖金数据。选择 G3 单元格，在其中输入公式"=VLOOKUP（A3，福利表！\$A\$3:\$E\$20,3，FALSE）"，如图 3-131 所示。按"Enter"键获取员工的住房补助工资，用复制公式的方法获取其他员工的住房补助工资。

步骤 04 用相同的方法获取员工的车费补助、保险金以及出勤扣款，其具体使用的公式分别是"=VLOOKUP（A3，福利表！\$A\$3:\$E\$20,4，FALSE）"、"=VLOOKUP（A3，福利表！\$A\$3:\$E\$20,5，FALSE）"，如图 3-132 所示。

步骤 05 选择 I3 单元格，在其中输入公式"=C3+D3+E3+F3+G3-H3"，如图 3-133 所示。按"Enter"键计算出员工的应发金额，用复制公式的方法计算出其他员工的应发金额。

步骤 06 选择 A1 单元格，将其填充色设置为"水绿色，强调文字颜色 5，淡色 40%"，将标题文本的字体颜色设置为白色。选择 A2:I20 单元格区域，单击"所有框线"按钮，为选择的单元格区域设置边框，并打开"列宽"对话框，将选择的单元格区域的列宽设置为"13"，如图 3-134 所示。

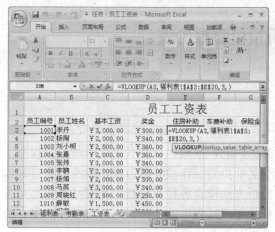

图 3-131 获取住房补助

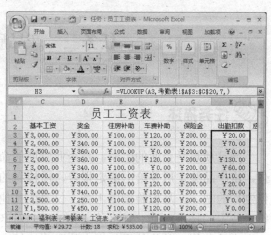

图 3-132 获取其他数据

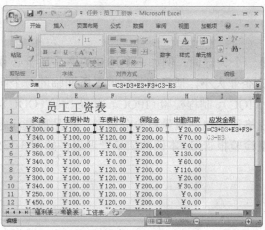

图 3-133 计算应发金额

图 3-134 设置列宽

技巧：VLOOKUP()函数

利用 VLOOKUP()函数可以返回数据表或者数据范围，放弃那行中指定列位置的数值，其语法结构为 VLOOKUP(lookup_value,table_array,col_index_num,range_lookup)。其中，lookup_value 参数用于指定在数据范围的第一列中需要查找的数据；table_array 参数用于指定数据查找的范围；col_index_num 参数用于指定 table_array 中待返回的匹配值的列标索引编号，如输入 3 表示返回第 3 列；range_lookup 参数为逻辑值，用于指定 VLOOKUP 函数在查找时是精确匹配，还是近似匹配，当参数值为 TRUE 或省略，则返回精确匹配值或近似匹配值，当参数值为 FALSE，VLOOKUP 将只查找精确匹配值。

 任务总结

张科长使用公式与函数处理数据表即完整又快捷。Excel 函数的应用给我们的工作带来了极大的便利，让工作人员从繁重的数字劳动中解脱出来。通过本任务的学习，读者不仅掌握了函数的应用，同时还掌握了其他常用函数的使用。

任务三　产品质量检验报告表

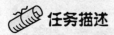 **任务描述**

产品质量是企业的生命，是企业发展的命脉。因此，质检科承担着企业产品质量检测工作，将产品鉴定后并给出鉴定报告，质检科的李老师负责制作检验报告表，让我们看看是如何制作的吧。产品检验指用工具、仪器或其他分析方法检查各种原材料、半成品、成品是否符合特定的技术标准、规格的工作过程，对产品或工序过程中的实体、进行度量、测量、检查和实验分析，并将结果与规定值进行比较和确定是否合格所进行的活动。

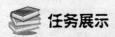 **任务展示**

"质量"这个词对任何企业来说，应该都是一个关键词。例如，制造业的产品质量必须合格；服务业质量必须优良等。各行各业，无论企业大小，质量都是管理者所面临的一个问题。质量管理一般分为 5 部分，分别为来料检验（IQC）、制程检验（IPQC）、出货检验（OQC）、品质工程（QE）、品质体系（QS）。质量管理表格通常包括质量检验分析表、产品质量问题分析表、产品品质管理表、售后服务报告单、质量检验报告等。本例的质量管理表格如图 3-135 所示。

 **完成思路**

1．质量检验

质量检验就是对产品的一项或多项质量特性进行观察、测量、试验，并将结果与规定的质量要求进行比较，以判断每项质量特性合格与否的一种活动。

2．质量检验内容分析

在竞争激烈的经济形势下，产品质量是企业的生命，也是企业与对手竞争市场的一个重要筹码。建立完善的质量体系必须依赖于生产，而生产过程则是保证产品质量的关键。

（1）质量检验就是对产品的一项或多项质量特性进行观察、测量、试验，并将结果与规定的质量要求进行比较，以判断每项质量特性合格与否的一种活动。

（2）合格品管理不仅是质量检验，也是整个质量管理工作的重要内容。本例中制作的"产品质量检验报告表"的主要内容包括产品编号、名称、生产数量、生产单位、抽检数量、不合格数、不合格率以及评级等。

（3）在本例中，假设当不合格率小于等于 2%时，产品评定的等级为"A 级"；当不合格率小于或等于 3.5%时，产品评定的等级为"B 级"；当不合格率小于等于 5%时，产品评定的等级为"C 级"；当不合格率大于 5%时，产品评定的等级为"D 级"。为了更直观地查看和分析指定产品的不合格率，在本例中创建了相应的不合格率数据图表。

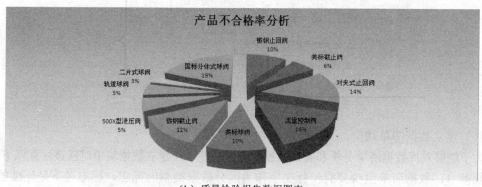

凯越阀门制造有限公司产品质量检验报告表

填表日期：2009-8-22

产品编号	名称	生产数量	生产单位	抽检数量	不合格数	不合格率	评级
ZH007	锻钢止回阀	4687	一车间第二生产线	580	22	3.79%	C级
J005	美标截止阀	4321	一车间第三生产线	520	12	2.31%	B级
ZH006	对夹式止回阀	3894	一车间第三生产线	480	25	5.21%	D级
K002	流量控制阀	4201	二车间第一生产线	520	32	6.15%	D级
S002	美标球阀	4601	二车间第二生产线	560	22	3.93%	C级
J008	锻钢截止阀	4289	三车间第一生产线	520	25	4.81%	C级
XH001	500X型泄压阀	5012	三车间第二生产线	620	13	2.10%	B级
S003	轨道球阀	4598	四车间第一生产线	560	10	1.79%	A级
SP002	二片式球阀	4001	四车间第二生产线	500	5	1.00%	A级
S008	国标分体式球阀	3521	四车间第三生产线	440	32	7.27%	D级

（a）质量检验报告数据筛选

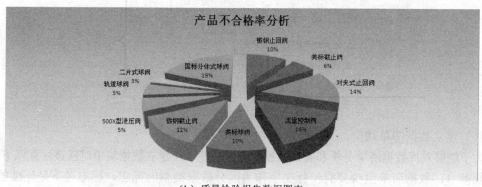

产品不合格率分析

（b）质量检验报告数据图表

凯越阀门制造有限公司产品质量检验报告表

填表日期：2009-8-22

产品编号	名称	生产数量	生产单位	抽检数量	不合格数	不合格率	评级
Z004	美标闸阀	4854	一车间第一生产线	600	12	0.02	A级
K003	蒸汽减压阀	4765	一车间第一生产线	580	10	0.017241379	A级
SP001	一片式球阀	4561	四车间第一生产线	560	9	0.016071429	A级
S003	轨道球阀	4598	四车间第一生产线	560	10	0.017857143	A级
SP002	二片式球阀	4001	四车间第二生产线	500	5	0.01	A级
					5		A级 计数
J005	美标截止阀	4321	一车间第三生产线	520	12	0.023076923	B级
ZH003	美标止回阀	4892	二车间第二生产线	600	21	0.035	B级
XH001	500X型泄压阀	5012	三车间第二生产线	620	13	0.020967742	B级
K008	水力电动控制阀	4756	二车间第三生产线	580	15	0.025862069	B级
					4		B级 计数
ZH007	锻钢止回阀	4687	一车间第二生产线	580	22	0.037931034	C级
J008	锻钢截止阀	4289	三车间第一生产线	520	25	0.048076923	C级
S001	偏心半球阀	3975	二车间第一生产线	480	24	0.05	C级
S002	美标球阀	4601	二车间第二生产线	560	22	0.039285714	C级
					4		C级 计数
ZH006	对夹式止回阀	3894	一车间第三生产线	480	25	0.052083333	D级
S008	国标分体式球阀	3521	四车间第三生产线	440	32	0.072727273	D级
Z002	软密封闸阀	4123	三车间第一生产线	500	37	0.074	D级
D005	软密封蝶阀	3987	四车间第一生产线	480	31	0.064583333	D级
K002	流量控制阀	4201	二车间第一生产线	520	32	0.061538462	D级
					5		D级 计数
					18		总计数

（c）质量检验报告数据分类汇总

图 3-135　"凯越阀门制造有限公司产品质量检验报告表"样表展示

3．制作流程简述

产品质量检验报告表的制作按文本结构分为质量检验报告表制作、产品不合格率图表制作、产品不合格计数汇总制作 3 个部分，具体制作过程如图 3-136 所示。

　相关知识

1．数据清单

所谓数据清单，就是包含有关数据的一系列工作表数据行。它具备数据库的多种管理功能，是 Excel 中常用的工具。数据清单中的行相当于数据库中的记录，行标题相当于记录名。数据清单中的列相当于数据库中的字段，列标题相当于数据库中的字段名称。

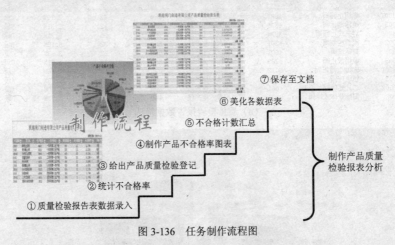

图 3-136　任务制作流程图

（1）建立数据清单规则。

为了能够发挥数据清单分析和管理数据的强大功能，在建立数据清单时应该注意以下 5 点。

规则 1：数据清单至少要有一行文字作为区分数据类型的标志，标志之下是连续的表格数据区。

规则 2：清单中同一列各个单元格内容的性质都相同，是文本均为文本格式，是数值则均为数值格式。

规则 3：Excel 通过空白行与列将数据清单与工作表中的其他部分区分开来。当选定此范围内的任意单元格时，Excel 自动为数据清单定义范围。

规则 4：尽管 Excel 允许在一张工作表中建立多个数据清单，但为了清晰明了，最好在一张工作表中仅建立一个数据清单。

规则 5：在单元格的开始处不要插入多余的空格。

（2）建立数据清单。

数据清单至少要有一行文字作为标题行，在标题行的下面是连续的表格数据区，这是数据清单与普通表格的不同之处。使用数据清单，可以方便地实现数据添加、删除、排序、筛选、分类汇总以及一些分析操作。图 3-137 所示为一个典型的数据清单，其中，数据清单的第一行为字段名称，其余每一列均为字段，每一行均为记录。

	A	B	C	D
1	姓名	性别	民族	出生年月
2	刘丹	女	汉	1980-2-17
3	王海昆	男	汉	1981-5-21
4	张鹰	男	汉	1985-10-1
5	李浩南	男	新疆	1982-8-15
6	吴蓝蓝	女	内蒙	1983-11-5
7	万方	女	汉	1984-9-10

图 3-137　数据清单

在工作表中创建数据清单的具体操作步骤如下。

步骤 01 选定当前工作簿中的某个工作表用于创建数据清单。

步骤 02 在要创建数据清单的单元格区域的第一行输入各列的标题名，如"姓名"、"性别"、"民族"、"出生年月"等。

步骤 03 在各列标题下方的单元格区域中输入数据内容，如学生姓名、性别、出生年月等。

步骤 04 设置标题名称和字段名称的表格边框、字体格式等，然后保存数据清单。

2．数据排序

数据排序是按照一定的规则对数据进行整理和重新排列，从而为数据的进一步处理做好准备。Excel 2007 为用户提供多种数据清单的排序方法，允许按一列、多列和行进行排序，也允许用户自己定义的规则进行排序。

（1）常规排序。

按常规排序可以将数据清单中的列标记作为关键字进行排序，其具体操作步骤如下。

步骤 01 选中要进行排序的列中的任意一个单元格。

步骤 02 在"开始"选项卡的"编辑"选项区中单击"排序和筛选"按钮，弹出其下拉菜单，如图 3-138 所示。

步骤 03 选择"升序"或"降序"命令，会弹出图 3-139 所示的提示框，提示用户是否调整选中字母列对应的数据。

图 3-138 排序和筛选下拉菜单　　　　　　　图 3-139 提示框

步骤 04 单击"排序"按钮，则可按照所选排序方式进行排序。

（2）多列排序。

多列排序的具体操作步骤如下。

步骤 01 选择单元格区域中的一列数据，或者确保活动单元格在表列中。

步骤 02 在"开始"选项卡的"编辑"组中单击"排序和筛选"按钮，在弹出的菜单中选择"自定义排序"命令，弹出"排序"对话框，如图 3-140 所示。

步骤 03 在该对话框中设置排序的主要关键字、排序依据以及排序次序等参数，单击"确定"按钮，完成排序操作。图 3-141 所示为按出生年月先后进行排序的效果。

图 3-140 "排序"对话框　　　　　　　　图 3-141 按出生年月先后排序

3．数据筛选

筛选数据可显示满足指定条件的行，并隐藏不希望显示的行。筛选数据之后，对于筛选过的数据子集，不用重新排列或移动就可以复制、查找、编辑、设置格式、制作图表或打印。Excel 2007 提供了两种筛选数据的方法，即自动筛选和高级筛选。使用自动筛选可以创建按列表值、按格式和按条件 3 种筛选类型。

（1）自动筛选。

自动筛选是按照选定的内容进行筛选，适用于简单条件。它为用户提供在大量数据记录的数据清单中快速查找符合条件记录的功能。自动筛选一次只能对工作表中的一个区域应用筛选。如果用户要在其他数据清单中使用筛选，则需要删除本次筛选后，才可以在其他数据清单中重新进行筛选。

自动筛选的具体操作步骤如下。

步骤 01 选定要筛选的数据清单中的任意一个单元格，打开"数据"选项卡，在"排序和筛选"组中单击"筛选"按钮，即可看到每列旁边有一个下三角按钮，如图 3-142 所示。

图 3-142　显示下三角按钮

步骤 02 选中 H 列，单击其下三角按钮，弹出图 3-143 所示的下拉菜单。

步骤 03 在该下拉菜单中选择"数字筛选"中的"自定义筛选"命令，弹出"自定义自动筛选方式"对话框，在该对话框中选择筛选条件，如图 3-144 所示。

步骤 04 单击"确定"按钮，筛选结果如图 3-145 所示。

图 3-143　下拉菜单

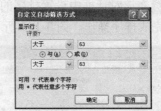

图 3-144　"自定义自动筛选方式"对话框

图 3-145　筛选结果

（2）高级筛选。

如果要通过复杂的条件来筛选单元格区域，就要使用高级筛选命令。高级筛选的具体操作步骤如下。

步骤 01 在可用做条件区域的区域上方插入至少 3 个空白行。条件区域必须具有列标签，确保在条件值与区域之间至少留有一个空白行，如图 3-146 所示。

	评委1	评委2	评委3	评委4	评委5	评委6	评委7	评委8	评委9	评委10	最低分	最高分	平均分	名次
	45	78	98	87	68	58	98	98	78	68	45	98	79.125	4
	98	78	96	95	94	91	92	93	95	99	78	99	94.25	1
	89	89	25	68	78	65	46	95	26	85	25	95	68.25	7
	52	95	55	66	56	85	89	63	69	74	52	95	69.625	6
	98	55	89	56	58	56	23	56	88	23	98	64.25	9	
	78	96	98	91	92	94	93	94	99	95	78	99	94.125	2
	85	65	89	76	69	83	65	75	85	64	64	89	75.375	5
	55	68	67	76	64	75	63	55	74	68	55	76	66.75	8
	95	87	82	94	82	85	79	96	89	83	80	96	87	3

图 3-146　插入空白行

步骤 02 在列标签下面的行中输入所要匹配的筛选条件，如图 3-147 所示。

					最低分 >60									
选手编号	评委1	评委2	评委3	评委4	评委5	评委6	评委7	评委8	评委9	评委10	最低分	最高分	平均分	名次
1	45	78	98	87	68	58	98	98	78	68	45	98	79.125	4
2	98	78	96	95	94	91	92	93	95	99	78	99	94.25	1
3	89	89	25	68	78	65	46	95	26	85	25	95	68.25	7
4	52	95	55	66	56	85	89	63	69	74	52	95	69.625	6
5	98	55	89	56	58	56	23	56	88	23	98	64.25	9	
6	78	96	98	91	92	94	93	94	99	95	78	99	94.125	2
7	85	65	89	76	69	83	65	75	85	64	64	89	75.375	5
8	55	68	67	76	64	75	63	55	74	68	55	76	66.75	8
9	95	87	82	94	82	85	79	96	89	83	80	96	87	3

图 3-147　输入筛选条件

步骤 03 打开"数据"选项卡，在"排序和筛选"组中单击"高级"按钮，弹出"高级筛选"对话框，如图 3-148 所示。

步骤 04 在"方式"组中选择筛选结果显示的位置。如果选中"在原有区域显示筛选结果"单选按钮，结果将在原数据清单位置显示；如果选中"将筛选结果复制到其他位置"单选按钮，并在"复制到"文本框中选定要复制到的区域，筛选后的结果将显示在其他区域，其结果与原工作表并存。

步骤 05 在"列表区域"文本框中输入要筛选的区域，也可以用鼠标直接在工作表中选定。在"条件区域"文本框中输入筛选条件的区域。

步骤 06 如果要筛选重复的记录，则选中"选择不重复的记录"复选框。

步骤 07 单击"确定"按钮，筛选后的结果将显示在工作表中，如图 3-149 所示。

图 3-148　"高级筛选"对话框

图 3-149　筛选结果

4．分类汇总

分类汇总是分析数据库中数据的一个有力工具，它可以自动计算数据清单中的分类汇总和总计算。如果要插入分类汇总，就必须先对要分类汇总的数据字段进行排序。

（1）简单分类汇总。

在插入分类汇总前要确保分类汇总的数据为数据清单的格式：第一行的每一列都有标志，并且同一列中应包含相似的数据，在数据清单中不应有空行或空列。插入分类汇总的具体操作步骤如下。

步骤 01 选定要分类汇总的工作表中的任意单元格，如图 3-150 所示。

步骤 02 排序要分类汇总的列表。在“数据”选项卡中的“排序和筛选”选项区中单击“排序”按钮，弹出“排序”对话框，在该对话框中设置图 3-151 所示的参数。

	A	B	C	D	E	F
1	序号	类别	书名	作者	印册	定价（元）
2	1	哲学	邓小平理论原理	杨红雨	5000	28
3	2	计算机	计算机网络原理及维护	吕林	4020	32.5
4	3	文学	小说技巧	刘军	10100	17
5	4	计算机	C++程序设计精通	刘利	2000	36
6	5	文学	雾都孤儿	狄更斯（英）	5000	19.8
7	6	计算机	新编计算机操作教程	刘红刚	760	16
8	7	英语	英语语法无敌宝典	李慧	6005	18
9	8	文学	跟我学应用写作	秦言	4000	28
10	9	英语	电子商务专业英语	李小月	2500	23.5
11	10	计算机	计算机公共基础	张瑶	1500	22
12	11	英语	计算机专业英语	马勇	4000	24
13	12	英语	英语导游手册	王家卫	4500	31
14	13	哲学	马克思主义哲学	赵家常	4500	16
15						

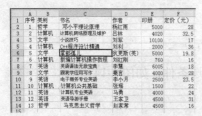

图 3-150　选定单元格

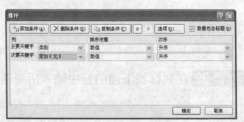

图 3-151　设置排序参数

步骤 03 单击“确定”按钮，排序后的列表如图 3-152 所示。

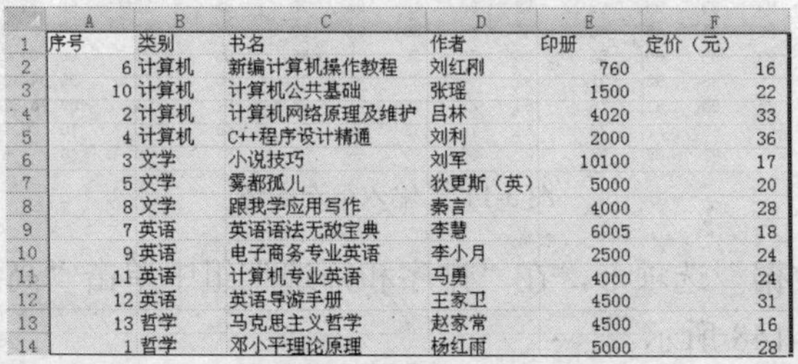

	A	B	C	D	E	F
1	序号	类别	书名	作者	印册	定价（元）
2	6	计算机	新编计算机操作教程	刘红刚	760	16
3	10	计算机	计算机公共基础	张瑶	1500	22
4	2	计算机	计算机网络原理及维护	吕林	4020	33
5	4	计算机	C++程序设计精通	刘利	2000	36
6	3	文学	小说技巧	刘军	10100	17
7	5	文学	雾都孤儿	狄更斯（英）	5000	20
8	8	文学	跟我学应用写作	秦言	4000	28
9	7	英语	英语语法无敌宝典	李慧	6005	18
10	9	英语	电子商务专业英语	李小月	2500	24
11	11	英语	计算机专业英语	马勇	4000	24
12	12	英语	英语导游手册	王家卫	4500	31
13	13	哲学	马克思主义哲学	赵家常	4500	16
14	1	哲学	邓小平理论原理	杨红雨	5000	28

图 3-152　排序后的列表

步骤 04 在“数据”选项卡的“排序和筛选”选项区中单击“分类汇总”按钮，弹出“分类汇总”对话框，在该对话框中设置参数如图 3-153 所示。

步骤 05 单击“确定”按钮，分类汇总后的表格如图 3-154 所示。

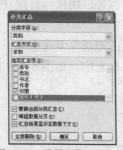

图 3-153　设置分类汇总参数

	A	B	C	D	E	F
1	序号	类别	书名	作者	印册	定价（元）
2	6	计算机	新编计算机操作教程	刘红刚	760	16
3	10	计算机	计算机公共基础	张瑶	1500	22
4	2	计算机	计算机网络原理及维护	吕林	4020	33
5	4	计算机	C++程序设计精通	刘利	2000	36
6		计算机 汇总			8280	
7	3	文学	小说技巧	刘军	10100	17
8	5	文学	雾都孤儿	狄更斯（英）	5000	20
9	8	文学	跟我学应用写作	秦言	4000	28
10		文学 汇总			19100	
11	7	英语	英语语法无敌宝典	李慧	6005	18
12	9	英语	电子商务专业英语	李小月	2500	24
13	11	英语	计算机专业英语	马勇	4000	24
14	12	英语	英语导游手册	王家卫	4500	31
15		英语 汇总			17005	
16	13	哲学	马克思主义哲学	赵家常	4500	16
17	1	哲学	邓小平理论原理	杨红雨	5000	28
18		哲学 汇总			9500	
19		总计			53885	
20						

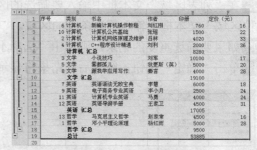

图 3-154　分类汇总后的表格

为数据清单添加自动分类汇总时，Excel 自动将数据清单分级显示（在工作表左侧出现分级显示符号 1 2 3），以便用户根据需要查看其结构。例如，只显示分类汇总和总计的汇总，可单击行数值旁的分级显示符号 1 2 3 中的符号 2，如图 3-155 所示。或者单击 + 和 - 符号来显示或隐藏单个分类汇总的明细数据行。

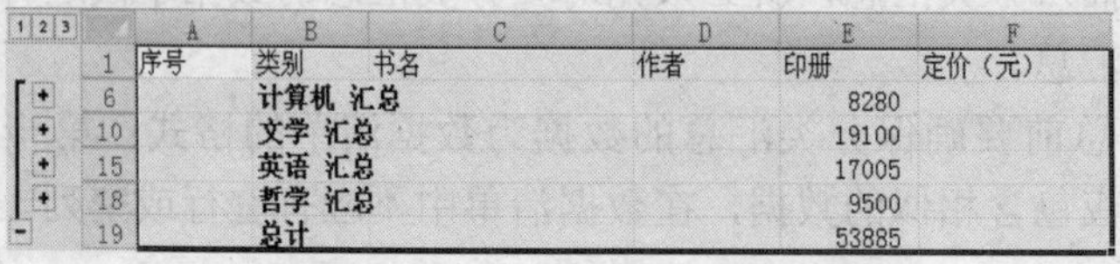

	A	B	C	D	E	F
1	序号	类别	书名	作者	印册	定价（元）
6		计算机 汇总			8280	
10		文学 汇总			19100	
15		英语 汇总			17005	
18		哲学 汇总			9500	
19		总计			53885	

图 3-155　显示分类汇总和总计汇总

（2）嵌套分类汇总。

所谓嵌套分类汇总，是指将更小分组的分类汇总插入现有的分类汇总组中，其操作步骤如下。

步骤 01 打开一个数据清单，单击数据清单中的任意单元格。

步骤 02 在"数据"选项卡的"排序和筛选"选项区中单击"分类汇总"按钮，弹出"分类汇总"对话框。在"分类字段"下拉列表中选择要分类汇总的列，这里选择"类别"选项；在"汇总方式"下拉列表中选择所需的用于计算分类汇总的汇总函数，这里选择"求和"选项；在"选定汇总项"下拉列表中选中进行分类汇总的复选框，这里选中"定价"复选框。

步骤 03 在插入嵌套分类汇总时，为防止覆盖已存在的分类汇总，可取消选中"替换当前分类汇总"复选框，如图 3-156 所示。

步骤 04 设置完成后，单击"确定"按钮，效果如图 3-157 所示。

图 3-156 设置分类汇总参数

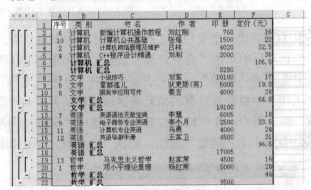

图 3-157 嵌套分类汇总

（3）清除分类汇总。

进行分类汇总后，要恢复到汇总之前的状态时，可执行如下操作步骤。

步骤 01 选中要取消分类汇总数据清单中的任意单元格。

步骤 02 在"数据"选项卡的"排序和筛选"选项区中单击"分类汇总"按钮，弹出"分类汇总"对话框。

步骤 03 在该对话框中单击"全部删除"按钮即可。

5. 数据合并计算

如果数据分别存储在多张工作表中，且每张工作表中的数据都很多，那么将所有数据复制到同一张工作表中进行计算可能会很麻烦，数据量也比较大。应用 Excel 2007 提供的合并计算功能可以很方便地完成该操作。合并计算的具体操作步骤如下。

步骤 01 打开存储数据的所有工作表，然后在要合并计算的工作表中单击选择一个单元格。

步骤 02 在"数据"选项卡的"数据工具"选项区中单击"合并计算"按钮，弹出图 3-158 所示的"合并计算"对话框。

步骤 03 在"函数"下拉列表框中可以设置合并计算的类型，包括"求和"、"计数"、"方差"等；然后将光标置于"引用位置"文本框中，在第一张工作表中选择要合并计算数据的所有单元格，返回"合并计算"对话框后单击"添加"按钮，完成第一组数据的添加，并在"所有引用位置"列表框中显示；再按照同样的方法把其他工作表中的数据单元格添加到"所有引用位置"列表框中。

步骤 04 如果在所选择的数据单元格中包含标题，则在"标签位置"栏中选择相应的选项。如果选择了标签，则对所有的数据按照类别进行合并计算；如果没有选择标签，则只能按照位置进行合并计算。

步骤 05 如果想使合并计算的结果随时可以更新，则选中"创建指向源数据的链接"复选框。

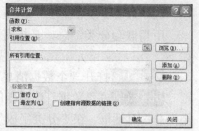

图 3-158 "合并计算"对话框

步骤 06 设置完成后单击"确定"按钮，完成合并计算。

【例 3-10】 要将图 3-159 所示的两张工作表中的数据合并到一个空白的工作表中，其操作步骤如下。

图 3-159 合并计算工作表

步骤 01 新建一个空白的工作表，单击选中其 A1 单元格，然后在"数据"选项卡的"数据工具"选项区中单击"合并计算"按钮，弹出图 3-160 所示的"合并计算"对话框。

步骤 02 在"函数"下拉列表框中选择"求和"选项，在"引用位置"文本框中逐次输入两张工作表中要合并数据的单元格区域地址，并单击"添加"按钮，将其添加到"所有引用位置"列表框中；在"标签位置"栏中选中"创建指向源数据的链接"复选框。

步骤 03 单击"确定"按钮，完成合并计算，结果如图 3-161 所示。

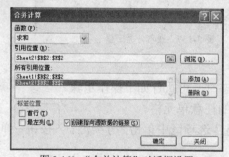

图 3-160 "合并计算"对话框设置

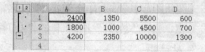

图 3-161 合并计算结果

从图 3-161 中可以看到，两张工作表按照字段的类别进行了合并计算，并用分级显示方式给出了原来单元格数据的链接，以备随时更新。

6. 数据图表

（1）图表概述。

图表是由工作表中的数据生成的，它能形象地反映出数据的对比关系及趋势，可以将抽象的数据形象化。当工作表中的数据源发生变化时，图表中对应的数据也将自动更新。

在 Excel 2007 中，只需选择图表类型、图表布局和图表样式（所有这些选项均位于 Excel 2007 功能区上，用户可以轻松地对其进行访问），便可在每次创建图表时获得专业效果。还可以将喜欢的图表作为图表模板保存，以便以后使用。

（2）图表类型。

Excel 2007 提供了多种类型的图表，如柱形图、条形图、饼图、折线图、XY（散点）图、面积图、圆环图、曲面图、股价图、气泡图、圆锥图和圆柱图等。选用什么样的图表类型要依据具体情况进行分析，正确选用才能达到预期的目的。若选用饼图来表现中考成绩这样的工作表，就很难将数据表述清楚；若用股市图来表述，就更难以将数据表述清楚，甚至无法表述。下面简单介绍几种图表类型。

① 柱形图。

柱形图用于显示一段时间内的数据变化或各项之间的比较情况。在柱形图中，通常沿水平轴组织类别，沿垂直轴组织数值。

柱形图的子类型包括簇状柱形图、堆积柱形图、百分比柱形图、三维柱形图等。柱形图又称直方图，是最常用的图表类型。

② 折线图。

折线图可以显示随时间而变化的连续数据，因此非常适用于显示在相等时间间隔下数据的趋势。在折线图中，类别数据沿水平轴均匀分布，值数据沿垂直轴均匀分布。

如果分类标签是文本并且代表均匀分布的数值（如月、季度或财政年度），则应该使用折线图。当有多个系列时，尤其适合使用折线图，而对于一个系列，应该考虑使用类别图。如果有几个均匀分布的数值标签（尤其是年），也应该使用折线图。如果拥有的数值标签多于10个，请改用散点图。

③ 饼图。

仅排列在工作表的一列或一行中的数据可以绘制到饼图中。饼图显示一个数据系列中各项的大小与各项总和的比例。饼图中的数据点显示为整个饼图的百分比。

④ 条形图。

条形图显示各个项目之间的比较情况。使用条形图的情况有两种：一是轴标签过长，二是显示的数值是持续型的。

⑤ 面积图。

面积图强调数量随时间而变化的程度，也可用于引起人们对总值趋势的注意。例如，表示随时间而变化的利润的数据可以绘制在面积图中，以强调总利润。通过显示所绘制的值的总和，面积图还可以显示部分与整体的关系。

⑥ 股价图。

以特定顺序排列在工作表的列或行中的数据可以绘制到股价图中。顾名思义，股价图经常用来显示股价的波动。然而，这种图表也可用于科学数据。例如，可以使用股价图来显示每天或每年温度的波动。必须按正确的顺序组织数据才能创建股价图。

股价图数据在工作表中的组织方式非常重要。例如，要创建一个简单的盘高—盘低—收盘股价图，应根据盘高、盘低和收盘次序输入的列标题来排列数据。

（3）图表的组成元素。

一般的图表主要包括图表区、绘图区、例图项、背景、图表标题、分类轴、分类轴标题、数轴区、数轴标题区、例图标志等基本元素，如图3-162所示。

（4）创建图表。

图表的创建比较简单，具体操作步骤如下。

步骤01 打开工作表，并选定用于创建图表的数据，如图3-163所示。

步骤02 打开"插入"选项卡，单击"图表"组中的"对话框启动器"按钮，弹出"插入图表"对话框，如图3-164所示。

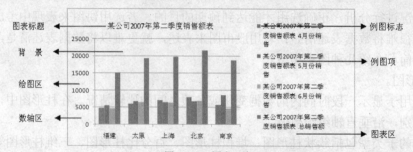

图 3-162　图表元素

图 3-163　选定数据

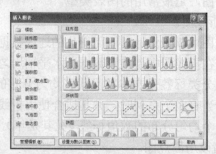

图 3-164　"插入图表"对话框

步骤 03 在对话框中选择图表的类型，如选择饼图中的"分离型饼图"，单击"确定"按钮，即可创建分离型饼图图表，如图 3-165 所示。

图 3-165　创建图表效果

（5）编辑图表。

创建好图表后，还可以对图表的类型、大小、位置等进行设置，以使图表更加符合用户的需要。下面对这些编辑操作进行详细介绍。

① 更改图表类型。

大多数图表是二维图表，可以更改整个图表的图表类型，以赋予其完全不同的外观，也可以为任何单个数据系列更改图表类型，使图表转换为组合图表。对于气泡图和大多数三维图表，只能更改整个图表的图表类型。更改图表类型的具体操作步骤如下。

步骤 01 如果要更改整个图表的图表类型，单击图表的图表区以显示图表工具。如果要更改单个数据系列的图表类型，单击该数据系列。

步骤 02 打开"设计"选项卡，在"类型"组中单击"更改图表类型"按钮，弹出"更改图表类型"对话框，如图 3-166 所示。

步骤 03 在对话框左侧选择图表的类型，在右侧单击要使用的图表子类型；如果用户已经将图表类型另存为模板，单击"模板"按钮，在右侧单击要使用的图表模板即可。

图 3-166　"更改图表类型"对话框

② 更换图表样式。

图表样式与图表布局相同，都关系到图表的外观，用户可根据需要对图表的样式进行更换，以使图表符合用户需求。用户既可以选择系统预设的图表样式，也可以手动对图表的样式进行修改，下面分别对这两种方法进行介绍。

方法一：选择预定义图表样式。

步骤 01 选中要设置样式的图表。

步骤 02 在"图表工具"上下文工具中的"设计"选项卡中，单击"图表样式"选项区中的▼按钮，弹出其下拉列表，如图 3-167 所示。

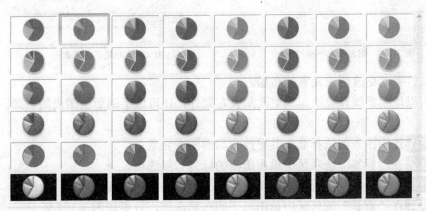

图 3-167　图表样式下拉列表

步骤 03 在该列表中选择要使用的样式，即可更改当前选中图表的样式。

方法二：手动修改图表样式。

步骤 01 单击图表，选中要设置格式的图表元素。

步骤 02 在"图表工具"上下文工具中的"格式"选项卡中，单击"当前所选内容"选项区中的"设置所选内容格式"按钮，弹出对应的对话框，图 3-168 所示为选中绘图区时弹出的"设置绘图区格式"对话框。

步骤 03 在该对话框中设置绘图区的格式。

③ 更改图表布局。

创建图表后，用户可以立即更改它的外观。可以快速将一个预定义布局应用到图表中，而无须手动添加或更改图表元素。Excel 2007 提供了多种预定义布局，用户可以直接从中选择；也可以通过手动更改单个图表元素的布局来进一步自定义布局。

方法一：选择预定义图表布局。

步骤 01 选择要设置格式的图表。

步骤 02 在"图表工具"上下文工具中的"设计"选项卡的"图表布局"选项区中单击 按钮，弹出其下拉列表，如图 3-169 所示。

步骤 03 在该下拉列表中选择要使用的布局样式，即可更改当前图表的布局，如图 3-170 所示。

图 3-168　"设置绘图区格式"对话框

图 3-169　图表布局下拉列表

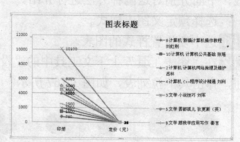

图 3-170　更改布局后的图表

方法二：手动更改图表元素的布局。

除了可以使用系统预设的布局更改图表布局外，还可以手动更改图表的布局，具体操作步骤如下。

步骤 01 选中图表或选择要为其更改布局的图表元素。

步骤 02 在"标签"选项区中单击所需的标签布局选项。

步骤 03 在"坐标轴"选项区中单击所需的坐标轴或网络线选项。

步骤 04 在"背景"选项区中单击所需的布局选项，效果如图 3-171 所示。

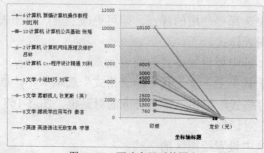

图 3-171　更改布局后的图表

7．数据透视表

（1）数据透视表概述。

使用数据透视表可以深入分析数值数据，它是针对以下用途特别设计的。

① 以多种用户友好方式查询大量数据。

② 对数值数据进行分类汇总和聚合，按照分类和子分类对数据进行汇总，创建自定义计算和公式。

③ 展开或折叠要关注结果的数据级别，查看感兴趣区域摘要数据的明细。

④ 将行移动到列或将列移动到行（或"透视"），以查看源数据的不同汇总。

⑤ 对最有用和最关注的数据子集进行筛选、排序、分组和有条件地设置格式，使用户能够关注所需的信息。

⑥ 提供简明、有吸引力并且带有批注的联机报表或打印报表。

如果要分析相关的汇总值，尤其是在要合计较大的数字列表并对每个数字进行多种比较时，通常使用数据透视表。

（2）数据透视表的组成。

数据透视表由页字段、页字段项、行字段、列字段、数据字段和数据区域等部分组成。各部分的功能如表 3-9 所示。

表 3-9　　　　　　　　　　　　　数据透视表的组成

组成元素	功能
源数据	是为数据透视表提供数据的基础行或数据库记录
字段	是从源列表或数据库中的字段衍生的数据分类
行字段	数据透视表中指示行方向的源数据清单或表单中的字段
列字段	数据透视表中指示列方向的源数据清单或表单中的字段
页字段	数据透视表中指示页方向的源数据清单或表单中的字段
页字段项	源数据库或表格中的每个字段、列条目或数据都称为页字段列表中的一项
数据字段	源数据库、表或数据库中的字段，其中包含在数据透视表或数据透视图报表中汇总的数据。数据字段通常包含数字型数据
数据区域	含有汇总数据的数据透视表中的一部分

（3）创建数据透视表。

在有了大量原始数据以后，就可以建立数据透视表了。当然这些原始数据可以是一个 Excel 工作表，也可以是数据库等。利用"数据透视表向导"创建数据透视表可以按下述操作步骤进行。

步骤 01 如果要用数据清单创建数据透视表，则选中数据清单中的任意一个单元格，如图 3-172 所示。

步骤 02 在"插入"选项卡的"表"选项区中单击"数据透视表"按钮，从弹出的下拉菜单中选择"数据透视表"命令，弹出"创建数据透视表"对话框，如图 3-173 所示。

步骤 03 若要将数据透视表放在新工作表中，并以单元格 A1 为起始位置，可选中"新工作表"单选按钮；若要将数据透视表放在现有工作表中，可选中"现有工作表"单选按钮，然后输入要放置数据透视表的单元格区域的第一个单元格。也可以单击"压缩对话框"按钮 以临时隐藏对话框，在工作表中选择单元格后，再单击"展开对话框"按钮 。此例选中"现有工作表"单选按钮，单击"确定"按钮，即可创建一个空的数据透视表，如图 3-174 所示。

图 3-172　选中数据清单中的单元格

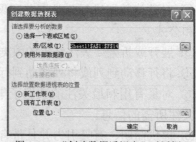
图 3-173　"创建数据透视表"对话框

该数据透视表中显示数据透视表字段列表，以便用户添加字段、创建布局和自定义数据透视表。图 3-175 所示为一个创建好的数据透视表。

图 3-174　空的数据透视表

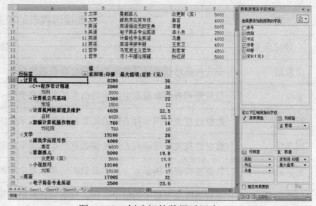
图 3-175　创建好的数据透视表

8．数据透视图

数据透视图以图形形式表示数据透视表中的数据。与数据透视表一样，用户也可以更改数据透视图的布局和显示的数据。数据透视图常有一个相关联的数据透视表。两个报表中的字段相互对应。如果更改了某一报表的某个字段位置，则另一报表中的相应字段位置也会改变。

数据透视图除具有常规 Excel 图表的系列、分类、数据标志和坐标轴外，还有一些特殊的元素，如页字段、数据字段、系列字段、项及分类字段等。

创建数据透视图。

在 Excel 2007 中，可以使用数据透视表创建数据透视图，也可以使用数据透视图向导创建数据透视图。

① 使用数据透视表创建数据透视图。

使用数据透视表创建数据透视图时，首先要确保数据透视表至少有一个行字段可作为数据透视图中的分类字段，有一个列字段可作为数据透视图中的系列字段。其具体操作步骤如下。

步骤01 打开要创建数据透视图的数据透视表，然后隐藏不需要的字段。

步骤02 单击数据透视表区域中的任意单元格。

步骤03 在"数据透视表工具"上下文工具的"选项"选项卡中的"工具"选项区中单击"数据透视图"按钮，弹出"插入图表"对话框，如图 3-176 所示。

步骤04 在该对话框中选择合适的图表样式，单击"确定"按钮，即可在该工作表中创建一个数据透视图，如图 3-177 所示。

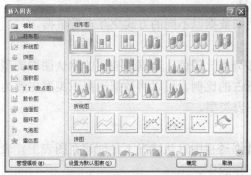

图 3-176　"插入图表"对话框

图 3-177　创建的数据透视图

② 使用数据透视图向导创建数据透视图。

使用数据透视图向导创建数据透视图的操作步骤如下。

步骤01 打开要创建数据透视图的工作表，单击工作表中的任意单元格。

步骤02 在"插入"选项卡的"表"选项区中单击"数据透视表"按钮，从弹出的下拉菜单中选择"数据透视图"命令，弹出"创建数据透视表及数据透视图"对话框，如图 3-178 所示。

步骤03 在"选择放置数据透视表及数据透视图的位置"选项区中选中"现有工作表"单选按钮，并在工作表中选择数据透视图的位置。单击"确定"按钮，即可在工作表中创建一个空白数据透视图，同时打开"数据透视图工具"上下文工具，如图 3-179 所示。

图 3-178　"创建数据透视表及数据透视图"对话框

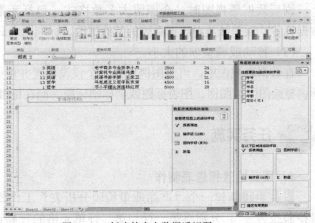

图 3-179　创建的空白数据透视图

步骤04 在"数据透视表字段列表"任务窗格中选中要添加到数据透视图中的字段名，并在"设计"选项卡的"图表样式"选项区中选择图表的样式，即可在工作表中创建数据透视图，如图 3-180 所示。

9. 数据透视图与图表的区别

如果熟悉标准图表，就会发现数据透视图中的大多数操作和标准图表中的一样，但二者之间也存在以下差别。

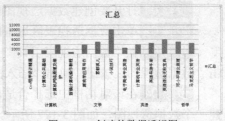

图 3-180　创建的数据透视图

（1）交互。

对于标准图表，用户为要查看的每个数据视图创建一张图表，但它们不交互。而对于数据透视图，只要创建单张图表就可通过更改报表布局或显示的明细数据以不同的方式交互查看数据。

（2）图表类型。

标准图表的默认图表类型为簇状柱形图，它按分类比较值。数据透视图的默认图表类型为堆积柱形图，它比较各个值在整个分类总计中所占的比例。可以将数据透视图类型更改为除 XY 散点图、股价图和气泡图之外的其他任何图表类型。

（3）图表位置。

默认情况下，标准图表是嵌入工作表中，而数据透视图默认情况下是创建在图表工作表中的。数据透视图创建后，还可将其重新定位到工作表中。

（4）源数据。

标准图表可直接链接到工作表单元格中。数据透视图可以基于相关联的数据透视表中的几种不同数据类型。

（5）图表元素。

数据透视图除包含与标准图表相同的元素外，还包括字段和项，可以添加、旋转或删除字段和项来显示数据的不同视图。标准图表中的分类、系列和数据分别对应于数据透视图中的分类字段、系列字段和值字段，而这些字段中都包含项，这些项在标准图表中显示为图例中的分类标签或系列名称。数据透视图中还可包含报表筛选。

（6）格式刷新。

刷新数据透视图时，会保留大多数格式（包括元素、布局和样式），但不保留趋势线、数据标签、误差线及对数据系列的其他更改。标准图表只要应用了这些格式，就不会将其丢失。

（7）移动或调整项的大小。

在数据透视图中，可为图例选择一个预设位置并可更改标题的字体大小，但无法移动或重新调整绘图区、图例、图表标题或坐标轴标题。而在标准图表中，可移动和重新调整这些元素。

 任务实施

1. 质量检验报告表制作

步骤 01 新建一个"产品质量检验分析表"工作簿，将"Sheet1"工作表重命名为"质量检验报告表"。分别将第一行和第二行单元格的行高设置为"45"和"14.25"。合并 A1:H1 和 A2:H2 单元格区域。在 A1 单元格中输入标题文本，将其字体格式设置为"方正大黑简体，20"。在 A2 单元格中输入填表日期数据，将其字体格式设置为"宋体，10，文本右对齐"，如图 3-181 所示。

步骤 02 用鼠标拖动的方法调整第 3 行的行高，以及第 A～H 列单元格的列宽。在 A3:F21

单元格区域中输入相应的表格数据。将 C3:H21 单元格区域的对齐方式设置为居中对齐方式，将 C4:G21 单元格区域的单元格数据类型设置为"百分比"。

步骤 03 选择 G3 单元格，在其中输入"=F4/E4"，按【Enter】键计算出该生产单位生产的产品的不合格率，用复制公式的方法在 G4:G21 单元格区域中计算出其他生产单位生产的产品的不合格率。

图 3-181　输入标题数据

图 3-182　计算不合格率

步骤 04 选择 H3 单元格，在其中输入"=IF(G4<=2%,"A 级",IF(G4<=3.5%,"B 级",IF(G4<=5%,"C 级","D 级")))"，如图 3-183 所示。按"Enter"键判断出该生产单位生产的产品等级，用复制公式的方法在 H4:H21 单元格区域中计算出其他生产单位生产的产品等级。

步骤 05 选择 A3:H21 单元格区域，在"开始"选项卡的"样式"组中单击"套用表格格式"按钮，在弹出的菜单的"中等深浅"区域中选择"表样式中等深浅 6"样式，如图 3-184 所示。在打开的"套用表格式"对话框中选中"表包含标题"复选框，单击"确定"按钮，为选择的单元格区域应用设置的表格样式。

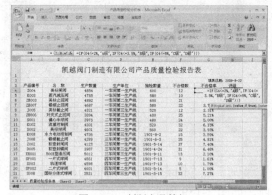
图 3-183　判断产品等级

图 3-184　选择样式

2. 产品不合格率图表的制作

步骤 01 单击 B2 单元格右侧的按钮，在弹出的下拉菜单中取消选择"全选"复选框，分别选中前 10 个复选框，如图 3-185 所示。单击"确定"按钮系统将自动筛选出指定产品名称的相关记录。

步骤 02 按【Ctrl】键的同时选择 B3:B21 和 G3:G21 单元格区域，在"插入"选项卡的

"图表"组中单击"饼图"按钮，在弹出的菜单中的"三维饼图"区域中选择"分离型三维饼图"命令，如图 3-186 所示，系统自动创建一个分离型类型的三维饼图图表。

步骤 03 选择图表，将图表标题修改为"产品不合格率分析"，在"图表工具 设计"选项卡的"位置"组中单击"移动图表"按钮，在打开的"移动图表"对话框中选中"新工作表"单选按钮，在右侧的文本框中输入"产品不合格率图表"，如图 3-187 所示，单击"确定"按钮将图表移动到指定的位置。

步骤 04 选择图表，在"图表工具 格式"选项卡的"大小"组的"高度"数值框中输入"9.16"，在"宽度"数值框中输入"25.78"，调整图表的大小，如图 3-188 所示。

图 3-185　自动筛选数据

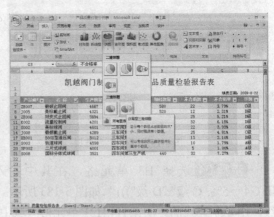

图 3-186　选择图表类型

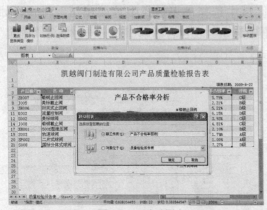

图 3-187　移动图表

图 3-188　调整图表大小

步骤 05 选择图表，在"图表工具 设计"选项卡的"图表布局"组中的列表框中选择需要的图表布局选项，这里选择"布局 1"选项，如图 3-189 所示。

步骤 06 选择图表的绘图区，将绘图区向下移动，在"图表工具 格式"选项卡的"形状样式"组中单击"形状填充"按钮的下拉按钮，在弹出的下拉菜单中选择"渐变"中的"其他渐变"命令。

步骤 07 在打开的"设置图表区格式"对话框的"填充"中选中"渐变填充"单选按钮，在"预设颜色"下拉列表中选择"雨后初晴"选项，如图 3-190 所示，单击"关闭"按钮为图表应用相应的填充效果。

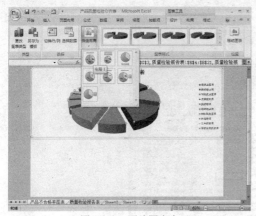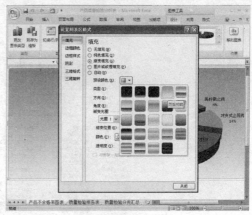

图 3-189　更改图表布局　　　　　图 3-190　设置渐变填充

3. 产品不合格计数汇总

步骤 01 将"Sheet3"重命名为"质量检验分类汇总"。在"质量检验报告表"中选中 A1:H21 单元格区域，右键单击，在弹出的快捷菜单中选择"复制"命令，返回"质量检验分类汇总"表中。右键单击 A1 单元格，在弹出的快捷菜单中选中"选择性粘贴"命令，在弹出的"选择性粘贴"对话框中选中"数值"单选按钮，单击"确定"按钮，即可创建"质量检验分类汇总"表如图 3-191 所示。

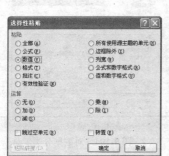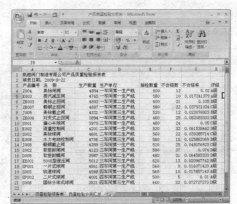

图 3-191　创建"质量检验分类汇总"表

步骤 02 分别将第一行和第二行单元格的行高设置为"45"和"14.25"。合并 A1:H1 和 A2:H2 单元格区域，设置 A1 单元格中字体格式为"方正大黑简体，20"，设置 A2 单元格中字体格式为"宋体，10，文本右对齐"，如图 3-192 所示。

步骤 03 选中 A3:H21 单元格区域，单击"数据"选项的"排序和筛选"选项组中的"排序"按钮，弹出"排序"对话框。选择"主要关键字"右侧的下拉列表中的"评级"选项，单击"确定"按钮，如图 3-193 所示。单击"数据"选项卡的"分级显示"选项组中的"分类汇总"按钮，在弹出的"分类汇总"对话框中，选择"分类字段"选项组中下拉列表中的"评级"选项，"汇总方式"选择"计数"，在"选定汇总项"中选中"生产数量"和"抽检数量"复选框，单击"确定"按钮，如图 3-194 所示。

步骤 04 选中 A3:H26 单元格区域，单击"开始"选项卡的"样式"选项组中的"套用表格格式"命令，在"中等深浅"组中选中"表样式中等深浅 6"，格式设置效果如图 3-195 所示。

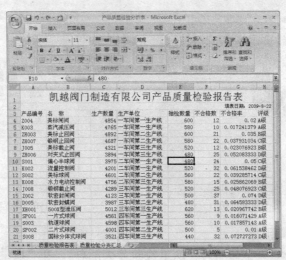

图 3-192 设置标题格式

图 3-193 以"评级"为主关键字排序

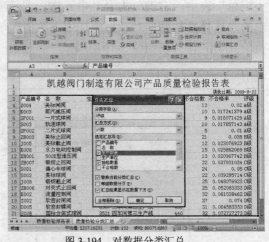

图 3-194 对数据分类汇总

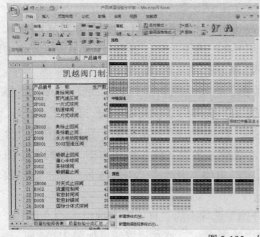

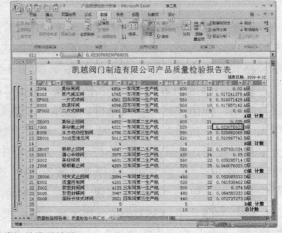

图 3-195 分类汇总设置效果

计算机应用基础项目化教程

— 194 —

任务总结

　　质检科将产品质量检验报告表，利用 Excel 2007 中的数据排序、数据筛选、数据分类汇总等功能进行数据分析，经过美化，将做好的完整的数据表转递给车间，由车间将产品再次制作，以确保企业产品质量。

项目四

速汇办公文稿

任务一　制作单位员工岗位竞聘文稿

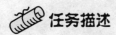 任务描述

销售部的小彭同志参加了企业岗位竞聘大赛，并竞聘成功，让我们跟随他学习一下如何在竞聘过程中取得成功，并学习制作出众的演示文稿。竞聘上岗是市场经济条件下企业发展的产物。"竞"和"聘"是一个问题的两个方面。通过竞争激励机制的实施，充分调动广大干部职工的积极性和创造性，大幅度提高全员劳动生产率。

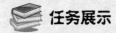 任务展示

竞聘上岗是企业干部选拔的方式之一。员工可以平等参与岗位竞聘，由企业组织考官进行评审，经过一系列测试，以德、才、能、识、体的标准全面衡量选拔员工。本任务制作的"单位员工岗位竞聘"文稿如图4-1所示。

图4-1　"单位员工岗位竞聘"文稿样文

完成思路

1. 岗位竞聘

岗位竞聘是指实行考任制的各级经营管理岗位的一种人员选拔制度，它可用于内部招聘竞聘上岗。公司全体员工不论职务贡献都站在同一起跑线上，重新接受公司的挑选和任用。同时员工可以根据自身特点与岗位要求，提出自己的选择要求。

2. 竞聘演讲稿写作分析

竞聘演讲的目的，就是要把自己介绍给评选者，让评选者了解自己的基本情况、自己对竞聘岗位的认识和当选后的打算。所以，竞聘演讲稿的主体内容应该包括以下几方面。

（1）介绍自己应聘的基本条件。

所谓基本条件，就是政治素质、业务能力和工作态度等。这一部分实际上是要说明为什么要应聘，凭什么应聘的问题。竞聘者在介绍自己的情况时，一定要有针对性，即针对竞聘的岗位来介绍自己的学历、经历、政治素质、业务能力、已有的政绩等。并非要面面俱到，而应根据竞聘职务的职能情况有所取舍。

（2）简要介绍自身的不足之处。

竞聘者在介绍自己应聘的基本条件时，要尽可能地展示自己的长处，但不是对自身的不足之处闭口不言。

（3）表明自己任职后的打算。

3. 制作流程简述

单位员式岗位竞聘文稿的制作按文本结构分为母版制作、各幻灯片制作两个部分，具体制作过程如图 4-2 所示。

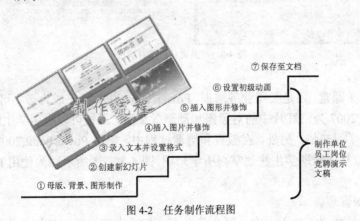

图 4-2 任务制作流程图

 相关知识

1. PowerPoint 2007 简介

PowerPoint 2007 是 Office 2007 办公软件套装的重要组成部分之一，在继承了 PowerPoint 2003 友好界面的基础上，使制作演示文稿的操作更加便捷。下面介绍 PowerPoint 2007 的基础知识，包括什么是 PowerPoint、PowerPoint 的应用领域以及制作演示文稿应考虑的重要因素。

（1）什么是 PowerPoint。

PowerPoint 2007 是 Microsoft 公司推出的专门制作演示文稿的软件，使用它可以轻松制作出包括文字、图片、声音、影片、表格甚至图表的动态演示文稿，广泛应用于产品宣传、课件制作和公益宣传等领域。制作完成的演示文稿不仅可以在投影仪和计算机上进行演示，还可以将其打印出来，制作成胶片，以便应用到更广泛的领域。另外，使用 PowerPoint 2007 不仅可以创建演示文稿，还可以在互联网上召开面对面会议、远程会议或在 Internet 中向更多的观众展示。

使用 PowerPoint 2007 创建的文件称为演示文稿，其扩展名是 ".pptx"，而幻灯片则是组成演示文稿的每一页，在幻灯片中可以插入文本、图片、声音和影片等对象。

（2）PowerPoint 的应用领域。

使用 PowerPoint 2007 可以制作动态的演示文稿，这些文稿具有演示生动、便于携带等特点，被广泛应用于产品宣传、教育培训、人力资源管理和日常休闲领域。

① 产品宣传。

产品宣传是销售者向个人或团体传达产品信息的表现方式，随着现代化技术的不断发展，PowerPoint 2007 越来越广泛地应用于产品宣传领域。在使用 PowerPoint 2007 制作的演示文稿中不仅可以插入产品的基本信息，还可以通过图片展示产品的外观，通过表格介绍产品的性能等，如图 4-3 左图所示。

图 4-3　产品宣传、教育培训

② 教育培训。

无论是中小学课堂，还是公司业务培训，PowerPoint 2007 都已成为必不可少的教学工具。使用 PowerPoint 2007 为幻灯片中的对象添加动画效果后，不仅可以吸引学生的注意力，而且可以激发学生的学习热情。另外，在教育和培训过程中，使用 PowerPoint 2007 的控件可以制作交互式问答题，从而帮助学生快速掌握所学知识。图 4-3 右图所示即为使用 PowerPoint 2007 制作的课堂演示。

③ 人力资源管理。

社会竞争日益激烈，对于大中小型企业而言，公司内部的组织结构往往随着业务的不断拓展而产生变化，公司内部的人员也具有很大的流动性。PowerPoint 2007 针对这类问题提供了 SmartArt 图形功能，使用 SmartArt 图形可以清晰地显示公司内部结构以及人员分配状况，而且一旦公司内部结构或人员分配发生变化，只需轻点几下鼠标即可完成更改，大大方便了公司的日常管理。图 4-4 左图所示即为使用 PowerPoint 2007 创建的公司组织结构图。

④ 日常休闲。

PowerPoint 2007 除了可以应用于办公、教学、培训和产品展示领域外，还可以应用于日常休闲生活中，如使用 PowerPoint 2007 可以制作个人相册集、动态歌曲 MV 和节日贺卡等。图 4-4 右图所示即为使用 PowerPoint 2007 制作的圣诞贺卡。

图 4-4　人力资源管理、日常休闲

（3）制作演示文稿应考虑的要素。

虽然使用 PowerPoint 2007 可以快速地制作一篇精美的演示文稿，但要想使用演示文稿进行一次出色的演示，应在制作演示文稿时仔细规划，如确定演示对象和演示方法等。另外，在演示结束后，还应该对演示进行认真的评估，以便发现问题并及时更正。下面介绍制作演示文稿时必须考虑的 3 点要素。

① 确定演示对象。制作演示文稿前，首先应考虑演示的对象，包括听众人数、年龄、角色以及知识水平等。如果演示的对象较少，通过计算机进行演示即可；如果演示的对象较多，可以将计算机与投影仪连接起来，通过投影仪放映演示文稿，从而保证全部观众都能够清晰地了解演示内容。另外，听众的角色在演示中也起很大的影响，如果演示针对的对象是公司高层管理人员，只需在演示中概括主体内容即可，而如果演示针对的对象是一线工作人员，则必须详细演示，不放过任何一个细节，从而保证听众能够掌握其操作方法。

② 确定演示方法。PowerPoint 2007 提供 3 种放映方式，分别是演讲者放映、观众自行浏览和在展台放映。其中，演讲者放映方式全屏显示演示文稿，在放映过程中，演讲者可以控制放映进度、添加演讲细节以及添加旁白等；观众自行浏览方式在窗口中显示演示文稿，主要用于进行小规模的演示，在放映过程中可以对演示文稿中的幻灯片进行移动、复制和编辑操作；在展台浏览方式中，演示文稿自动运行，观众无法控制其进度，并且可以设置演示文稿循环放映。制作演示文稿后，应根据演示对象确定演示方法，从而使制作出的演示文稿更加符合演示的环境。

③ 评估演示成果。对于经常使用演示文稿进行演示的人员，在演示过后应认真评估自己的演示，从而从一次又一次的实践中吸取经验，以便在日后的工作中不断提高自己的演示水平。对演示的评估可以包括幻灯片的颜色和版式是否合适、幻灯片中的内容是否简单易懂、幻灯片是否能够吸引每一位观众的注意力、演示的时间长度是否合适、演讲者备注的信息是否安排得当，以及动画效果是否使演示更加生动等。

2. PowerPoint 2007 启动

（1）常规启动。

单击系统桌面任务栏左侧的"开始"按钮，选择"所有程序"选项，在弹出的级联菜单中单击"Microsoft Office"选项，在弹出的列表中单击"Microsoft Office PowerPoint 2007"命令，即可启动 PowerPoint 2007，如图 4-5 所示。

图 4-5　从"开始"菜单启动 PowerPoint

（2）通过创建新演示文稿启动。

在桌面或"磁盘或文件夹"窗口的空白区域单击鼠标右键，在弹出的快捷菜单中选择相应命令新建 PowerPoint 2007 文件后，双击文件也可启动 PowerPoint 2007。具体操作如下。

步骤 01 将鼠标光标移动到桌面的空白区域中，单击鼠标右键，在弹出的快捷菜单中选择【新建】子菜单中的"Microsoft Office PowerPoint 演示文稿"命令，如图 4-6 所示，即可在桌面上或者当前文件夹中创建一个名为"新建 Microsoft Office PowerPoint 演示文稿"的文件。

步骤 02 此时文件名以蓝底白字显示，可以切换到熟悉的输入法为文件重命名，如"公司培训"。

步骤 03 双击文件图标即可启动 PowerPoint 2007，如图 4-7 所示。

图 4-6　通过新建演示文稿启动 PowerPoint 2007

图 4-7　PowerPoint 2007 的启动界面

3．通过现有演示文稿启动

用户在创建并保存 PowerPoint 演示文稿后，可以通过已有的演示文稿启动 PowerPoint 2007。其方法有两种：直接双击演示文稿图标启动和在"我最近的文档"中启动。

（1）双击图标启动。

用户可以利用 Windows 中的"我的电脑"或资源管理器找到已经创建的演示文稿，然后双击演示文稿图标，启动 PowerPoint 2007。

（2）在"我最近的文档"中启动。

如果用户在计算机中曾使用 PowerPoint 创建和打开过演示文稿，那么 Windows 会记录下用户在计算机中最近打开过的文件的名称。选择"开始"菜单中的"我最近的文档"命令，在弹出的菜单中列出所有最近打开过的文件名，选择相应的 PowerPoint 演示文稿名称，即可在启动 PowerPoint 2007 的同时打开该文档。如果演示文稿存储路径发生变化，或者演示文稿已经删除，则无法打开该文档。

4．PowerPoint 2007 退出

当完成了一个任务，不再需要 PowerPoint 时，即可将其退出。退出 PowerPoint 2007 的方法与退出其他程序大致相同，有以下几种方法。

① 单击"关闭"按钮✕：单击 PowerPoint 2007 工作界面右上角的"关闭"按钮✕。

② 单击 ✕ 退出 PowerPoint(X) 按钮：单击 Office 按钮，在弹出的下拉菜单中单击 ✕ 退出 PowerPoint(X) 按钮，如图 4-8 所示。

③ 双击"Office"按钮：双击"Office"按钮可快速退出 PowerPoint 2007。

④ 使用快捷菜单：在标题栏上单击鼠标右键，在弹出的快捷菜单中选择【关闭】命令，如图 4-9 所示。

图 4-8 通过"Office"按钮退出

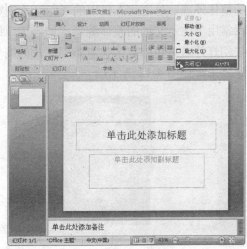

图 4-9 通过快捷菜单退出

5．Powerpoint 2007 界面

启动 PowerPoint 2007 应用程序后，用户会看到 PowerPoint 2007 的工作界面，如图 4-10 所示。它主要由"Office"按钮、标题栏、快速访问工具栏、功能区、幻灯片编辑区、状态栏和备注窗格等部分组成。

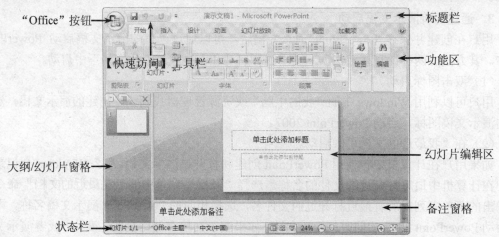

图 4-10　PowerPoint 工作界面

6．PowerPoint 2007 视图

PowerPoint 2007 提供了普通视图、幻灯片浏览视图、幻灯片放映视图和备注页视图 4 种视图模式，使用户在不同的工作需求下都能得到一个舒适的工作环境。

（1）普通视图。

PowerPoint 2007 在默认状态下是普通视图，单击状态栏中的"普通视图"按钮也可切换到普通视图。该视图由"大纲/幻灯片"窗格、幻灯片编辑区及备注窗格组成，是操作幻灯片时主要使用的视图模式，如图 4-11 所示。

（2）幻灯片浏览视图。

在幻灯片浏览视图中，从上到下依次显示每一张幻灯片的缩略图，用户可从中看到幻灯片的整体外观。单击状态栏中的"幻灯片浏览"按钮 可切换到该视图模式下。幻灯片浏览视图常用于演示文稿的整体编辑，如添加或删除幻灯片等，但不能对幻灯片内容进行编辑。每张幻灯片右下角的数字代表该幻灯片的编号，若左下角有 图标，则表示该幻灯片设置了动画效果，如图 4-12 所示。

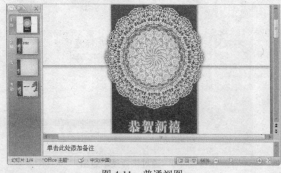

图 4-11　普通视图

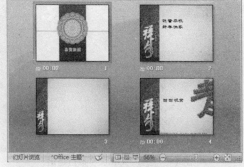

图 4-12　幻灯片浏览视图

（3）幻灯片放映视图。

单击状态栏中的"幻灯片放映"按钮 可切换到该视图模式下。在幻灯片放映视图中，按编号依次放映所有幻灯片内容，并以全屏方式显示，此时可以查看演示文稿中的动画、声音以及切换效果，但不能进行编辑，如图 4-13 所示。

（4）备注页视图。

单击"视图""演示文稿视图"组中的"备注页"按钮，即可切换到该视图模式下。在备注页视图模式下，用户可以方便地添加和更改备注信息，如图 4-14 所示。此外，还可在该视图中添加图形等信息。

图 4-13　幻灯片放映视图　　　　　　　　　　图 4-14　备注页视图

7．常用组合键的使用

在 PowerPoint 2007 中，大多数常用的操作都可以通过键盘组合键完成，如准备打开演示文稿，只需启动 PowerPoint 2007，按【Ctrl+O】组合键即可弹出"打开"对话框。其他的常用键盘组合键如表 4-1 所示。

表 4-1　　　　　　　　　　　　　常用的键盘组合键

组合键	功能	组合键	功能
Alt+Tab	切换到下一个窗口	Shift+Alt+←	在大纲视图中提升段落级别
Shift+Alt+Tab	切换到上一个窗口	Shift+Alt+→	在大纲视图中降低段落级别
Ctrl+W 或 Ctrl+F4	关闭活动窗口	Ctrl+C	复制所选对象
Shift+Ctrl+>	增大所选文本的字号	Ctrl+X	剪切所选对象
Shift+Ctrl+<	减小所选文本的字号	Ctrl+V	粘贴所选对象
Ctrl+F	弹出"查找"对话框	Ctrl+Z	撤销上一次操作
Ctrl+H	弹出"替换"对话框	Ctrl+Y	恢复操作
Ctrl+Tab	切换到对话框中的下一个选项卡	Shift+Ctrl+C	只复制对象的格式
Shift+Ctrl+Tab	切换到对话框中的上一个选项卡	Shift+Ctrl+V	只粘贴对象的格式
Alt+↓	展开所选的下拉列表	Ctrl+Alt+V	弹出"选择性粘贴"对话框

8．演示文稿与幻灯片关系

在前面曾多次提到的专业术语"幻灯片"和"演示文稿"都是使用 PowerPoint 2007 软件制作的文档。下面分别讲解什么是幻灯片和演示文稿，以及幻灯片和演示文稿之间的关系。

（1）认识演示文稿和幻灯片。

演示文稿是发表者和观众进行双向交流的工具，也是演讲者对演讲内容进行宣传的一种手段。演示文稿的作用是辅助发表者和观众进行双向交流，如图 4-15 所示。如果只有发表者一个人唱独角戏，没有观众参与，这只是单向交流，并不能称之为好的演示文稿。

了解了演示文稿，幻灯片就很好理解了。演示文稿是由一张或者多张幻灯片组成的，而幻灯片又是由文字、图片、图表和表格等多种类型的对象所组成，它们之间是包含与被包含的关系，如图 4-16 所示。

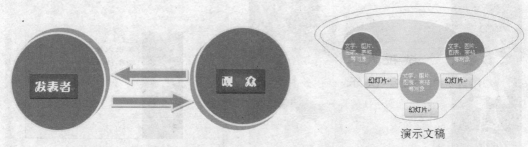

图 4-15 演示文稿的作用   图 4-16 幻灯片与演示文稿之间的关系

（2）认识幻灯片的组成元素。

前面已经介绍过，幻灯片主要由文字、图片、图表、表格等多种对象组成，各元素的作用分别介绍如下。

① 文字：为了传达信息，在演示文稿中使用文字是最基本的手段。文字根据字体、字号大小和间距的不同有着不同的传达效果，在放映演示文稿时会有许多限制。特别需要注意的是行间距和行数，如果行间距太小，就会显得十分沉闷；相反，如果行间距太大则会显得十分空洞。

② 图片：使用图片可以提高文字说明的视觉效果，制作出形象生动的演示文稿。在画面设计方面，使用图片可以填充空白部分，协调均匀感和比例感。在幻灯片中，图片可用于整个页面，也可用于各个对象，因布局的形态和使用目的不同而有所不同，但一般情况下使用图片的幻灯片更加生动，也可以提高观众的理解度。

③ 图表：图表由较多数据组成，可以让观众对统计结果一目了然。图表中的线条或图像能够替代文本在更短的时间内传达出需要观众理解的内容，因此必须掌握这种高效的表现元素。

④ 表格：表格用于整理内容，以进行比较。表格能通过行和列的交叉信息进行对比，因此能够让观众在短时间内接受传达的相关信息。

⑤ 表单：幻灯片有一个显著的特点就是能用表单技术有效地表现重复的内容。表单可以通过表格的形式表现，还可以通过多种图片或动画等技术，使观众更加轻松地理解演示文稿的内容。

⑥ 动画：幻灯片的最大优点是发表者能够方便地使用对象或幻灯片之间的各种动画效果吸引观众的注意力，但动画应该符合观众的需求，不应只是以方便发表者为目的。

9. 演示文稿制作流程

制作一份成功的演示文稿不能急于求成，前期必须进行策划、收集素材等准备工作，之后再通过 PowerPoint 2007 制作。演示文稿的制作流程如图 4-17 所示。

（1）总体策划。在制作演示文稿前需要对其进行一次总体策划，如演示文稿的主题是什么，由哪些内容组成，其切入点是什么，需要用哪些元素表达，要达到什么样的效果……做到心中有数；然后再确定结构，如图 4-18 所示。总体策划是制作演示文稿的第一步，这一步对是否能成功制作出好的演示文稿起到决定性作用。例如，"PPT 写作指南"演示文稿的策划如表 4-2 所示。

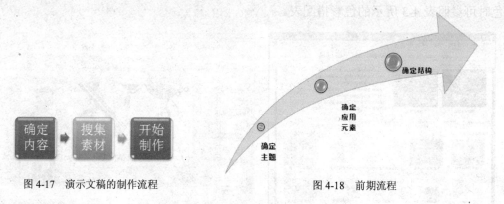

图 4-17　演示文稿的制作流程　　　　　　　　　图 4-18　前期流程

表 4-2　　　　　　　　　　　　　"PPT 写作指南"演示文稿策划表

步骤	项目	内容	备注
第一步 获取基本信息	什么场合	博文视点 OpenParty	张慧敏确认
	对什么人	有一定基础的 PPT 爱好者	
	多长时间	80 分钟	
	做什么用	辅助演讲	
第二步 目标确认	发生哪些改变	了解、认可以终为始的 PPT 写作思路掌握新写作方式的基本步骤，操作要领主要掌握演绎法的应用	
	产生什么行动	开始在实践中尝试使用新的写作方式	
第三步 受众分析	是否有先入之见	有常见的以自我为中心的 PPT 写作思维	
	会关心哪些问题	真的需要改变？真的有用？是否适合自己？是否易学	
	什么会打动受众	实际的痛苦，实际的案例，详细的操作要点易用的工具	
第四步 达成方法策划	方法一	以故事唤起同感（痛苦），以案例讲述成功	故事的设计和加工
	方法二	现场互动一起实际操作，现场掌握	
	方法三	提供易用工具和操作方法	

（2）收集素材

确定策划的内容后即可开始收集素材，包括图片、文字和声音等，其中图片、声音等素材可以在网上下载，如图 4-19 所示。

（3）开始制作。准备工作完成后，即可开始制作幻灯片。制作幻灯片的基本步骤包括创建演示文稿，在幻灯片中输入文本、美化文本、插入图片、设置动画效果和放映演示文稿。图 4-20 所示为使用 PowerPoint 2007 制作的演示文稿效果。

10．演示文稿制作原则

（1）配色原则。颜色对于每一种文档都是十分重要的，演示文稿也不例外。对于没有经过美术培训的人来说，如何选择用色往往会十分苦恼。初学者喜欢用多种不同的颜色来彰显演示文稿的丰富，其实这是配色的大忌，一个成功的演示文稿的颜色一般不应超过 3 种。在搭配颜色时一定要对颜色有所认识，只有明白这种颜色的含义，才能协调配色、巧妙达意。配色时可参照表 4-3 所示的色彩搭配表。

图 4-19　素材中国网页

图 4-20　制作完成的演示文稿效果

表 4-3　　　　　　　　　　　　　　　色彩搭配表

色彩搭配表

编号	颜色		效果	编号	颜色		效果
1	深灰色 浅灰色 黑色		简单、大方	9	红色 黄色 蓝色		运动、轻快感
2	浅灰色 深灰色 紫色		时尚、高雅	10	紫色 灰色 深蓝色		忠厚、有品味
3	深灰色 浅灰色 海蓝色		时尚、高雅	11	紫色 灰色 浅紫		传统、高雅、优雅
4	淡黄色 浅绿色 土黄色		大自热、户外风情	12	紫色 鹅黄色 绿色		传统、高雅、优雅
5	玫红色 土黄色 蓝色		轻快、动感	13	橙色 黄色 蓝色		活泼、快乐、有趣的
6	橙黄色 青蓝色 紫红色		轻快、动感	14	青色 淡青色 粉色		可爱、快乐、有趣的
7	淡青色 淡紫色 淡粉色		柔和、明亮、温柔	15	橙色 淡青色 紫色		可爱、快乐、有趣的
8	淡青色 白色 淡蓝色		柔和、洁净、爽朗	16	灰色 白色 紫灰色		简单、进步

（2）搜集素材的技巧。

打开一个搜索引擎，初学者往往会为输入什么关键字进行搜索而发愁。其实很简单，去繁就简，只要输入简短且达意的词语或短句即可快速搜索出大量所需的图片、声音等素材；切忌在搜索引擎中输入完整的句子，这样结果往往事与愿违、事倍功半。当搜索到理想的素材后，应该在计算机中分门别类建立相应文件夹，将具有相同特点的素材存放在一起，以便在制作演示文稿时方便调用。

（3）制作过程原则。

制作演示文稿的首要目的便是让观众能在短时间内接收到发表者给出的信息，所以在表现形式上一定要灵活。在制作演示文稿的过程中，尽量少出现文字，能用图片等多媒体代替的绝对不要用文字，因为观看长篇幅的文字很容易让观众产生视觉疲劳，而使用图片、声音、动画等多媒体的表现形式往往会比文字生动许多，而且观众也更容易接受。

演示文稿中第 1 张幻灯片十分重要，它就好比一个人的脸，第一时间映入观众的眼帘，因此应在第 1 张幻灯片上做足功夫；第 2 张以后的幻灯片在大体上应该风格统一，要让观众觉得演示文稿是一个整体。

11．演示文稿版式设计

版式是指幻灯片内容在幻灯片上的排列方式。版式由占位符组成，并且占位符可放置文字和幻灯片内容。更换幻灯片版式的具体操作步骤如下。

步骤 01 选定演示文稿中要更换版式的幻灯片。

步骤 02 在"开始"选项卡的"幻灯片"选项区中单击"版式"按钮，弹出其下拉列表，如图 4-21 所示。

步骤 03 在要使用的版式上单击鼠标左键，即可将其应用到所选幻灯片中。图 4-22 所示为将版式更改为两栏内容后的效果。

图 4-21 版式下拉列表

图 4-22 更改版式

12．演示文稿主题应用

文档主题是一套统一的设计元素和配色方案，是为文档提供的一套完整的格式集合，其中包括主题颜色（配色方案的集合）、主题文字（标题文字和正文文字的格式集合）和相关主题效果（如线条或填充效果的格式集合）。利用文档主题，可以非常容易地创建具有专业水准、设计精美、美观时尚的文档。

（1）使用系统预设主题。PowerPoint 2007 自带了多种预设主题，用户在创建演示文稿的过程中，可以直接使用这些主题创建演示文稿。PowerPoint 2007 新添加了 4 种特色主题，分别为暗香扑面、凤舞九天、龙腾四海和行云流水。

① 新建幻灯片时应用主题。创建新幻灯片时，用户可以直接使用系统预设的主题，以创建具有某种风格的幻灯片，其具体操作步骤如下。

步骤 01 单击"Office"按钮，在下拉菜单中选择"新建"命令，弹出"新建演示文稿"对话框，如图 4-23 所示。

步骤 02 在左边的列表框中选择"已安装的主题"选项，如图 4-24 所示，在"已安装的主题"列表框中列出了系统已安装的主题。

步骤 03 在列表框中选择要使用的主题，单击"创建"按钮，即可依据该主题创建幻灯片，如图 4-25 所示。

图 4-23　"新建演示文稿"对话框

图 4-24　"已安装的主题"选项卡

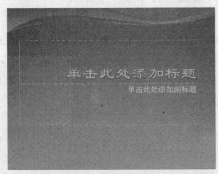

图 4-25　创建的幻灯片

② 更改当前幻灯片的主题。

步骤 01 在【设计】选项卡的"主题"选项区中单击 ▼ 按钮，弹出其下拉列表，如图 4-26 所示。

步骤 02 在该列表中选择要使用的主题，即可更改当前幻灯片的主题，如图 4-27 所示。

图 4-26　主题下拉列表

图 4-27　更改后的主题

③ 自定义主题。

如果 PowerPoint 2007 应用程序自带的主题不能满足用户的要求，或者在创建演示文稿时要使用自己设计的主题，那么可以将自己的幻灯片主题添加到"我的模板"对话框中，以便在制作演示文稿时，使用自己设计的主题。自定义主题的具体操作步骤如下。

步骤 01 新建或打开已有幻灯片，如图 4-28 所示。

步骤 02 单击"Office"按钮菜单下的"另存为"命令，在弹出的下拉列表中选择"其他格式"选项，弹出"另存为"对话框。

步骤03 在【保存类型】下拉列表中选择"PowerPoint 模板（*.potx）"选项，此时在对话框的"保存位置"下拉列表中会自动打开"Templates"文件夹，如图 4-29 所示。

图 4-28　打开的幻灯片

图 4-29　"另存为"对话框

步骤04 在"文件名"文本框中输入模板的名称，单击"保存"按钮，打开的幻灯片将被添加到模板中。

步骤05 当用户要使用该模板时，在"新建演示文稿"对话框中的"我的模板"选项卡中即可看到添加的模板，如图 4-30 所示。

图 4-30　"我的模板"选项卡

步骤06 选择新添加的模板，单击"确定"按钮即可。

13．演示文稿背景设置

在 PowerPoint 2007 中，应用设计模板时可以自动给幻灯片添加预设的背景。用户可以根据需要设置背景颜色、填充效果等。幻灯片背景可以是简单的颜色、纹理和填充效果，也可以是具有图案效果的图片文件。

（1）设置背景颜色。

步骤01 在"设计"选项卡的"背景"选项区中单击"背景样式"按钮，弹出其下拉列表，如图 4-31 所示。

步骤02 在该列表中选择任意一种颜色，即可将其作为幻灯片的背景应用到当前幻灯片中，如图 4-32 所示。

步骤03 如果用户要使用其他颜色作为背景颜色，可在背景样式下拉列表中选择"设置背景格式"选项，弹出"设置背景格式"对话框。

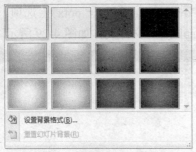

图 4-31 背景样式下拉列表

图 4-32 应用背景

步骤 04 选中"纯色填充"单选按钮，此时的对话框如图 4-33 所示。单击"颜色"右侧的"形状填充"按钮，在弹出的颜色列表中选择一种颜色，即可使用该颜色作为背景颜色。

步骤 05 选中"渐变填充"单选按钮，此时的对话框如图 4-34 所示。单击"预设颜色"右侧的按钮，在弹出的颜色列表中选择一种选项作为背景色，此时的幻灯片如图 4-35 所示。

图 4-33 选中"纯色填充"时的对话框

图 4-34 选中"渐变填充"时的对话框

步骤 06 选择该选项时，还可以在类型、方向、渐变光圈、结束位置、颜色以及透明度选项区中对渐变填充的效果进行设置。图 4-36 所示即为更改设置后的幻灯片背景。

图 4-35 应用渐变填充后的背景

图 4-36 更改设置后的背景

（2）设置填充效果。

步骤 01 在"设置背景格式"对话框中选中"图片或纹理填充"单选按钮，此时的对话框如图 4-37 所示。

步骤 02 单击"纹理"右侧的按钮，弹出其下拉列表，如图 4-38 所示。

图 4-37　选中"图片或纹理填充"时的对话框

图 4-38　纹理下拉列表

步骤 03 在该列表中选择一种纹理效果，即可将其作为幻灯片背景，如图 4-39 所示。

步骤 04 单击"文件"按钮，弹出"插入图片"对话框，在该对话框中选择合适的图片，即可将其作为幻灯片背景，效果如图 4-40 所示。

图 4-39　纹理填充效果

图 4-40　图片填充效果

步骤 05 单击"剪贴画"按钮，弹出"选择图片"对话框，如图 4-41 所示。在该对话框中选择合适的剪贴画，即可将其作为幻灯片背景，如图 4-42 所示。

图 4-41　"选择图片"对话框

图 4-42　剪贴画填充效果

14．演示文稿母版应用

母版是定义演示文稿中所有幻灯片或页面格式的幻灯片视图或页面。每个演示文稿的每个关键组件（幻灯片、标题幻灯片、演讲者备注和听众讲义）都有一个母版。在幻灯片中通过定义母版的格式来统一演示文稿中使用此母版的幻灯片的外观。可以在母版中插入文本、图形、表格等对象，并设置母版中对象的多种效果，这些插入的对象和添加的效果将显示在使用该母版的所有幻灯片中。

在 PowerPoint 2007 中有 3 个主要的母版，它们分别是幻灯片母版、讲义母版及备注母版，可以用它们来制作统一标志和背景的内容、设置标题和文字的格式。

（1）幻灯片母版。一套完整的演示文稿包括标题幻灯片和普通幻灯片，因此幻灯片母版也包括标题幻灯片母版和普通幻灯片母版两类，并且标题幻灯片所应用的设计模板样式和普通幻灯片通常是不同的。

① 应用幻灯片母版。

步骤 01 选中应用相同主题幻灯片组中的任意一个幻灯片。

步骤 02 在"视图"选项卡的"演示文稿视图"选项区中单击"幻灯片母版"按钮，切换到"幻灯片母版"视图，如图 4-43 所示。

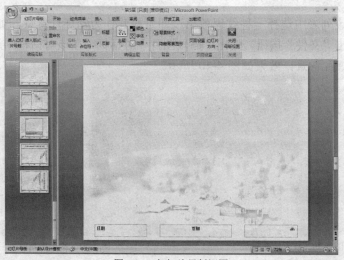

图 4-43　幻灯片母版视图

步骤 03 此时，系统自动打开"幻灯片母版"选项卡。在母版编辑状态下，系统提供了多种幻灯片版式，但只有前 3 个版式可供用户选择。当用户将鼠标指针置于幻灯片版式附近时，可以查看该版式是供第 1 张还是第 2 张幻灯片使用。

步骤 04 幻灯片母版中各部分的功能如表 4-4 所示。

表 4-4　　　　　　　　　　　　　幻灯片母版中各部分的功能

区域	功能
标题区	设置演示文稿中所有幻灯片标题文字的格式、位置和大小
对象区	设置幻灯片所有对象的文字格式、位置和大小、以及项目符号的风格
日期区	为演示文稿中的每一张幻灯片自动添加日期，并决定日期的位置、文字字体大小
页脚区	为演示文稿中的每一张幻灯片添加页脚，并决定页脚文字的位置、文字字体大小
数字区	为演示文稿中的每一张幻灯片自动添加序号，并决定序号的位置、文字字体大小

② 编辑幻灯片母版。

步骤 01 选中标题幻灯片，如果要对其版式进行调整，可对"幻灯片母版"选项卡中的"母版版式"选项区进行设置。单击"插入占位符"按钮，弹出其下拉列表，如图 4-44 所示。

用户可在该列表中选择一种版式并将其插入母版中。

步骤 02 如果要更改幻灯片主题,在"编辑主题"选项区中单击"主题"按钮,在弹出的下拉列表中选择合适的主题并将其应用到母版中。选择好主题后,可分别单击"颜色"、"字体"和"效果"按钮对主题的效果进行设置。

步骤 03 如果要更改幻灯片的背景,在"背景"选项区中单击"背景样式"按钮,弹出其下拉列表,如图 4-45 所示。用户既可以直接选择系统预设的背景,也可以单击"设置背景格式"按钮,从弹出的对话框中对背景格式进行设置。

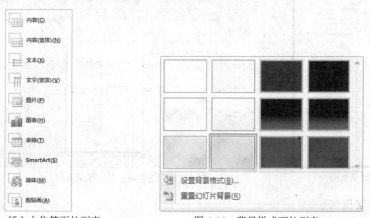

图 4-44 插入占位符下拉列表　　　　　图 4-45 背景样式下拉列表

步骤 04 添加页脚内容。在母版视图中显示的"页脚区""日期区"和"数字区"中分别输入相应的内容即可。

步骤 05 设置完成之后,单击"关闭母版视图"按钮,可以切换至幻灯片的普通视图,效果如图 4-46 所示。

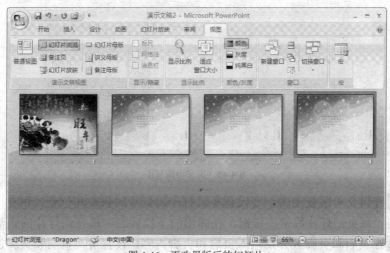

图 4-46 更改母版后的幻灯片

(2)讲义母版。讲义母版用于设置讲义的格式,而讲义一般是用来打印的,所以讲义母版的设置与打印页面相关。

① 关于讲义。用户可以按讲义的格式打印演示文稿(每个页面可以包含 1、2、3、4、6

或 9 张幻灯片），该讲义可供听众在以后的会议中使用。图 4-47 所示即为每页有 3 张幻灯片的讲义，其中包含听众填写备注所用的空行。如果要更改讲义的版式，可以在打印预览视图中进行，也可以在打印讲义时直接选择要打印讲义的版式。在打印预览视图中预览讲义的外观，选择"打印"命令，在其下拉菜单中选择"打印预览"选项，切换到打印预览视图。在"打印内容"下拉列表中选择要预览讲义的版式，如图 4-48 所示。

图 4-47　讲义页面

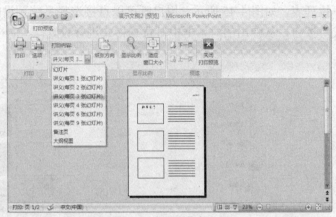

图 4-48　打印预览窗口

② 编辑讲义母版。

步骤 01 在"视图"选项卡的"演示文稿视图"选项区中单击"讲义母版"按钮，切换到讲义母版视图，如图 4-49 所示。

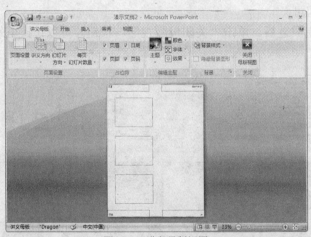

图 4-49　讲义母版视图

步骤 02 在讲义母版视图中，要设置每页打印幻灯片的张数和位置，可在"页面设置"选项区中单击"每页幻灯片数量"按钮，在弹出的下拉列表中选择幻灯片的张数和位置。

步骤 03 在页眉和页脚区分别输入页眉和页脚内容。设置讲义页眉和页脚占位符的属性与在幻灯片中设置占位符属性的方法类似，包括移动位置、调整大小及设置文字外观等。

步骤 04 设置讲义背景。在"背景"选项卡中单击"背景样式"按钮，弹出其下拉列表，如图 4-50 所示。用户既可以直接选择系统预设的背景，也可以单击"设置背景格式"按钮，从弹出的对话框中对背景格式进行设置。

步骤 05 讲义母版设置完成后，单击"关闭母版视图"按钮，退出"讲义母版"视图，对讲义母版所做的修改即可应用到演示文稿的讲义中。

（3）备注母版。幻灯片的空间毕竟是有限的，所以幻灯片中的内容都比较简洁，因此讲演者就必须将一些描述性的内容放在备注中，备注母版提供了现场演示时演讲者提供给听众的背景和细节情况。

步骤 01 在"视图"选项卡的"演示文稿视图"选项区中单击"备注母版"按钮，切换到备注母版视图中，如图 4-51 所示。

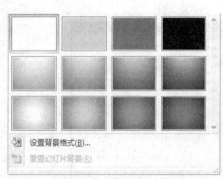

图 4-50　背景样式下拉列表

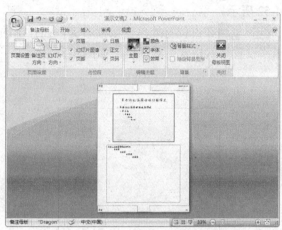

图 4-51　备注母版视图

步骤 02 在"备注母版"选项卡的"页面设置"选项区中可以设置备注页以及幻灯片的方向；在"占位符"选项区中可以设置备注页中的内容；在"背景"选项区中可以设置备注页的背景样式。

步骤 03 在备注页中的备注占位符上单击鼠标右键，从弹出的快捷菜单中选择"编辑文字"命令，可在该占位符中输入备注内容。

步骤 04 编辑完成后，单击"关闭母版视图"按钮，可关闭母版视图，返回普通视图中。

15．在演示文稿中输入文本

文本是幻灯片的重要组成部分，在幻灯片中合理地使用文本，可以使幻灯片具有实用性。幻灯片中的文本可以是来自其他应用程序，也可以是利用 PowerPoint 自带的文本编辑功能输入的文本。

输入文本可以在大纲视图和幻灯片编辑视图中进行，还可以在文本框中输入文本，然后将其移向任何位置。

（1）在占位符中输入文本。

当用户打开一个演示文稿时，系统会自动插入一张标题幻灯片。在该标题幻灯片中有两个虚线框，这两个虚线框被称为占位符（所谓占位符，就是通常所说的光标）。通常情况下，在占位符中添加文本是最简易的方式。在占位符中可以输入标题和正文以及插入图片和表格等内容。在输入文本之前，占位符中有一些提示性的文字。当鼠标单击该占位符之后，这些提示信息就会自动消失，而且光标的形状就会变成一条短竖线，这时就可以在占位符中输入文本了。

步骤 01 启动 PowerPoint 2007 后，系统会自动新建一张幻灯片。

步骤 02 在该启动界面中有两个占位符，如图 4-52 所示。单击要输入标题文本的占位符，使光标定位在其中。

步骤 03 输入标题的内容。在输入文本的过程中，PowerPoint 2007 会自动将超出占位符的部分转到下一行。

（2）调整占位符。演示文稿中的标题文本有大有小，若标题文本的大小超出了占位符的容量，超出的部分将无法显示。如果要显示全部的标题文本，就必须调整占位符的大小。调整占位符大小的具体操作步骤如下。

步骤 01 单击需要调整大小的占位符，这时，占位符的边框上出现 8 个尺寸控制点，如图 4-52 所示。

步骤 02 在占位符处单击鼠标右键，在弹出的快捷菜单中选择"设置形状格式"命令，弹出"设置形状格式"对话框，如图 4-53 所示。

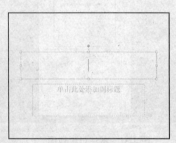

图 4-52　输入标题文本的占位符　　　　图 4-53　"设置形状格式"对话框

步骤 03 在"设置形状格式"对话框中可以设置占位符的填充、线条颜色、线型、阴影、三维格式、三维旋转等，设置完成后单击"关闭"按钮即可。

（3）调整占位符在幻灯片中的布局。

步骤 01 单击需要调整位置的占位符。

步骤 02 将鼠标指针指向占位符边框上的任意一点（8 个控制点除外），鼠标指针变成由两个黑色双箭头交叉成的"十"字。这时按住鼠标左键并拖动鼠标，使占位符在幻灯片中移动。

步骤 03 将占位符移动到合适的位置后，释放鼠标即可。

（4）在大纲视图中输入文本。在幻灯片普通视图的"大纲"选项卡中编辑文本时，该视图只显示文档中的文本，并保留除色彩以外的其他所有文本属性。在"大纲"选项卡的图标右侧单击鼠标，就可以定位光标并输入文本了。此时输入的文本为标题文本，如果要输入其他级别的文本，可执行如下操作步骤。

步骤 01 在幻灯片的图标右侧单击鼠标，输入标题文本，如"论文纲要"，然后按【Enter】键创建一个新的幻灯片。

步骤 02 在"大纲"区域中单击鼠标右键，在弹出的快捷菜单中选择"降级"命令，并定位在下一级文本的起始位置，接着输入"〈论文写作阶段〉"字样。

步骤 03 输入完毕，按【Enter】键换行。在"大纲"选项卡中单击鼠标右键，在弹出的快捷菜单中选择"升级"命令，将新的一行升级为下一张幻灯片。为新的幻灯片输入标题文本，如"标题"，如图 4-54 所示。

步骤 04 重复以上操作，即可创建图 4-55 所示的效果。

图 4-54　创建的新幻灯片

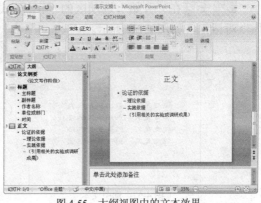

图 4-55　大纲视图中的文本效果

（5）在文本框中输入文本。为了便于控制幻灯片的版面，幻灯片上的文字也可以放置在一个矩形框中，这个矩形框称为文本框。对文本框中的文本可以进行字体、字号等多种风格的设置，也可以将其移向任意位置并调整它的大小。在文本框中添加文本的具体操作步骤如下。

步骤 01 在"插入"选项卡的"文本"选项区中单击"文本框"按钮，从弹出的下拉菜单中选择"横排文本框"或"垂直文本框"命令。

步骤 02 若要添加单行文本，将鼠标指针定位在幻灯片中要添加文本的位置，单击鼠标，即生成一个文本框，并且处于编辑状态。向文本框中输入文本，按【Enter】键可换行。

步骤 03 若要添加可自动换行的文本框，将鼠标指针定位在要添加文本的位置，按住鼠标左键不放，将文本框拖至需要的大小，释放鼠标即生成一个文本框。在文本框中输入文本时，将根据文本框的宽度自动换行。图 4-56 所示为创建的横排文本框和垂直文本框。

步骤 04 对文本框的输入操作完成之后，单击文本框以外的任意位置即结束文本的输入，并将鼠标指针指向文本框的边框，待指针变为箭头形状时，按住鼠标左键拖动鼠标可以移动文本框。

图 4-56　创建的文本框

温馨提示：文本框和文本占位符有哪些区别。

（1）文本框通常是根据需要人为添加的，并可以拖动到任何地方放置。

（2）文本占位符是在添加新幻灯片时，由于选择版式的不同而由系统自动添加的，其数量和位置只与幻灯片的版式有关，通常不能直接在幻灯片中添加新的占位符。

（3）文本框里的内容在大纲视图中是无法显示出来的，而文本占位符中的内容则可显示出来。

16．在演示文稿中编辑文本

在演示文稿中输入完文本后，需要对其进行编辑。下面对文本的编辑操作进行简单介绍。

（1）选择文本。

选择文本有以下 3 种方法

① 使用鼠标连续 3 次单击要选取段落中的任何位置，就可以选取该段落及其所有附属文本。

② 如果要选取单词，直接双击即可。

③ 将插入点置于占位符中，按【Ctrl+A】组合键，即可选取该占位符中的所有文本。

（2）设置文本格式。

步骤 01 在文本框输入文本，并选中输入的文本内容，如图 4-57 所示。

步骤 02 在"开始"选项区的"字体"选项卡中单击"对话框启动器"按钮，弹出"字体"对话框，如图 4-58 所示。

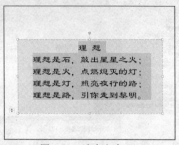

图 4-57 选中文本

图 4-58 "字体"对话框

步骤 03 在【中文字体】下拉列表中选择字体为"华文行楷"；在"大小"微调框中设置字号为"50"；单击【字体颜色】右侧的 按钮，在弹出的下拉菜单中选择【其他颜色】命令，在弹出的【颜色】对话框中的【标准】选项卡中选择一种颜色，如图 4-59 所示。

步骤 04 单击【确定】按钮，返回【字体】对话框中，单击【确定】按钮，文本框中的字体效果如图 4-60 所示。

步骤 05 选中文本框中的标题，重复"步骤 02～步骤 04"设置标题格式，效果如图 4-61 所示。

图 4-59 "标准"选项卡

图 4-60 设置字体效果

图 4-61 设置标题格式

17．在演示文稿中编辑幻灯片

（1）选中幻灯片。

① 选择一张幻灯片。选择一张幻灯片最为简单，单击视图中的任意一张幻灯片的缩略图即可选中该幻灯片。被选中的幻灯片边框线条被加粗，表示被选中，用户此时可以对其进行编辑操作。

② 选择多张幻灯片。选择多张幻灯片也有多种方法：按住【Ctrl】键可以选择不连续的多张幻灯片；按住【Shift】键可选中连续的多张幻灯片。例如，在选择多张幻灯片时，可先选择一张幻灯片，然后按住【Ctrl】键或【Shift】键，单击其他幻灯片，即可选中多张幻灯片。同时也可以在缩略图窗口中选中一张幻灯片，按住【Shift】键，然后按键盘上的【↑】【↓】键，即可选中连续的多张幻灯片。也可以在缩略图中选中一张幻灯片，按住【Shift】键，再单击另一张幻灯片之间的空白区域，该区域的中央出现一条闪烁的分隔线，按住【Shift】键，再选中另一张幻灯片，即可选中分隔线和另一张幻灯片之间的所有幻灯片。

（2）插入幻灯片。

步骤 01 在【大纲／幻灯片】编辑窗格中，单击"幻灯片"标签，打开其选项卡。

步骤 02 在该选项卡中，选中需要在其后面插入空白幻灯片的幻灯片缩略图，如图 4-62 所示。

步骤 03 单击鼠标右键，从弹出的快捷菜单中选择"新建幻灯片"命令，即可在选中幻灯片之后插入一张新的幻灯片，并且演示文稿中幻灯片的编号会自动改变，如图 4-63 所示。

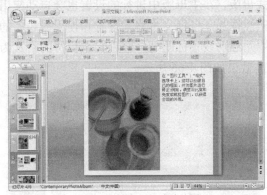

图 4-62 选中幻灯片缩略图

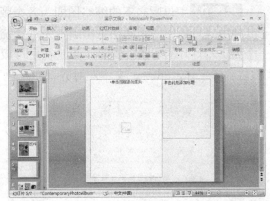

图 4-63 插入新幻灯片

（3）删除幻灯片。

步骤 01 首先选择需要删除的一张或多张幻灯片，用鼠标右键单击幻灯片缩略图，从弹出的快捷菜单中选择"删除幻灯片"命令。

步骤 02 这时可以发现选中的幻灯片被删除，PowerPoint 2007 也会重新对其余的幻灯片进行编号。

（4）复制幻灯片。

步骤 01 在【大纲／幻灯片】编辑窗格中，选中一张或多张需要复制的幻灯片。

步骤 02 单击鼠标右键，从弹出的快捷菜单中选择【复制幻灯片】命令，即可在当前选中的幻灯片之后复制该幻灯片，如图 4-64 所示。

（5）移动幻灯片。

移动幻灯片有以下 3 种方法。

① 鼠标拖动法：使用鼠标拖动法移动幻灯片，首先要在【大纲／幻灯片】编辑窗格中，选择一张或多张需要移动的幻灯片，然后按住鼠标左键将其拖至合适的位置，松开鼠标即可。

② 菜单命令法：使用菜单命令法移动幻灯片的位置，同样需要在【大纲／幻灯片】编辑窗

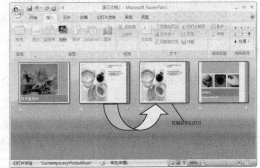

图 4-64 复制幻灯片

格中，选择一张或多张需要移动的幻灯片，然后单击鼠标右键，从弹出的快捷菜单中选择"剪切"命令，将幻灯片复制到剪贴板中。

③ 将光标置于要放置幻灯片的位置，单击鼠标右键，从弹出的快捷菜单中选择"粘贴"命令来粘贴幻灯片，即可完成幻灯片的复制或者移动。

 任务实施

1．母版制作

步骤 01 新建一个空白的名为"单位员工岗位竞聘"的演示文稿，在"视图"选项卡的

"演示文稿视图"选项组中单击"幻灯片母版"按钮,进入幻灯片母版视图,在左侧列表中选择第一个缩略图,即为幻灯片母版,如图4-65所示。

步骤02 主母版之下的缩略图即为各个版式母版,在主母版中进行的设置也会自动应用于其他版式母版中,因此在主母版中先进行统一性设置,包括文本格式设置和使用得最多的一个内文幻灯片的背景设置等。于是在主母版中先分别设置标题与一级正文占位符的格式为"微软雅黑字体,28号,文本左对齐,粉红色",效果如图4-66所示。

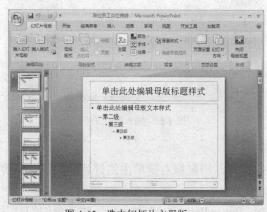

图4-65 选中幻灯片主母版

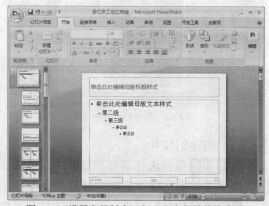

图4-66 设置主母版中一级正文占位符的格式

步骤03 在主母版中的空白处右击,在弹出的快捷菜单中选择"设置背景格式"命令,在打开的"设置背景格式"对话框的左侧单击"填充"选项卡,在右侧选中"纯色填充"单选按钮,单击"颜色"下拉列表中的"白色,背景1,深色50%"选项,将该内文幻灯片使用的背景颜色应用于主母版中,如图4-67所示。

步骤04 在主母版中继续添加图形,单击"插入"选项卡的"插图"选项组中的"形状"命令,在弹出的下拉列表中的"矩形"组中单击"圆角矩形",拖曳鼠标绘制图4-73所示大小的图形,向左拖动其"黄色菱形"标志,改变其圆角弧度。在主母版中的空白处右击,在弹出的快捷菜单中选择"设置背景格式"命令,在打开的"设置背景格式"对话框的左侧单击"填充"选项卡,在右侧选中"渐变填充"单选按钮,单击"颜色"下拉列表中的"蓝色,强调文字颜色1背景1,深色80%"。单击对话框左侧的"线条颜色"按钮,在右侧窗口中选中"无线条",将该内文幻灯片使用的背景颜色应用于主母版中,最终效果如图4-68所示。

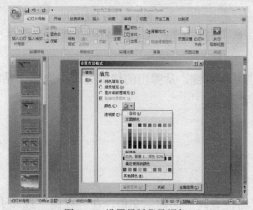

图4-67 设置母版背景颜色

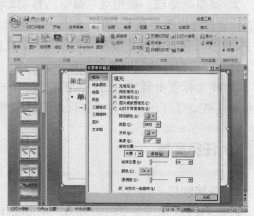

图4-68 设置主母版中圆角矩形

步骤 05 在主母版中继续添加图形,单击"插入"选项卡的"插图"选项组中的"形状"命令,在弹出的下拉列表中的"基本形状"组中单击"直角三角形",按住【Shift】键,设置填充、线条效果与"步骤 04 中的圆角矩形"相同。选中"直角三角形"顶端的"绿色圆球状"图标,将其向左旋转 180°,设置如图 4-69 所示,拖动鼠标调整图中右下角所示图形大小。

步骤 06 在主母版中继续添加图形,在幻灯片右侧底部绘制两个"圆形",设置效果的步骤参考"步骤 03"即可。绘制"双箭头"图形,设置效果参考"步骤 03",调整至两个圆形中间。单击"插入"选项卡中"文本"选项组中的"文本框"命令,在弹出的下拉列表中单击"横排文本框",输入内容为"竞岗报告",格式为"微软雅黑,14,白色,背景1"。重复"步骤 06"分别创建"岗"和"位"两个文本框,设置效果与"竞岗报告"文字相同,请参照如图 4-70 所示位置调整即可。

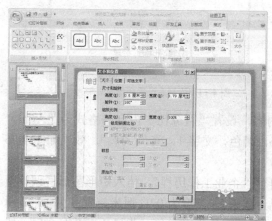
图 4-69 设置直角三角形

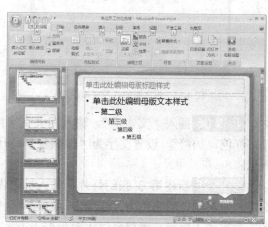
图 4-70 设置图形及文本框

步骤 07 单击"幻灯片母版"选项卡的"关闭"选项组中的"关闭母版视图"按钮,退出母版编辑状态,返回"普通视图"编辑区。

2.制作各幻灯片

步骤 01 单击"开始"选项卡的"幻灯片"组中的"新建幻灯片"按钮,在弹出的菜单中选择新幻灯片所依据的版式,这里的版式即为前面制作的母版,如图 4-71 所示。

步骤 02 新建的幻灯片自动应用所选"标题幻灯片"版式,其中已经定义了占位符的格式、背景以及布局等,直接在其中输入或复制相应的文本即可,效果如图 4-72 所示。

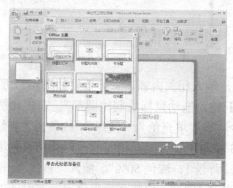
图 4-71 设置标题幻灯片版式

图 4-72 输入内容

步骤 03 再次单击"新建幻灯片"按钮，创新第 2 张幻灯片，在幻灯片中输入相应的内容，如图 4-73 所示。

步骤 04 插入"梯形"图形，拖动鼠标绘制高度为 0.79 厘米，宽度为 23.42 厘米的图形，填充色为"茶色，背景 2，无线条"；插入"矩形"图形，拖动鼠标绘制高度为 3.97 厘米，宽度为 23.42 厘米的图形，设置填充色为"茶色，背景 2，线条：实线，白色，背景 1，深色 25%"，适当调整位置，效果如图 4-74 所示。

图 4-73　第 2 张幻灯片文本设置

图 4-74　绘制并设置梯形与矩形

步骤 05 插入"文本框"，输入相关文字内容，设置"百分比"内容的格式为"Arial，12，红色，加粗"，设置文字为"微软雅黑，16，黑色，文字 1，淡色 35%"，效果如图 4-75 所示。

步骤 06 新建第 3 张幻灯片，输入标题内容"企业工作历程"，插入矩形图形，调整至幻灯片的左侧，填充色为"浅绿"，线条颜色"无线条"，高度为 0.94 厘米，宽度为 10.72 厘米。再次插入矩形，调整至以上矩形框下方，设置填充色为"白色，背景 1，深色 5%"，线条颜色为"无线条"，高度为 4.17 厘米，宽度为 10.72 厘米。分别在矩形中输入内容，设置效果如图 4-76 所示。

图 4-75　第 2 张幻灯片最终效果

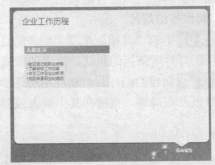

图 4-76　第 3 张幻灯片矩形设置

步骤 07 按步骤 06 依次创建 3 组 6 个矩形，输入相关内容，总体效果如图 4-77 所示。

步骤 08 插入"椭圆"图形，按住【Shift】键，拖动鼠标绘制"圆形"，右击此圆形，在弹出的快捷菜单中选中"设置形状格式"命令，设置填充色为"浅绿"，线条为"实线，白色，背景 1，深色 50%"。按【Ctrl】键，复制 3 个与所设置圆形相同的圆，分别设置填充色为"浅蓝，粉红，橙色"，线条为"实线，白色，背景 1，深色 50%"。插入"直线"，设置效果为"宽度为 2.25 磅，实线，白色，背景 1，深色 50%"，调整至适当位置。在对应的圆形位置下插入 4 个"垂直文本框",输入其文字,文字格式为"Verdana,12",整体效果如图 4-78 所示。

图 4-77 第 2 张幻灯片 4 个矩形布局

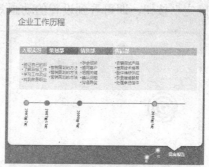

图 4-78 第 3 张幻灯片整体效果

步骤 09 新建第 4 张幻灯片,单击"插入"选项卡的"插图"选项组中的"图片"命令,弹出"插入图片"对话框,在"查找范围"下拉列表中查找文件所在的"演示图片"文件夹,选中"主要工作业绩简图",如图 4-79 所示。

步骤 10 调整至适当位置,插入"矩形框",拖曳鼠标调整至图片大小,设置"纯色填充"为"白色",线条为"无线条"。右键单击"矩形框",在弹出的快捷菜单中选择"置于顶层"子菜单中的"置于顶层",在"标题占位符中"输入文本,设置效果如图 4-80 所示。

图 4-79 插入"主要工作业绩简图"

图 4-80 第 4 张幻灯片效果图

步骤 11 新建第 5 张幻灯片,在"标题占位符"中输入文本"近期工作目标"。插入"中标"图片,调整至适当位置。插入"形状"组中的"线形标注 2(无边框)",拖动鼠标绘制图形,设置图形边框为"无线条,无填充",设置连线为"实线,白色,背景,深色 50%"。在图形内输入文本,设置格式为"微软雅黑,28,加粗,粉红色",如图 4-81 所示。

步骤 12 在"工作目标制定原则"下方插入"文本框",设置格式为"无线条,无填充",输入相应内容,内容格式为"微软雅黑,18,插入项目符号(圆点),1.5 倍行距,文本左对齐"。重复步骤 11,在下方绘制"线形标注 2(无边框)"图形,输入内容,插入文本框,设置格式为"无线条,无填充",输入相应内容,格式同上,效果如图 4-82 所示。

步骤 13 新建幻灯片,插入"封面底图"图片,设置效果如图 4-83 所示。

步骤 14 单击幻灯片视图中的第 1 张幻灯片缩略图,切换至第 1 张幻灯片处,单击"动画"选项卡的"动画"选项组中的"自定义动画"命令,选中"占位符",单击右侧"自定义动画"窗口中的"添加动画"按钮，在列表中单击"进入"，在弹出的子菜单中选择"其他效果"命令，弹出"添加进入效果"对话框，在"细微型"组中单击"淡出"，如图 4-84 所示，单击"确定"按钮，即可看到设置的动画效果。

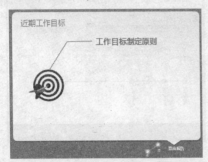

图 4-81 设置"工作目标制定原则"

图 4-82 第 5 张幻灯片效果

图 4-83 第 6 张幻灯片效果图

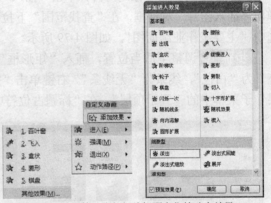

图 4-84 设置第 1 张幻灯片标题占位符动态效果

步骤 15 重复步骤 14，依次为其他幻灯片相关内容设置动画，动画效果如图 4-85 所示。（动画设计可根据设计意图自由掌握。）

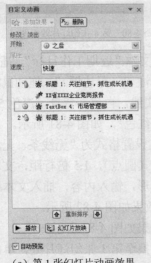

（a）第 1 张幻灯片动画效果

（b）第 2 张幻灯片动画效果

（c）第 3 张幻灯片动画效果

图 4-85 设置幻灯片动态效果

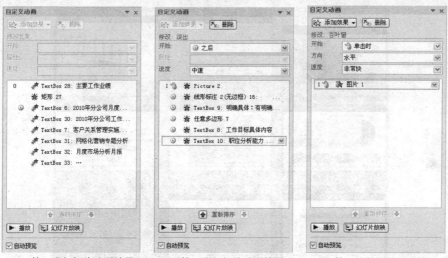

（d）第 4 张幻灯片动画效果　　（e）第 5 张幻灯片动画效果　　（f）第 6 张幻灯片动画效果

图 4-85　设置幻灯片动态效果（续）

 **任务总结**

　　小彭利用 PowerPoint 所学知识制作完成了竞聘文稿，并成功上岗。通过此次任务的实施，在制作过程中熟悉了 PowerPoint 2007 的工作环境，并能快速对文稿进行编辑、制作母版、创建幻灯片，在幻灯片中插入文字、艺术字、图片、图形，并对其进行相关设置，添加动画效果，具备了 PowerPoint 的基本操作能力。

任务二　制作年终部门领导汇报文稿

任务描述

　　年终，企业召开职工代表大会，让各个部门的领导作汇报演说，具体谈谈本年度工作取得的成绩，查找不足，改进措施，计划任务实施等销售部经理现正在着手准备本次演说，其中就包含汇报文稿的制作。工作总结（Job Summary/Work Summary），就是把一个时间段的工作进行一次全面系统的总检查、总评价、总分析、总研究，分析成绩、不足、经验等。总结是应用写作的一种，是对已经做过的工作进行理性的思考。

任务展示

　　工作进行到一定阶段或告一段落时，需要回过头来对所做的事情进行认真的分析研究，肯定成绩，找出问题，归纳出经验教训，提高认识，明确方向，以便进一步做好工作，并把这些用文字表述出来。本任务制作的年终部门领导汇报文稿如图 4-86 所示。

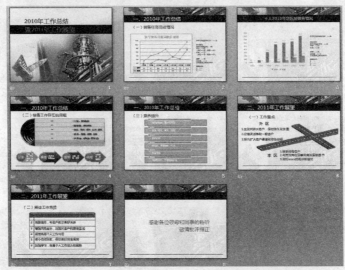

图 4-86　年终部门领导汇报文稿样文

 完成思路

1．工作汇报写作分析

（1）工作总结必须有情况的概述和叙述，有的比较简单，有的比较详细。这部分内容主要是对工作的主客观条件、有利和不利条件以及工作的环境和基础等进行分析。

（2）成绩和缺点。这是总结的中心。总结的目的就是要肯定成绩，找出缺点。成绩有哪些，有多大，表现在哪些方面，是怎样取得的；缺点有多少，表现在哪些方面，是什么性质的，怎样产生的，都应讲清楚。

（3）经验和教训。做过一件事，总会有经验和教训。为便于今后的工作，必须对以往工作的经验和教训进行分析、研究、概括、集中，并上升到理论的高度来认识。

（4）今后的打算。根据今后的工作任务和要求，吸取前一时期工作的经验和教训，明确努力方向，提出改进措施等。

2．制作流程简述

工作汇报文稿的制作按文本结构分为母版制作、图表制作、SmartArt 图形制作、表格制作、声音制作、高级动画制作 6 个部分，具体制作过程如图 4-87 所示。

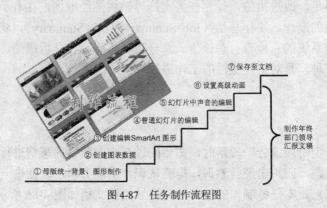

图 4-87　任务制作流程图

相关知识

1. 插入与编辑图片

在制作幻灯片的过程中，往往要插入各种各样的图片，如果只插入剪贴画和自选图形中的图片，那么制作出来的幻灯片可能达不到理想的效果，这时就可以插入其他的图片。

（1）插入图片。

步骤 01 打开要插入图片的幻灯片。

步骤 02 在"插入"选项卡的"插图"选项区中单击"图片"按钮，弹出"插入图片"对话框，如图 4-88 所示。

步骤 03 在该对话框中选择要使用的图片，单击"插入"按钮即可，效果如图 4-89 所示。

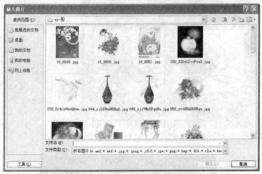
图 4-88　"插入图片"对话框

图 4-89　插入图片至幻灯片

（2）编辑图片。

图片被插入幻灯片中后，用户不仅可以精确地调整它的位置和大小，还可以旋转图片、裁剪图片、添加图片边框及压缩图片等。

① 调整图片。

步骤 01 选中图片，在"图片工具"上下文工具栏中单击"格式"标签，打开"格式"选项卡，如图 4-90 所示。

图 4-90　"格式"选项卡

步骤 02 单击"亮度"按钮，弹出其下拉列表，如图 4-91 所示。百分比越大，表示图片的亮度越高；百分比越小，表示图片的亮度越低，如图 4-92 所示。

步骤 03 选中图片，在"调整"选项区中单击"对比度"按钮，弹出其下拉列表，如图 4-93 所示。百分比越大，表示图片的对比度越强；百分比越小，表示图片的对比度越弱。

步骤 04 在该列表中选择合适的选项，效果如图 4-94 所示。

步骤 05 选中图片，在"调整"选项区中单击"重新着色"按钮，弹出其下拉列表，如图 4-95 所示。

步骤 06 在该列表中选择合适的选项，可为图片重新着色，效果如图 4-96 所示。

图 4-91 "亮度"下拉列表

图 4-92 亮度值分别为正和负时的效果

图 4-93 "对比度"下拉列表

图 4-94 对比度分别为正值和负值时的效果

图 4-95 "重新着色"下拉列表

图 4-96 选择不同着色模式时的效果

步骤 07 如果要将选中图片变成另外一幅图片,可在选后图片后单击"更改图片"按钮,弹出"插入图片"对话框。可在该对话框中选择其他图片并将其插入幻灯片中。

步骤 08 如果要将图片恢复到原始大小,在选中图片后单击"重设图片"按钮,即可将图片重设为原始大小。

② 更改样式。

步骤 01 选中要插入幻灯片中的图片。

步骤 02 用户既可以直接在"图片样式"选项区中选择系统预置的样式,也可以单击其右侧的下拉按钮,弹出样式下拉列表,如图 4-97 所示。

步骤 03 在该列表框中选择合适的样式,即可将其应用到所选图片中,如图 4-98 所示。

步骤 04 如果要对应用样式后图片的形状进行修改,可单击"图片形状"按钮,弹出其下拉列表,如图 4-99 所示。

步骤 05 在该列表中选择合适的形状,即可将其应用到所选图片上,如图 4-100 所示。

图 4-97　图片样式下拉列表

图 4-98　应用样式后的效果

图 4-99　图片形状下拉列表

图 4-100　更改图片的形状

步骤 06 如果要对图片的边框进行修改，可单击"图片边框"按钮，弹出其下拉列表，如图 4-101 所示。

步骤 07 在该列表框中选择合适的颜色，即可更改图片的边框颜色，效果如图 4-102 所示。

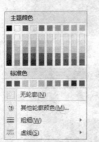

图 4-101　图片边框下拉列表

图 4-102　更改边框颜色后的效果

步骤 08 如果要对图片的效果重新进行设置，可单击"图片效果"按钮，弹出其下拉列表，如图 4-103 所示。

步骤 09 在该列表中选择合适的效果，即可将其应用到所选图片上，效果如图 4-104 所示。

③ 排列图片。

步骤 01 选中幻灯片中的某张图片，单击"图片工具"上下文工具中"格式"选项卡中的"排列"选项区中的"置于顶层"按钮，可将选中图片置于所有图片的上方，如图 4-105 所示。

步骤 02 选中幻灯片中的某张图片，单击"排列"选项区中的"置于底层"按钮，可将选中图片置于所有图片的下方，如图 4-106 所示。

图 4-103　图片效果下拉列表

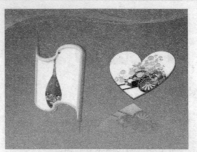

图 4-104　应用特殊效果后的效果

图 4-105　置于顶层

图 4-106　置于底层

步骤 03 如果要将选中的图片上移一层，可单击"置于顶层"按钮，在弹出的下拉菜单中选择"上移一层"命令即可；如果要将选中的图片下移一层，可单击"置于底层"按钮，在弹出的下拉菜单中选择"下移一层"命令即可。

步骤 04 如果要隐藏某张图片，可单击"选择窗格"按钮，弹出"选择和可见性"面板，如图 4-107 所示。单击要隐藏图片右侧的图标即可，如图 4-108 所示。要重新显示该图片，再次单击该图标即可。

图 4-107　"选择和可见性"面板

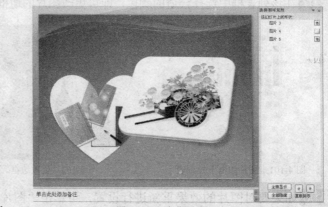

图 4-108　隐藏图片

步骤 05 如果要隐藏所有图片，单击该面板下方的"全部隐藏"按钮即可；如果要重新显示隐藏的所有图片，单击"全部显示"按钮即可；如果要调整图片的排列顺序，单击"上移一层"按钮或"下移一层"按钮即可。

步骤 06 如果要使图片按照某种方式对齐，可将所有图片选中，单击"对齐"按钮，弹出其下拉菜单，如图 4-109 所示。在该下拉菜单中选择合适的选项，即可使所选图片按照该种方式对齐，如图 4-110 所示。

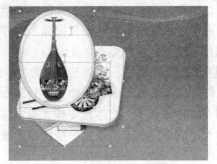

图 4-109 对齐下拉菜单　　　　　　图 4-110　所有图片左对齐

步骤 07 如果要旋转某张图片，可以拖动图片选择框中间的绿色手柄进行手动旋转，也可以单击"旋转"按钮，从弹出的下拉菜单，如图 4-111 所示，中选择某个选项，使其按照某个方向精确旋转，如图 4-112 所示。

图 4-111　旋转下拉菜单　　　　　　图 4-112　旋转后的图片

④ 更改大小。

当将某张图片插入幻灯片中后，一般都需要对其大小进行调整，以使其符合用户需要。调整图片大小的具体操作步骤如下。

步骤 01 选中要调整大小的图片，单击"大小"选项区中的"裁剪"按钮，此时图片周围出现裁剪框，如图 4-113 所示。

步骤 02 将鼠标指针置于裁剪框的任意一点上，按住鼠标左键并拖动鼠标，即可改变图片的大小，如图 4-114 所示。

图 4-113　图片裁剪框　　　　　　图 4-114　裁剪后的图片

步骤 03 除此之外，用户还可以在高度和宽度文本框中直接输入数值设置图片的大小。

2. 插入剪贴画

Office 剪辑库自带了大量的剪贴画，并根据剪贴画的内容设置了不同的类别和关键字，其中包括人物、植物、动物、建筑物、保健、背景、标志、科学、工具、旅游、农业及形状等图形类别。用户可以将这些剪贴画直接插入幻灯片中。

步骤 01 打开需要插入剪贴画的幻灯片。

步骤 02 在"图片工具"上下文工具中的"格式"选项卡中的"插图"选项区中单击"剪贴画"按钮，打开"剪贴画"面板，如图 4-115 所示。

步骤 03 在"搜索文字"文本框中输入搜索信息，在"搜索范围"下拉列表框中选择搜索的范围。输入完成后，单击"搜索"按钮即可搜索到相关图片，如图 4-116 所示。

图 4-115 "剪贴画"面板

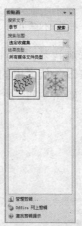

图 4-116 搜索到的图片

步骤 04 在图片列表框中单击所需图片，即可将其插入幻灯片中，如图 4-117 所示。

步骤 05 如果列表框中的剪贴画不能满足要求，单击"管理剪辑"超链接，打开剪辑管理器窗口，如图 4-118 所示。

图 4-117 插入的剪贴画

图 4-118 剪辑管理器窗口

步骤 06 在该窗口中选择所需的剪贴画，单击鼠标右键，从弹出的快捷菜单中选择"复制"命令。在幻灯片中单击鼠标右键，从弹出的快捷菜单中选择"粘贴"命令即可。

步骤 07 将剪贴画插入幻灯片中之后，也可以对其进行编辑。其编辑方法与图片的编辑方法相同，在此不再赘述，用户可参照前面介绍的方法进行编辑。

3．插入与编辑形状

在 PowerPoint 2007 中，形状是指一组预定义的图形，如矩形、直线等，用户可以将这些形状插入幻灯片中，还可以对其进行各种编辑操作。

（1）插入形状。

步骤 01 在"插入"选项卡中的"插图"选项区中单击"形状"按钮，弹出其下拉列表，如图 4-119 所示。

步骤 02 在该列表框中选择要使用的形状，单击鼠标左键，此时鼠标指针变成"十"字形，在幻灯片中按住鼠标左键并拖动鼠标，即可绘制出该形状，如图 4-120 所示。

图 4-119 形状下拉列表

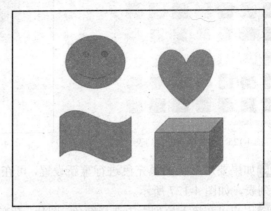

图 4-120 插入的形状

（2）编辑形状。

将形状插入幻灯片中之后，还可以对其形状样式、大小等进行编辑，下面分别介绍这些操作。

① 更改形状。

步骤 01 选中要更改外观的形状，在"绘图工具"上下文工具中单击"格式"标签，打开"格式"选项卡，如图 4-121 所示。

图 4-121 "格式"选项卡

步骤 02 在"格式"选项卡中的"插入形状"选项区中单击 编辑形状 ·按钮，弹出其下拉列表，如图 4-122 所示。

步骤 03 在该列表中选择"编辑顶点"选项，此时被选中图片周围出现编辑点，如图 4-123 所示。

步骤 04 单击并拖动编辑点，即可改变形状的外观，效果如图 4-124 所示。

图 4-122 下拉列表

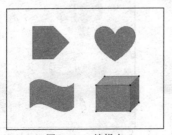

图 4-123 编辑点

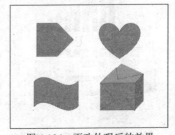

图 4-124 更改外观后的效果

② 设置形状样式。

步骤 01 选中要更改样式的形状。

步骤 02 在"形状样式"选项区中单击 按钮，弹出其下拉列表，如图 4-125 所示。

步骤 03 在该列表中选择合适的选项，即可将其应用到所选形状上，效果如图 4-126 所示。

图 4-125　形状样式下拉列表

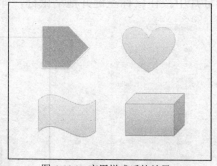

图 4-126　应用样式后的效果

步骤 04 如果要对形状的填充色进行重新设置，可在选中形状后单击"形状填充"按钮，弹出其下拉列表，如图 4-127 所示。

步骤 05 用户可在该下拉列表中选择纯色、图片、渐变以及纹理填充形状，效果如图 4-128 所示。

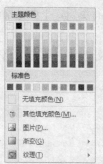

图 4-127　"形状填充"下拉列表

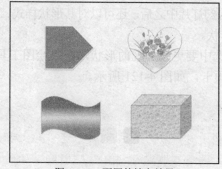

图 4-128　不同的填充效果

步骤 06 如果要对形状的形状轮廓进行重新设置，可在选中形状后单击"形状轮廓"按钮，弹出其下拉列表，如图 4-129 所示。

步骤 07 用户可以在该列表框中为形状的轮廓设置不同的线型，如图 4-130 所示。

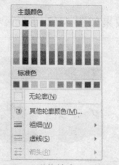

图 4-129　"形状轮廓"下拉列表

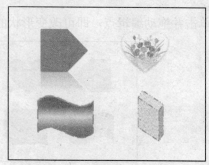

图 4-130　应用形状轮廓后的效果

③ 排列和更改大小。

如果要对幻灯片中的形状进行排列，可在选中形状后在"排列"选项区中选择合适的选项进行排列；如果要更改形状的大小，可直接在"大小"选项区中的高度和宽度文本框中输入数值进行设置。其具体的操作方法与图片的编辑操作基本相同，用户可参照前面介绍的方法进行操作。

4．插入与编辑 SmartArt 图形

SmartArt 图形是信息和观点的视觉表示形式。可以从多种布局中创建不同的 SmartArt 图形，从而快速、轻松、有效地传达信息。

（1）插入 SmartArt 图形。

步骤01 在"插入"选项卡的"插图"选项区中单击"SmartArt"按钮，弹出"选择 SmartArt 图形"对话框，如图 4-131 所示。

步骤02 在对话框左侧的列表框中选择 SmartArt 图形的类型，在"列表"列表框中选择要插入图形的样式，单击"确定"按钮，即可在幻灯片中插入所需的 SmartArt 图形，如图 4-132 所示。

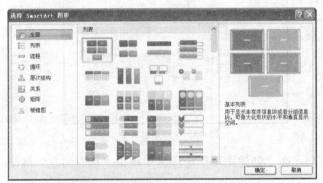

图 4-131　"选择 SmartArt 图形"对话框

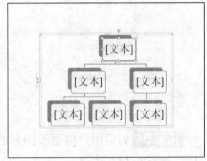

图 4-132　插入 SmartArt 图形

步骤03 单击 SmartArt 图形中的一个形状，然后输入文本，或单击"文本"窗格中的"[文本]"，然后输入文字，如图 4-133 所示。

步骤04 至此，完成该 SmartArt 图形的创建，效果如图 4-134 所示。

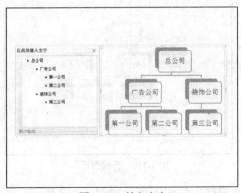

图 4-133　输入文本

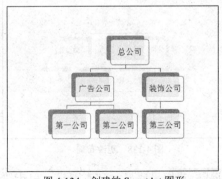

图 4-134　创建的 SmartArt 图形

（2）编辑 SmartArt 图形。

① 添加形状。

步骤01 选中创建的 SmartArt 图形，在"SmartArt 工具"上下文工具中选择"设计"选项卡，如图 4-135 所示。

图 4-135 "设计"选项卡

步骤 02 在"创建图形"选项区中单击"添加形状"按钮，弹出其下拉列表，如图 4-136 所示。

步骤 03 在该列表中选择合适的选项，即可在相应位置添加形状。图 4-137 所示为在"装饰公司"下方添加形状后的图形。

图 4-136 "添加形状"下拉列表

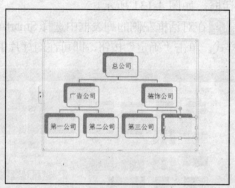

图 4-137 添加形状

步骤 04 如果用户要更改图形的布局，在"创建图形"选项区中单击"从右向左"按钮即可，如图 4-138 所示。

步骤 05 选中图形中的某个部分，单击"升级"按钮，可将其升级；单击"降级"按钮，可将其降级。图 4-139 所示为升级后的图形。

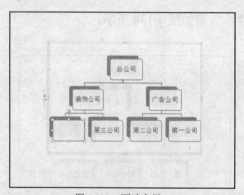

图 4-138 更改布局

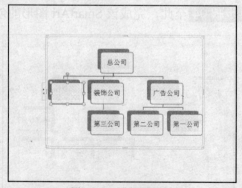

图 4-139 升级图形

步骤 06 如果要显示文本窗格，单击"文本窗格"按钮即可，如图 4-140 所示。再次单击该按钮，可隐藏文本窗格。

② 更改布局。

步骤 01 在"布局"选项卡中单击▼按钮，弹出布局下拉列表，如图 4-141 所示。

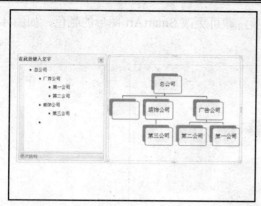

图 4-140 显示文本窗格

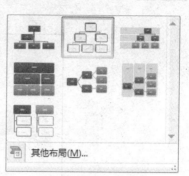

图 4-141 布局下拉列表

步骤 02 在该对话框中选择合适的选项,即可更改图形的布局,如图 4-142 所示。

③ 更改 SmartArt 样式。

步骤 01 在"SmartArt 样式"选项区中单击"SmartArt"按钮,弹出布局下拉列表,如图 4-143 所示。

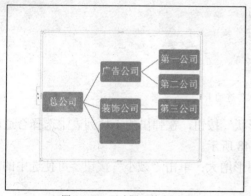

图 4-142 更改图形的布局

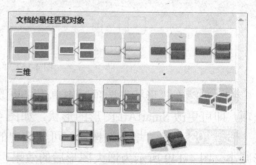

图 4-143 SmartArt 样式下拉列表

步骤 02 在该列表中选择合适的样式,即可改变 SmartArt 图形的外观,如图 4-144 所示。

步骤 03 如果要对 SmartArt 图形的颜色进行更改,单击"更改颜色"按钮,弹出其下拉列表,如图 4-145 所示。

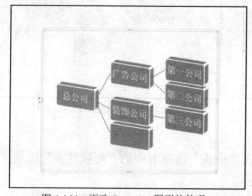

图 4-144 更改 SmartArt 图形的外观

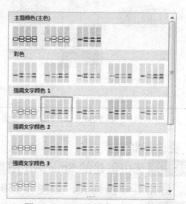

图 4-145 更改颜色下拉列表

步骤 04 在该下拉列表中选择合适的选项，即可更改 SmartArt 图形的颜色，如图 4-146 所示。

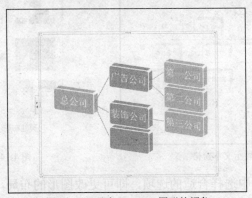

图 4-146 更改 SmartArt 图形的颜色

④ 更改形状。

步骤 01 在"SmartArt 工具"上下文工具中选择"格式"选项卡，如图 4-147 所示。

图 4-147 "格式"选项卡

步骤 02 在"形状"选项区中单击"更改形状"按钮，在弹出的下拉列表中选择合适的选项，即可更改 SmartArt 图形的形状，如图 4-148 所示。

步骤 03 单击"增大"按钮，可使选中的图形增大；单击"减小"按钮，可使选中的图形减小。图 4-149 所示为增大图形后的效果。

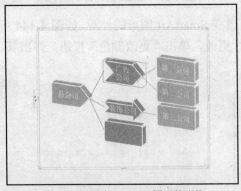

图 4-148 更改 SmartArt 图形的形状

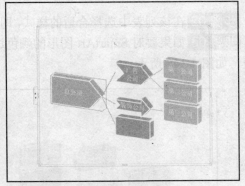

图 4-149 增大图形后的效果

⑤ 更改形状样式。

步骤 01 选中创建的 SmartArt 图形，在"格式"选项卡中的"形状样式"选项区中单击 按钮，弹出其下拉列表，如图 4-150 所示。

步骤 02 在该列表中选择合适的样式，即可改变 SmartArt 图形的样式，如图 4-151 所示。

图 4-150 形状样式下拉列表

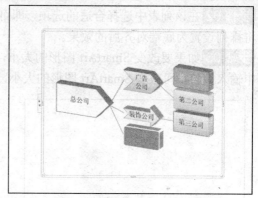

图 4-151 改变 SmartArt 图形的样式

步骤 03 如果要改变 SmartArt 图形的填充色,单击"形状填充"按钮,在弹出的下拉列表中选择合适的选项即可,如图 4-152 所示。

步骤 04 如果要改变 SmartArt 图形的形状轮廓,单击"形状轮廓"按钮,在弹出的下拉列表中选择合适的选项即可,如图 4-153 所示。

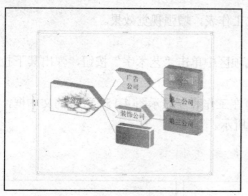

图 4-152 改变 SmartArt 图形的填充色

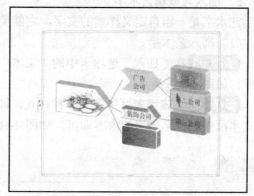

图 4-153 改变 SmartArt 图形的形状轮廓

步骤 05 如果要改变 SmartArt 图形的形状效果,可单击"形状效果"按钮,在弹出的下拉菜单中选择合适的选项即可,如图 4-154 所示。

⑥ 改变排列和大小

步骤 01 在"格式"选项卡中单击"排列"按钮,弹出其下拉列表,如图 4-155 所示。

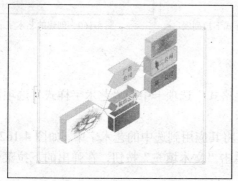

图 4-154 改变 SmartArt 图形的形状效果

图 4-155 排列下拉列表

步骤 02 在该列表中选择合适的选项，即可改变 SmartArt 图形的排列方式。图 4-156 所示为将排列设置为底端对齐后的效果。

步骤 03 如果要改变 SmartArt 图形的大小，单击"大小"按钮，在弹出的高度和宽度文本框中输入数值，可改变 SmartArt 图形的大小，如图 4-157 所示。

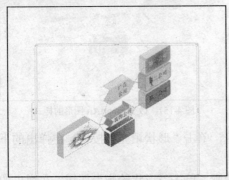

图 4-156 底端对齐

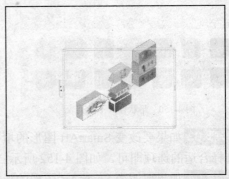

图 4-157 改变 SmartArt 图形的大小

5．插入与编辑艺术字

艺术字是一组自定义样式的文字，它能美化工作表，增强视觉效果。

（1）插入艺术字。

步骤 01 在"插入"选项卡中的"文本"选项区中单击"艺术字"按钮，弹出其下拉列表框，如图 4-158 所示。

步骤 02 在该列表框中选择一种样式，即可在工作表中显示图 4-159 所示的文本框，在该文本框中输入艺术字的内容即可，如图 4-160 所示。

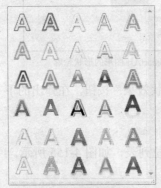

图 4-158 创建的艺术字

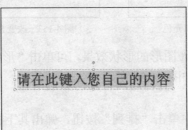

图 4-159 艺术字样式下拉列表

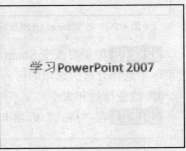

图 4-160 创建的艺术字

（2）编辑艺术字。

步骤 01 选中创建的艺术字。

步骤 02 在"绘图工具"上下文工具的"格式"选项卡中的"艺术字样式"选项区中单击 按钮，弹出其下拉列表，如图 4-161 所示。

步骤 03 在该列表中选择一种样式，即可将其应用到选中的艺术字中，如图 4-162 所示。

步骤 04 如果要更改文本的填充色，可单击"文本填充"按钮，在弹出的下拉菜单中选择合适的选项即可，如图 4-163 所示。

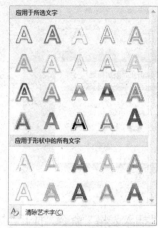

图 4-161　艺术字样式下拉列表

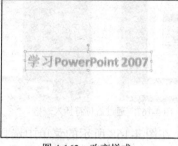

图 4-162　改变样式

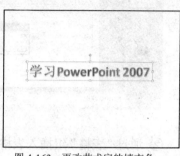

图 4-163　更改艺术字的填充色

步骤 05 如果要改变文本的轮廓颜色，可单击"文本轮廓"按钮，在弹出的下拉菜单中选择合适的选项即可，如图 4-164 所示。

步骤 06 如果要改变艺术字的文本效果，可单击"文本效果"按钮，弹出其下拉列表，如图 4-165 所示。

步骤 07 在该列表中选择合适的选项，即可改变艺术字的文本效果，如图 4-166 所示。

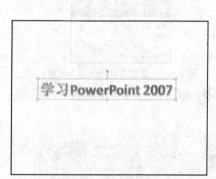

图 4-164　艺术字的轮廓颜色

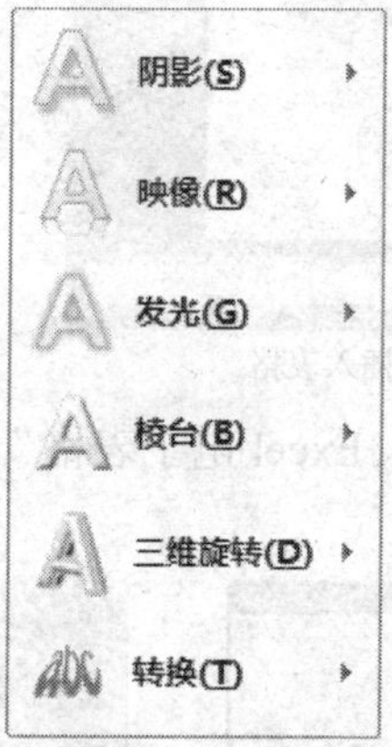

图 4-165　"文本效果"下拉列表

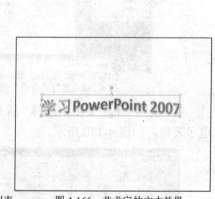

图 4-166　艺术字的文本效果

6. 插入与编辑表格

表格是组织数据最有用的工具之一，能够以易于理解的方式显示数字或者文本。在多媒体演示文稿中，有些数据很难通过文字、图片、图形等来表达，如销售数据报告、生产报表或财务预算中的数据等，然而这些数据用表格来表达却可以一目了然。PowerPoint 2007 为用户提供了表格处理工具，使用它，可以方便地在幻灯片中插入表格，然后在其中输入数据。

（1）插入表格。

① 通过占位符插入表格。当幻灯片版式为内容版式或文字和内容版式时，可以通过幻灯片中项目占位符中的"插入表格"按钮来创建。其方法很简单，在 PowerPoint 2007 中，单击占位符中的"插入表格"按钮▦，打开"插入表格"对话框，在"行数"和"列数"文本框中输入行数和列数，单击"确定"按钮，即可快速插入表格，如图 4-167 所示。

图 4-167　通过占位符插入表格

② 通过"表格"组插入表格。在图 4-168 所示的菜单中选择"插入表格"命令，打开"插入表格"对话框，在"行数"和"列数"文本框中输入行数和列数，如图 4-169 所示，单击"确定"按钮，即可在幻灯片中插入表格。

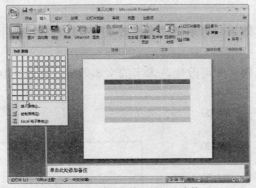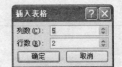

图 4-168　通过"表格"组插入表格　　　　　　　图 4-169　使用菜单命令插入表格

在"表格"下拉菜单中选择"插入 Excel 电子表格"命令，即可在幻灯片中插入一个 Excel 电子表格，如图 4-170 所示。

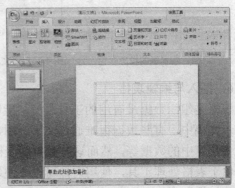

图 4-170　插入一个 Excel 电子表格

③ 绘制表格。在日常工作中，如果 PowerPoint 所提供的插入表格功能难以满足用户需求，那么可以通过 PowerPoint 2007 的绘制表格功能来解决一些实际问题。

在"插入"选项卡中单击"表格"下拉按钮，从弹出的下拉菜单中选择"绘制表格"命令，当光标变成"笔"形状 ℓ 时，拖动鼠标，绘制表格的外框，如图 4-171 所示。

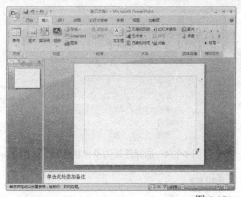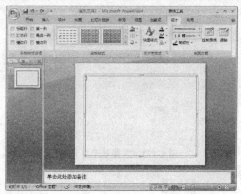

图 4-171　绘制表格外框

然后在"绘图边框"组中单击"绘制表格"按钮，将光标移至为边框内部（表格内部），绘制出表格的行和列，如图 4-172 所示。再次单击"绘制表格"按钮，可结束表格的绘制。

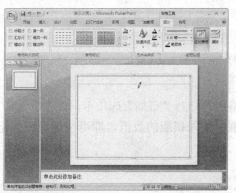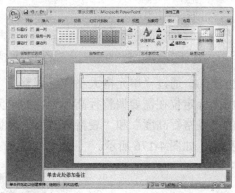

图 4-172　绘制表格内部边框

（2）编辑表格。插入幻灯片中的表格不仅可以像文本框和占位符一样被选中、移动、调整大小及删除，还可以对单元格进行编辑，如拆分、合并、添加行、添加列、设置行高和列宽等。

① 选取表格。在编辑表格对象时，需要先选中它，所选中的单元格呈蓝色底纹显示。选择单元格的方法和选择幻灯片中的文本类似，常见的几种选择方法如下。

方法一：选择单个单元格。将光标移动到单元格的左端线上，当光标变为一个指向右的黑色箭头➡时，单击即可，如图 4-173 所示。

方法二：选择整行和整列。将光标移动到表格边框的左侧的行标上，当光标变为➡形状时，单击即可选中该行。同样将光标移动到表格边框上方的列标上，当光标变为↓形状时，单击即可选中该列。

方法三：选择连续的单元格区域。将光标移动到需选择的单元格区域左上角，拖动鼠标至右下角，可选择左上角至右下角之间的单元格区域，如图 4-174 所示。

方法四：选择整个表格。将光标移动到任意单元格中，然后按【Ctrl+A】组合键，即可选中整个表格。

② 调整行高和列宽。

方法一：使用鼠标拖动调整。

使用鼠标拖动调整行高和列宽是最常用的方法。将光标移至表格的行或列边界上，当光标变为双向箭头形状↔或↕时，拖动鼠标调整列或宽行高，如图 4-175 所示。

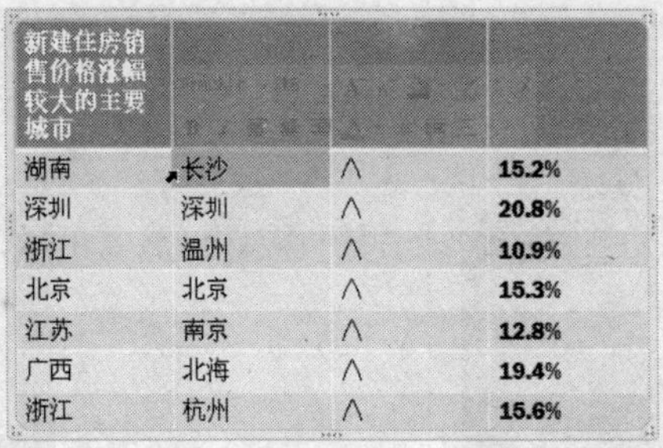
新建住房销售价格涨幅较大的主要城市
湖南 长沙 ∧ 15.2%
深圳 深圳 ∧ 20.8%
浙江 温州 ∧ 10.9%
北京 北京 ∧ 15.3%
江苏 南京 ∧ 12.8%
广西 北海 ∧ 19.4%
浙江 杭州 ∧ 15.6%

图 4-173　选择单个单元格

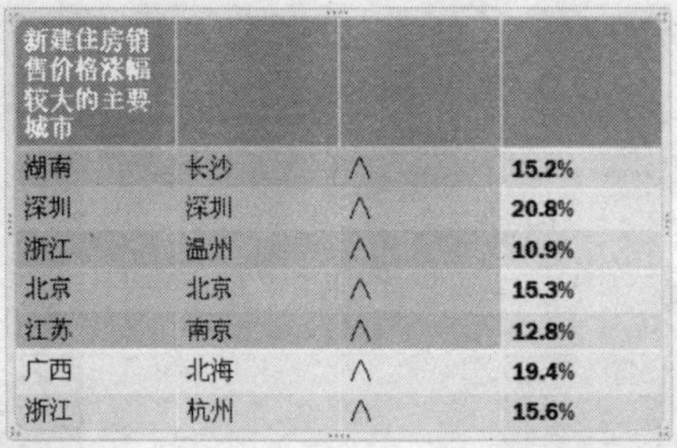
新建住房销售价格涨幅较大的主要城市
湖南 长沙 ∧ 15.2%
深圳 深圳 ∧ 20.8%
浙江 温州 ∧ 10.9%
北京 北京 ∧ 15.3%
江苏 南京 ∧ 12.8%
广西 北海 ∧ 19.4%
浙江 杭州 ∧ 15.6%

图 4-174　选择连续的单元格区域

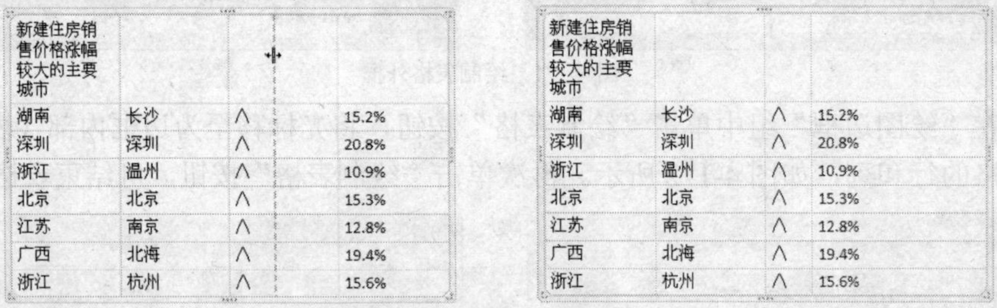
新建住房销售价格涨幅较大的主要城市
湖南 长沙 ∧ 15.2%
深圳 深圳 ∧ 20.8%
浙江 温州 ∧ 10.9%
北京 北京 ∧ 15.3%
江苏 南京 ∧ 12.8%
广西 北海 ∧ 19.4%
浙江 杭州 ∧ 15.6%
新建住房销售价格涨幅较大的主要城市
湖南 长沙 ∧ 15.2%
深圳 深圳 ∧ 20.8%
浙江 温州 ∧ 10.9%
北京 北京 ∧ 15.3%
江苏 南京 ∧ 12.8%
广西 北海 ∧ 19.4%
浙江 杭州 ∧ 15.6%

图 4-175　调整表格的列宽

方法二：通过“单元格大小”组调整。

将光标定位在需要调整行高和列宽的单元格内，打开“布局”选项卡，在“单元格大小”组中的“表格行高度”和“表格列宽度”微调框中输入相应的数值，即可快速调整表格的行高和列宽，如图 4-176 所示。

4 厘米
分布行
4 厘米
分布列
单元格大小
新建住房销售价格涨幅较大的主要城市
湖南 长沙 ∧ 15.2%
深圳 深圳 ∧ 20.8%
浙江 温州 ∧ 10.9%
北京 北京 ∧ 15.3%
江苏 南京 ∧ 12.8%
广西 北海 ∧ 19.4%
浙江 杭州 ∧ 15.6%

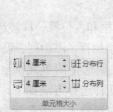

图 4-176　调整单元格的大小

③ 插入行或列。通常情况下，用户可以通过“布局”选项卡中的“行和列”组来插入行或列。在表格中插入行或列，可以分为在上方插入行和在下方插入行，在左侧插入列和在右侧插入列这 4 种情况，具体介绍如下。

方法一：在行的上方插入行。将光标移至插入位置，在“行和列”组中单击“在上方插入”按钮即可。

方法二：在行的下方插入行。将光标移至插入位置，在“行和列”组中单击“在下方插入”按钮即可。

方法三：在列的左侧插入列。将光标移至插入位置，在“行和列”组中单击“在左侧插入”按钮即可。

方法四：在列的右侧插入列。将光标移至插入位置，在“行和列”组中单击“在右侧插入”按钮即可。

④ 删除行或列。选择要删除的行或列，打开"布局"选项卡，在"行和列"组中单击"删除"下拉按钮，从弹出的菜单中选择"删除行"或"删除列"命令，即可快速删除行或列。图 4-177 所示的是删除行的操作过程。

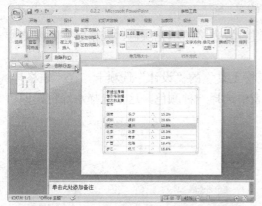

图 4-177 删除行的操作

⑤ 合并单元格。将两个或多个相邻的单元格合并为一个单元格的操作称为合并单元格，而将一个单元格拆分为两个或多个相邻单元格的操作称为拆分单元格。在编辑单元格时，用户可以通过"表格工具"的"布局"选项卡的"合并"组来实现合并与拆分单元格操作。

【例 4-1】 在"房产报告"演示文稿中合并单元格。

步骤 01 启动 PowerPoint 2007 应用程序，打开"房产报告"演示文稿。

步骤 02 在幻灯片缩略图中单击第 2 张幻灯片，将其显示在编辑窗口中。

步骤 03 选择表格的第 1 行，打开"表格工具"的"布局"选项卡，在"合并"组中单击"合并单元格"按钮，此时将 4 个单元格合并为一个单元格，如图 4-178 所示。

步骤 04 在快速访问工具栏中单击"保存"按钮，保存修改后的"房产报告"演示文稿。

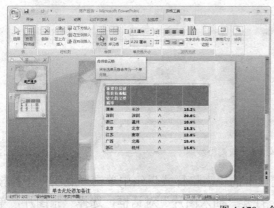
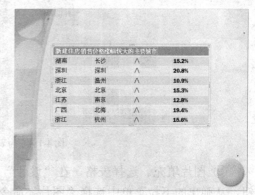

图 4-178 合并单元格

⑥ 拆分单元格。在表格中选择要拆分的单元格，打开"布局"选项卡，在"合并"组中单击"拆分单元格"按钮，打开"拆分单元格"对话框，在微调框中输入将拆分为的行数与列数，单击"确定"按钮，即可实现单元格的拆分操作，如图 4-179 所示。

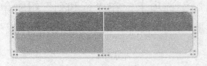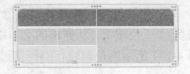

图 4-179 拆分单元格

（3）美化表格。在幻灯片中，用户可以通过设置表格的填充颜色、表格字体、表格样式等操作来美化表格的外观。

① 纯色填充。选择整个表格后，打开"表格工具"的"设计"选项卡，在"表格样式"组中单击"底纹"下拉按钮，从弹出的下拉列表中选择一种颜色，这里选择水绿色，即可为表格填充该颜色，如图 4-180 所示。

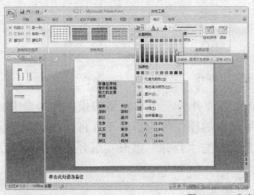

图 4-180 为表格填充水绿色

② 纹理填充。

选择表格，在"设计"选项卡的"表格样式"组中单击"底纹"下拉按钮，从弹出的下拉菜单中选择"纹理"命令，在出现的级联菜单中选择一种纹理样式，如选择"水滴"样式，即可应用该填充色，如图 4-181 所示。

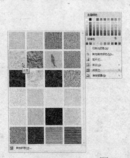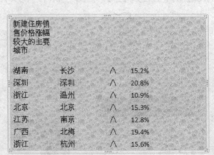

图 4-181 为表格填充"水滴"纹理

③ 图片填充。选择表格，在"设计"选项卡的"表格样式"组中单击"底纹"下拉按钮，从弹出的下拉菜单中选择"图片"命令，打开"插入图片"对话框，选择一张图片，单击"插入"按钮，将图片填充到表格中，如图 4-182 所示。

④ 设置表格文本格式。

【例 4-2】 在"房产报告"演示文稿中设置表格文本格式。

步骤 01 启动 PowerPoint 2007 应用程序，打开"房产报告"演示文稿。

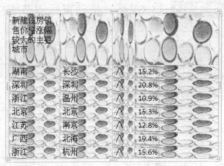

图 4-182　为表格填充图片效果

步骤 02 在幻灯片缩略图中单击第 2 张幻灯片,将其显示在编辑窗口中。

步骤 03 选择表格中的第 2 行至第 8 行文本,打开"开始"选项卡,在"字体"组中单击"字体"下拉按钮,从弹出的下拉列表中选择"隶书"选项,如图 4-183 所示。

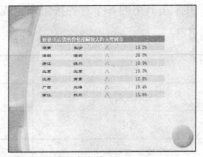

图 4-183　设置文本字体

步骤 04 在"开始"选项卡的"字体"组中,单击"字体颜色"下拉按钮,从弹出的颜色面板中选择"深蓝色"色块,为文本应用该颜色,如图 4-184 所示。

步骤 05 选择表格的第 1 行文本,打开"表格工具"的"设计"选项卡,在"艺术字样式"组中单击"快速样式"下拉按钮,从弹出的下拉列表中选择图 4-185 所示的艺术字样式。

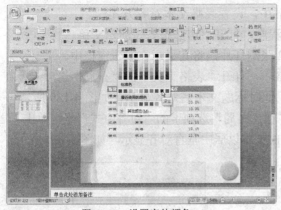

图 4-184　设置字体颜色　　　　图 4-185　选择艺术字样式

步骤 06 此时显示应用艺术字样式后的文本,效果如图 4-186 所示。

步骤 07 选择表格的第 1 行文本,打开"开始"选项卡,在"字体"组中单击"字号"下拉按钮,从弹出的下拉列表中选择"24"选项,此时文本效果如图 4-187 所示。

步骤 08 选中表格，拖动鼠标调节表格的大小和位置，效果如图 4-188 所示。

图 4-186　显示应用艺术字样式后的效果　　　图 4-187　设置文本字号　　　图 4-188　调节表格大小和位置

步骤 09 在快速访问工具栏中单击"保存"按钮，保存修改后的"房产报告"演示文稿。

⑤ 设置表格对齐方式。使用表格对齐方式，可以规范表格中的文本，使表格外观整齐。在表格中，文本默认是靠左上侧对齐，设置对齐方式，可以通过选择"表格工具"的"布局"选项卡的"对齐方式"组，并单击其中的 6 个对齐按钮来完成。这 6 个对齐按钮的功能如表 4-5 所示。

表 4-5　　　　　　　　　　　　　　　对齐按钮的功能

按钮	名称	作用
	文本左对齐	将表格中的文本左对齐
	居中	将表格中的文本居中对齐
	文本右对齐	将表格中的文本右对齐
	顶端对齐	将表格中的文本顶端对齐
	垂直对齐	将表格中的文本垂直对齐
	底端对齐	将表格中的文本底端对齐

【例 4-3】　在"房产报告"演示文稿中，设置表格文本对齐方式。

步骤 01 启动 PowerPoint 2007 应用程序，打开"房产报告"演示文稿。

步骤 02 在幻灯片缩略图中单击第 2 张幻灯片，将其显示在编辑窗口中。

步骤 03 将光标定位在第 1 行单元格中，打开"表格工具"的"布局"选项卡，在"对齐方式"组中单击"文本右对齐"按钮，此时标题文本右对齐显示，如图 4-189 所示。

步骤 04 选中第 2 行至第 8 行文本，在"布局"选项卡的"对齐方式"组中单击"居中"按钮和"垂直对齐"按钮，此时所有选中的文本以居中垂直对齐显示，如图 4-190 所示。

图 4-189　设置标题对齐方式　　　　　　　　图 4-190　设置表格文本对齐方式

步骤 05 在快速访问工具栏中单击"保存"按钮，保存修改后的"房产报告"演示文稿。

⑥ 应用内置表格样式。如果用户希望表格更加美观、更加符合整个演示文稿的风格，可以套用 PowerPoint 2007 内置的表格样式，从而快递改变表格的外观。

应用内置表格样式的方法很简单，选中表格后，打开"表格工具"的"设计"选项卡，在"表格样式"组中单击"其他"按钮，从弹出的下拉列表中选择一种内置的表格样式，如选择"浅色样式 2-强调 4"选项，即可为表格自动套用该样式，效果如图 4-191 所示。

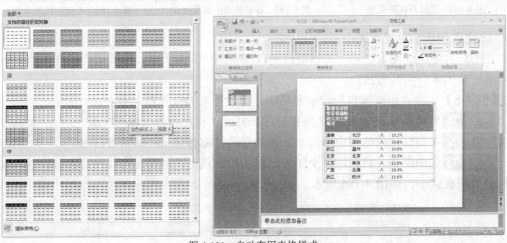

图 4-191　自动套用表格样式

7．插入与编辑图表

与文字数据相比，形象直观的图表更容易让人理解，它以简单易懂的方式反映了各种数据关系。PowerPoint 附带了一种 Microsoft Graph 的图表生成工具，它能提供各种不同的图表来满足用户的需要，使得创建图表的过程简便且自动化。

（1）插入图表。在功能区打开"插入"选项卡，在"插图"组中单击"图表"按钮，打开"插入图表"对话框，如图 4-192 所示。该对话框提供了 11 种图表类型，每种类型可以分别用来表示不同的数据关系。

图 4-192　"插入图表"对话框

【例 4-4】　在"房产报告"演示文稿中，使用图表说明表格中的数据。

步骤 01 启动 PowerPoint 2007 应用程序，打开"房产报告"演示文稿。

步骤 02 在幻灯片缩略图中单击第 2 张幻灯片，将其显示在编辑窗口中。

步骤 03 打开"插入"选项卡，在"插图"组中单击"图表"按钮，打开"插入图表"对话框。在对话框的"折线图"列表中选择"带数据标记的折线图"选项，如图 4-193 所示。

步骤 04 单击"确定"按钮，此时打开 Excel 2007 应用程序。在 Excel 2007 工作界面中修改类别值和系列值，如图 4-194 所示。

步骤 05 关闭 Excel 2007 应用程序，此时折线图添加到幻灯片中，如图 4-195 所示。

步骤 06 在快速访问工具栏中单击"保存"按钮，保存添加的图表。

| 图 4-193 选择折线图类型 | 图 4-194 在数据表中修改数值 | 图 4-195 添加的图表效果 |

① 更改图表的位置和大小。

在幻灯片中创建图表之后，可以通过更改图表的位置和大小，使其适合幻灯片的大小。下面通过实例来介绍其方法。

【例 4-5】 在"房产报告"演示文稿中，更改图表的位置和大小。

步骤 01 启动 PowerPoint 2007 应用程序，打开"房产报告"演示文稿。

步骤 02 在幻灯片缩略图中单击第 2 张幻灯片，将其显示在编辑窗口中。

步骤 03 选中图表，将光标移至图表边框的控制点上，当其变为双向箭头形状时，拖动鼠标调节图表大小，如图 4-196 所示。

图 4-196 更改图表的大小

步骤 04 选中图表，将光标移至图表边框或图表空白处，当其变为四向箭头形状时，拖动鼠标到合适的位置后释放鼠标，即可更改图表位置，如图 4-197 所示。

图 4-197 更改图表的位置

步骤 05 在快速访问工具栏中单击"保存"按钮，保存更改的图表。

② 更改图表类型。

如果创建图表后发现选择的图表并不能直观地反映数据，可以将其更改为另一种更合适的类型。用户可以使用以下 3 种方法实现图表类型的更改。

方法一：通过"设计"选项卡更改。打开"设计"选项卡，在"类型"组中单击"更改图表类型"按钮，打开"更改图表类型"对话框，在其中选择一种图表类型，单击"确定"按钮即可，如图 4-198 所示。

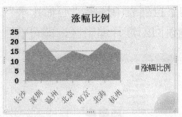

图 4-198　更改图表的类型

方法二：通过右击更改。右击图表，从弹出的快捷菜单中选择"更改图表类型"命令，同样打开"更改图表类型"对话框，在其中选择一种图表类型，单击"确定"按钮即可。

方法三：通过"插入"选项卡更改。选择图表，打开"插入"选项卡，在"插图"组中单击"图表"按钮，同样打开"更改图表类型"对话框，在其中选择一种图表类型，单击"确定"按钮即可。

（2）编辑图表。完成图表的基本编辑操作后，如果图表的整体效果不够美观，用户可以通过对图表中的样式、背景颜色、坐标轴等图表元素进行格式化来美化图表。

① 修改图表样式。和表格一样，PowerPoint 同样为图表提供了图表样式。图表样式可以使一个图表应用不同的颜色方案、阴影样式、边框格式等。在幻灯片中选中插入的图表，功能区将显示"设计"选项卡，如图 4-199 所示。

图 4-199　"设计"选项卡

在该选项卡的"图表样式"组中单击 按钮，打开图 4-200 所示的快速样式选项列表，用户可以在该列表中选择需要的样式。将图 4-203 所示的图表应用"样式 35"，此时幻灯片的效果如图 4-201 所示。

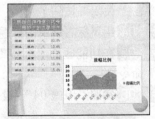

图 4-200　快速样式选择列表　　　　图 4-201　将图表应用样式

② 设置图表背景。图表的默认背景是白色，修改图表样式后，用户还可以根据自己的需求设置图表背景。下面以具体实例来介绍设置图表背景的方法。

【例 4-6】　在"房产报告"演示文稿中，设置图表背景。

步骤 01 启动 PowerPoint 2007 应用程序，打开"房产报告"演示文稿。

步骤 02 在幻灯片缩略图中单击第 2 张幻灯片，将其显示在编辑窗口中。

步骤 03 选中图表，右击图表区空白处，从弹出的快捷菜单中选择"设置图表区域格式"命令，打开"设置图表区格式"对话框。

步骤 04 打开"填充"选项卡，选中"渐变填充"单选按钮，单击"预设颜色"下拉按钮，从弹出的下拉列表中选择"心如止水"选项，单击"关闭"按钮，如图 4-202 所示。

步骤 05 返回幻灯片编辑区，即可看到图表区的背景色效果，如图 4-203 所示。

图 4-202 "设置图表区格式"对话框

图 4-203 图表区背景色效果

③ 设置图表布局。设置图表布局是指设置图表标题、图例、数据标签、数据表等元素的显示方式。用户可以在"布局"选项卡中进行设置，如图 4-204 所示。

图 4-204 "布局"选项卡

【例 4-7】 在"房产报告"演示文稿中，更改图表部分元素在幻灯片中的布局。

步骤 01 启动 PowerPoint 2007 应用程序，打开"房产报告"演示文稿。

步骤 02 在幻灯片缩略图中单击第 2 张幻灯片，将其显示在编辑窗口中，选中该幻灯片中的图表，在"设计"选项卡的"标签"组中单击"图表标题"按钮，在弹出的菜单中选择"其他标题选项"命令，打开"设置图表标题格式"对话框。

步骤 03 打开"填充"选项卡，在"填充"选项区域中选中"纯色填充"单选按钮，然后单击"颜色"按钮，在弹出的菜单中选择图 4-205 所示的"灰色-50%，背景 2，淡色 40%"选项，单击"关闭"按钮。

步骤 04 用鼠标右键单击标题文字"涨幅比例"，在弹出的快捷菜单中设置文字字号为 28。

步骤 05 在功能区的"标签"组中单击"图例"按钮，在弹出的菜单中选择"在底部显示图例"命令。

步骤 06 参照"步骤 04"，设置图例文字字号为 18，此时幻灯片的效果如图 4-206 所示。

图 4-205 "设置图表标题格式"对话框

图 4-206 设置标题和图例后的幻灯片效果

步骤 07 在功能区的"标签"组中单击"数据表"按钮,在弹出的菜单中选择"显示数据表"命令,在图表区中显示数据表,效果如图 4-207 所示。

图 4-207 显示数据表

8.插入声音

用户可以在幻灯片中添加声音,这些文件通常位于计算机、网络、Internet 或 Microsoft 剪辑管理器中。录制的语音旁白也可以添加到演示文稿中,增强幻灯片的感染力。在幻灯片中可以插入的声音文件类型包括.wav、.aif、.aiff、.aifc 和.au。

(1)插入剪辑库声音。

步骤 01 打开需要插入声音文件的幻灯片。

步骤 02 在"插入"选项卡的"媒体剪辑"选项区中单击"声音"按钮,在弹出的下拉菜单中选择"剪辑管理器中的声音"选项,打开"剪贴画"任务窗格,如图 4-208 所示。在该窗格中列出了剪辑库中的所有声音文件。

步骤 03 在列表框中,单击任意声音文件缩略图右侧的向下箭头,弹出"声音文件"下拉列表,如图 4-209 所示。

图 4-208 "剪贴画"任务窗格 　　图 4-209 "声音文件"下拉列表

步骤 04 在下拉列表中选择"预览/属性"选项,弹出图 4-210 所示的"预览/属性"对话框。在对话框中查看剪辑声音的属性及预听声音文件。

步骤 05 预听声音文件。单击"标题"下方的"前一个"按钮 或"后一个"按钮 ,选择要预听的声音文件,然后单击"播放"按钮 进行播放。单击"停止"按钮 可以停止播放。

步骤 06 预听结束后,单击"关闭"按钮,关闭"预览/属性"对话框。

步骤 07 对预听的声音剪辑满意后,单击该声音剪辑缩略图可直接将其插入幻灯片中,并且自动弹出图 4-211 所示的提示框,询问用户如何开始播放声音。

图 4-210 "预览/属性"对话框   图 4-211 提示框

步骤 08 若希望在幻灯片放映时自动播放声音文件,则单击"自动"按钮;若希望在单击声音图标 🔊 时开始播放声音文件,则单击"在单击时"按钮;如果不想对其进行设置,则单击"关闭"按钮 ⊠。

步骤 09 完成设置之后,可以看到插入的声音文件以图标的形式出现在幻灯片中,如图 4-212 所示。可以像编辑其他对象一样,改变它的大小和位置。

（2）插入声音文件。

步骤 01 打开需要插入声音文件的幻灯片。

图 4-212 插入声音剪辑

步骤 02 在"插入"选项卡的"媒体剪辑"选项区中单击"声音"按钮,在弹出的下拉菜单中选择"文件中的声音"选项,弹出"插入声音"对话框,如图 4-213 所示。

步骤 03 在此对话框中选择要使用的声音文件,单击"确定"按钮或者直接双击该文件名,弹出提示框（见图 4-211）,提示用户如何开始播放声音文件。

步骤 04 单击"自动"按钮,在幻灯片中出现了另外一个声音图标,表示插入了另外一个声音文件,如图 4-214 所示。

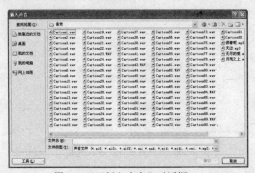

图 4-213 "插入声音"对话框   图 4-214 插入声音文件

插入的声音文件在放映幻灯片时,会自动播放声音。此外,在普通视图下,若想试听声音,可以双击声音图标开始播放,单击该图标可以随时停止播放。

（3）播放 CD 音乐。在幻灯片中插入声音文件,需要占用非常大的存储空间,而且音效也不好。在 PowerPoint 2007 中可以直接插入和播放 CD 唱片。如果要在幻灯片中直接插入和播放 CD 就要求用户的计算机具有 CD-ROM 和在 Windows 下播放 CD 唱片的驱动程序,通过播放 CD 向演示文稿中添加音乐,但这种声音文件不会添加到幻灯片中。

步骤 01 打开要添加 CD 乐曲的幻灯片。

步骤 02 在"插入"选项卡的"媒体剪辑"选项区中单击"声音"按钮，在弹出的下拉菜单中选择"播放 CD 乐曲"选项，弹出"插入 CD 乐曲"对话框，如图 4-215 所示。

步骤 03 在"剪辑选择"选项区中的"开始曲目"和"结束曲目"微调框中输入开始与结束的曲目编号。

步骤 04 若要重复播放音乐，选中"循环播放，直到停止"复选框。

步骤 05 单击"声音音量"右侧的 按钮，从弹出的列表框中可以调节音量的大小。

步骤 06 在"显示选项"区域选中【幻灯片放映时隐藏声音图标】复选框，可以在放映时隐藏声音图标。

步骤 07 单击"确定"按钮，弹出提示对话框，提示是在幻灯片放映时自动播放声音，还是在单击鼠标时播放声音。

步骤 08 单击"自动"按钮，即可在幻灯片中插入 CD 乐曲，效果如图 4-216 所示。

图 4-215　"插入 CD 乐曲"对话框

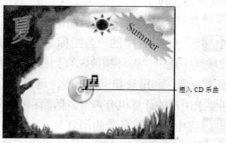
图 4-216　插入 CD 乐曲效果

（4）播放声音。

① 设置播放起止时间。

步骤 01 打开要插入声音剪辑的幻灯片。

步骤 02 选中幻灯片中的声音图标 ，在"动画"选项卡的"动画"选项区中单击"自定义动画"按钮，打开"自定义动画"任务窗格，如图 4-217 所示。

步骤 03 单击插入的声音文件右侧的下拉按钮，弹出其下拉菜单，如图 4-218 所示。

步骤 04 从下拉菜单中选择"效果选项"命令，弹出"播放声音"对话框，如图 4-219 所示。

图 4-217　"自定义动画"任务窗格

图 4-218　下拉菜单

图 4-219　"播放声音"对话框

步骤 05 在"开始播放"选项组中根据需要设置声音的开始播放时间。

- 选中【从头开始】单选按钮，可以将幻灯片中插入的声音设置为从声音的开头进行播放。
- 选中【从上一位置】单选按钮，可以将幻灯片中插入的声音设置为从上次停止播放的地方开始播放。
- 选中【开始时间】单选按钮，然后在后面的微调框中输入或者选择一个时间值，可以将幻灯片中插入的声音设置为在具体指定的时间间隔后进行播放。

步骤 06 在"停止播放"选项组中，根据需要设置声音的停止播放时间。

- 如果要在单击幻灯片时停止播放声音，选中"单击时"单选按钮，此项也是默认选项。
- 如果要在此幻灯片之后停止播放声音，选中"当前幻灯片之后"单选按钮。
- 如果要在多张幻灯片中播放此声音文件，选中" ○在(P)：   张幻灯片后 "单选按钮，然后在其后的微调框中输入幻灯片的总数。

步骤 07 设置完成后单击"确定"按钮，声音文件即按设置的方式来开始和停止播放。

② 控制声音长度。

步骤 01 打开需要连续播放乐曲的幻灯片。

步骤 02 选中幻灯片中的声音图标 ，在"声音工具"上下文工具的"选项"选项卡的"声音选项"选项区中选中"循环播放，直到停止"复选框，即可在幻灯片中连续播放一首歌曲。

（5）录制声音。利用录制声音功能，可以向幻灯片中添加自己的声音。若要录制和收听声音或注释，则要求用户的计算机有声卡、话筒和扬声器。在幻灯片中录制声音的具体操作步骤如下。

步骤 01 选中要录制声音的幻灯片。

步骤 02 单击"声音"按钮，从弹出的下拉菜单中选择【录制声音】选项，弹出【录音】对话框，如图 4-220 所示。

步骤 03 在"名称"文本框中为要录制的声音命名。

步骤 04 单击"录制"按钮 ，开始录制。当录制完毕后，单击"停止"按钮 ，停止录制。

图 4-220　"录音"对话框

步骤 05 单击"播放"按钮 ，可以播放刚才录制的声音。如果对录制的声音效果不满意，则单击【取消】按钮，然后重新执行以上操作步骤可再次录制声音。

步骤 06 对录制的声音感到满意后，单击"确定"按钮即可将其保存在当前幻灯片中。

9．插入影视

在幻灯片中可以用一块区域来插入影片。影片有两种：一种是剪辑库中的影片；另一种是来自文件的影片。PowerPoint 2007 所支持的影片文件格式有.avi、.mlv、.cda、.dat、.mov 和.mpe。

（1）插入影片剪辑。在"剪辑管理器"中有许多可供使用的影片剪辑，它们多数是一些简单的动画，出于对存储空间的考虑，这些动画的动作时间比较短。插入影片剪辑的具体操作步骤如下。

步骤 01 打开需要插入影片剪辑的幻灯片。

步骤 02 在"插入"选项卡的"媒体剪辑"选项区中单击"影片"按钮，从弹出的下拉菜单中选择【剪辑管理器中的影片】选项，打开"剪贴画"任务窗格。在该任务窗格下方的列表中列出了剪辑库中所有的影片剪辑，如图 4-221 所示。

步骤 03 将鼠标指针指向选择的影片剪辑上，在影片的右侧显示一个向下箭头，单击该箭头，弹出其下拉菜单。

步骤 04 在下拉菜单中选择"预览/属性"命令，弹出图 4-222 所示的"预览/属性"对话框。

步骤 05 在此对话框中可以预览选择的影片剪辑。如果对该影片不满意，还可以单击"标题"下方的"下一个"按钮 ＞ 或"上一个"按钮 ＜ 重新选择需要的影片。

图 4-221 "剪贴画"任务窗格

图 4-222 "预览/属性"对话框

步骤 06 单击"编辑关键词"按钮，弹出图 4-223 所示的"关键词"对话框。在该对话框的【标题】列表框中可以修改影片剪辑的名称。

步骤 07 修改完成后，单击"应用"按钮，再次单击"确定"按钮返回"预览/属性"对话框中。

步骤 08 单击"关闭"按钮，然后再单击预览后的影片剪辑将其插入当前幻灯片中，如图 4-224 所示。

步骤 09 插入的影片剪辑周围出现 8 个控制点，用鼠标拖动这些控制点可以调整影片对象的大小；将鼠标指针指向影片，然后按住鼠标左键并拖动鼠标可以调整影片的位置。

提示： 在插入影片时，如果选择的是.avi 格式的影片文件，可弹出如图 4-225 所示的提示框，提示用户如何开始播放影片，用户根据需要单击相应的按钮即可。

图 4-223 "关键词"对话框

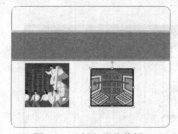

图 4-224 插入影片剪辑

图 4-225 提示框

（2）插入影片文件。

步骤 01 打开要插入影片的幻灯片。

步骤 02 在"插入"选项卡的"媒体剪辑"选项区中单击"影片"按钮，从弹出的下拉菜单中选择"文件中的影片"选项，弹出"插入影片"对话框，如图 4-226 所示。

步骤 03 在"查找范围"下拉列表框中选择需要插入的影片，然后单击"确定"按钮。

步骤 04 在幻灯片中插入影片后的效果如图 4-227 所示。

10．插入 Flash

Flash 是大名鼎鼎的美国 Macromedia 公司（已被 Adobe 公司收购）推出的一款优秀的矢

量动画制作软件，功能强大，能制出声图并茂的多媒体文件，并且文件体积小。那么如何在Powerpoint 中插入 Flash 动画呢？

图 4-226 "插入影片"对话框

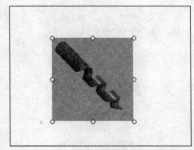

图 4-227 插入的影片

（1）控件插入法。

这种方法是将动画作为一个控件插入 PowerPoint 中。该方式的特点是它的窗口大小在设计时就固定下来，设定的方框的大小就是在放映时动画窗口的大小。当鼠标指针在 Flash 播放窗口中时，响应 Flash 的鼠标事件；当鼠标指针在 Flash 窗口外时，响应 PowerPoint 的鼠标事件，很容易控制。

步骤 01 默认情况下，在 PowerPoint 2007 现有菜单中是无法找到"控件工具箱"这个工具的，要想调用它，还需进行设置。单击 PowerPoint 2007 主界面左上角的"Office"按钮，在下拉菜单中选择"PowerPoint 选项"选项，打开"PowerPoint 选项"对话框选择"常用"选项，在"PowerPoint 首选使用选项"选项区中选中"在功能区显示'开发工具'选项卡"复选框，单击"确定"按钮完成，如图 4-228 所示。

步骤 02 单击"开发工具"选项卡的"控件"选项组中的"其他控件"按钮，如图 4-229所示。

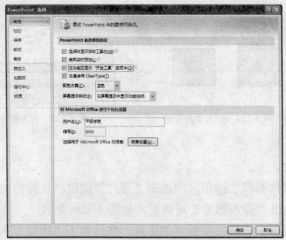

图 4-228 在功能区显示"开发工具"选项卡

图 4-229 在控件组中单击"其他控件"按钮

步骤 03 打开"其他控件"对话框，在控件列表中选择"Shockwave Flash Object"对象（控件列表内容很多，可以按"S"键，快速定位控件），单击"确定"按钮完成，如图 4-230 所示。

步骤 04 控件插入后，在文档窗口中并不会增加任何新的内容，光标指针被自动设置为"十"字形，用户可以自由拖动鼠标来决定 Flash 控件的大小，如图 4-231 所示。

步骤 05 鼠标右键单击刚插入的控件，在快捷菜单中选择"属性"命令，打开"属性"对话框，在对话框中单击"Movie"栏，在其中输入 Flash 动画的完整地址，单击"确定"按钮即可，如图 4-232 所示。

图 4-230　插入"Shockwave Flash Object"控件

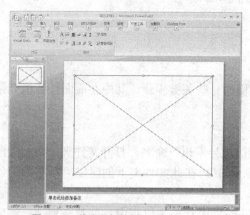

图 4-231　拖曳鼠标绘制 Flash 窗口大小

图 4-232　输入 Flash 文件地址

这种插入 Flash 动画的方法有一个缺点是在播放幻灯片时，Flash 动画会自动播放，不能自主地控制。

（2）对象插入法。采用这种方式，在播放幻灯片时会弹出一个播放窗口，它可以响应所有的 Flash 鼠标事件。还可以根据需要在播放的过程中调整窗口的大小。它的缺点是播放完毕后要单击"关闭"按钮来关闭窗口。

步骤 01 运行 PowerPoint 程序，打开要插入动画的幻灯片。

步骤 02 选择"插入"选项卡中的"对象"命令，弹出"插入对象"对话框，选中"由文件创建"单选按钮，单击"浏览"按钮，选中需要插入的 Flash 动画文件，如图 4-233 所示。单击"确定"按钮返回幻灯片。

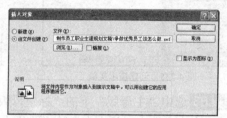

图 4-233　插入 Flash 动画

步骤 03 这时，在幻灯片上出现一个 Flash 文件的图标，可以更改图标的大小或者移动它的位置，双击图标，即可打开 Flash 动画播放，如图 4-234 所示。

图 4-234　双击图标即可播放

 任务实施

　　下面具体讲解制作年终部门领导汇报文稿的一些关键步骤，其中在前面任务中介绍过的相关操作步骤不再赘述。

1．母版制作

　　步骤 01 在桌面新建文件，以"年终部门领导汇报"命名，打开文件夹，将相关的素材放置在此文件夹下，如声音文件"飞的更高.mp3"，在此文件夹下创建以"年终部门领导汇报文稿"命名的演示文稿，如图 4-235 所示。

　　步骤 02 打开主母版，插入"内页横条.jpg"图片至主母版中，调整至顶部；绘制"矩形框"，大小为"高度：1.91 厘米，宽度：25.4 厘米"，填充色为"黑色，文字 2"，线条设置为"无线条"；设置"主标题占位符"格式为"微软雅黑，32，加粗，白色，背景 1"，主母版设置效果如图 4-236 所示。

图 4-235　创建演示文稿

图 4-236　设置主母版

　　步骤 03 选中"主母版"下的"标题母版"，在空白处右击，选择快捷菜单中的"设置背景格式"命令，选中对话框右侧的"图片或纹理填充"命令，单击下方的"文件"按钮，插入"背景.jpg"图片，如图 4-237 所示。

　　步骤 04 绘制矩形框，大小为"高度：1.91 厘米，宽度：25.4 厘米"，填充色为"黑色，文字 2"，线条设置为"无线条"；设置"主标题占位符"格式为"微软雅黑，36，加粗，白色，背景 1"，主母版设置效果如图 4-238 所示。

2．幻灯片中图表的创建

步骤 01 返回"普通视图"，新建幻灯片，在第 1 张幻灯片的"主标题占位符"中输入文字"2010 年工作总结暨 2011 年工作展望"，选中"暨 2011 年工作展望"文字，设置颜色为"红色"，效果如图 4-239 所示。

图 4-237　在标题母版填充背景图片　　图 4-238　标题母版效果　　图 4-239　第 1 张幻灯片效果

步骤 02 新建幻灯片，分别在"主标题占位符和副标题占位符"中输入文字，并进行格式设置，单击"插入"选项卡的"插图"选项组中的"图表"命令，在弹出的"插入图表"对话框中选中"折线图"，效果如图 4-240 所示。

图 4-240　插入折线图

步骤 03 在 Excel 表中重新输入并增加数据源，录入完成的数据表如图 4-241 所示。

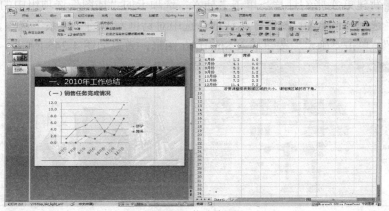

图 4-241　修改数据源

步骤 04 双击图表数据中的"月份"区域，在"图表工具"选项卡的"设计"选项卡中选中"图表布局"选项组中的"布局 5"图表样式，设置效果如图 4-242 所示。

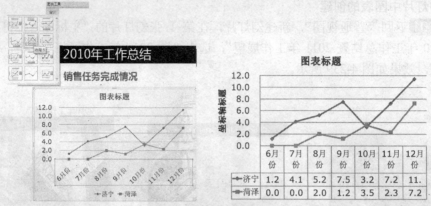

图 4-242 修改"图表布局"

步骤 05 选中图表中的"图表标题"重新录入文字，删除左侧的"坐标轴标题"字样，在图表右侧的空白处添加 4 个文本框，分别输入相应的内容，并设置文字格式为"微软雅黑，12，加粗，紫色"，调整文字至适当的位置，效果如图 4-243 所示。

步骤 06 新建第 3 张幻灯片，插入"柱形图"，设置图表布局为"布局 3"，设置效果如图 4-244 所示，具体操作步骤此处不再赘述。

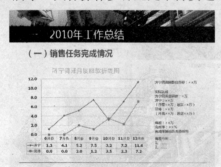

图 4-243 第 2 张幻灯片效果图

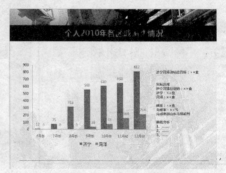

图 4-244 第 3 张幻灯片效果图

3. 幻灯片中 SmartArt 图形的创建

步骤 01 新建第 4 张幻灯片，单击"插入"选项卡的"插图"选项组中的"SmartArt"命令，弹出"选择 SmartArt 图形"对话框，选中对话框左侧的"关系"选项，在右侧选中"目标图列表"，单击"确定"按钮插入 SmartArt 图形，效果如图 4-245 所示。

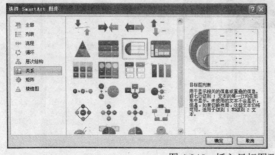

图 4-245 插入目标图列表

步骤 02 双击图形，在"SmartArt 工具"选项的"设计"选项卡中，选中"SmartArt 样式"组中的"优雅"样式，输入相应的文字内容，左侧文本格式为"微软雅黑，10，深蓝"，右侧文本格式为"华文细黑，14，加粗，深蓝"，效果如图 4-246 所示。

步骤 03 在已建图形的下方插入 SmartArt 图形。在"选择 SmartArt 图形"对话框左侧单击"流程"，右侧选中"流程箭头"图形，如图 4-247 所示。

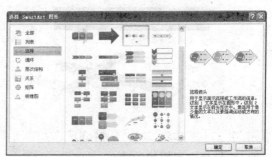

图 4-246 编辑目标图列表　　　　　　图 4-247 再次插入"流程箭头"图形

步骤 04 适当调整图形的大小和位置，使用"粘贴"功能增加一个流程，双击此图形，在"SmartArt 样式"列表中选中"强烈效果"样式，如图 4-248 所示。

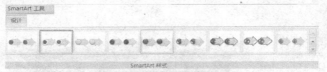

图 4-248 设置 SmartArt 样式

步骤 05 输入相应文字内容，并适当调整各个图形的填充颜色，效果如图 4-249 所示。

图 4-249 修饰 SmartArt 图形

步骤 06 第 4 张幻灯片的效果如图 4-250 所示。

步骤 07 新建幻灯片，在幻灯片中继续插入 SmartArt 图形。在"选择 SmartArt 图形"对话框左侧单击"列表"，右侧选中"垂直框列表"图形，输入相应的文字，并对图形效果进行设置，如图 4-251 所示。创建 SmartArt 图形的步骤均同上，此处不再赘述。

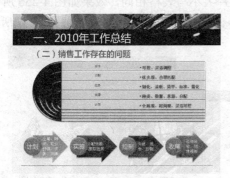

图 4-250 第 4 张幻灯片最终效果　　　　图 4-251 第 5 张幻灯片最终效果

4．普通幻灯片的创建

步骤01 新建第6张幻灯片，插入"公路.jpg"图片，调整至适当的大小和位置，如图4-252所示。

步骤02 分别创建4个"横排文本框"，并输入相应的文字内容，将标题性文本格式设置为"微软雅黑，28，加粗，深蓝"，详细内容文字格式设置为"微软雅黑，22，加粗，深蓝"，效果如图4-253所示。

图4-252　插入"公路"图片　　　　　图4-253　第6张幻灯片最终效果

5．幻灯片中表格的创建

步骤01 新建第7张幻灯片，单击"插入"选项卡"表格"选项组中的"表格"命令，在弹出的下拉列表中拖动鼠标选中"2列×6行"单元格区域，如图4-254所示。

图4-254　插入表格

步骤02 选中表格，在"表格样式"选项组中单击"边框"命令，在弹出的列表中选中"内部框线"，输入相应的内容，文字格式设置为"微软雅黑，22，加粗，文本左对齐，行距1.0"，行高为"1.71厘米"，表格效果如图4-255所示。

步骤03 插入"表格衬底.jpg"图片，右键单击此图片，在弹出的快捷菜单中选中"置于底层"命令，拖动其图片置于表格底层，调整图片大小与表格相同，效果如图4-256所示。

步骤04 输入"标题占位符"中的内容并加以修饰，第7张幻灯片的效果如图4-257所示。

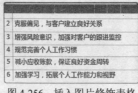

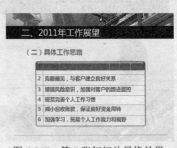

图4-255　修饰表格　　　　图4-256　插入图片修饰表格　　　　图4-257　第7张幻灯片最终效果

6．末尾幻灯片声音的制作

步骤01 新建末尾幻灯片，在"副标题占位符"中输入文字"感谢各位领导和同事的聆听敬请批评指正"文字，如图 4-258 所示。

步骤02 单击"插入"选项卡"媒体剪辑"选项组中的"声音"命令，在弹出的列表中选中"文件中的声音"命令，弹出"插入声音"对话框，选中声音文件"飞的更高.mp3"，即可将其插入幻灯片中，此时弹出"您希望在幻灯片放映时如何开始播放声音？"对话框，可任意选择播放方式，此处选择"自动"即可，如图 4-259 所示。

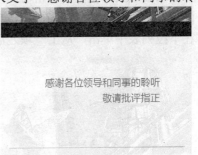

图 4-258　末尾幻灯片中输入结束语

图 4-259　在幻灯片中插入声音文件

步骤03 此时幻灯片的中心插入一个 图标，表示声音已经插入幻灯片中，末尾幻灯片的最终效果如图 4-260 所示。

图 4-260　第 8 张幻灯片最终效果

7．幻灯片高级动画设置

步骤01 在第 1 张幻灯片的"主标题占位符"设置"进入"动画为"展开"动画效果，如图 4-261（a）所示。

步骤02 在第 2 张幻灯片的"主标题占位符和副标题占位符"均设置"进入"动画为"展开"动画效果；设置"图表"进入动画为"淡出"效果；右侧的文本框及内容进入动画设置为"菱形"效果；在"自定义动画"窗口中选中除"1"外其他的选项，单击右侧按钮，在下拉列表中单击"从上一项之后开始"，如图 4-261（b）所示。（此处第 3 张幻灯片的动画效果与第 2 张相同，不再赘述。）

步骤03 在第 4 张幻灯片"主标题占位符和副标题占位符"均设置"进入"动画为"展开"动画效果；设置两个"SmartArt 图形"的进入动画均为"盒状"效果；在"自定义动画"窗口中选中除"1"外其他的选项，单击右侧按钮，在下拉列表中单击"从上一项之后开始"，如图 4-261（c）所示。（此处第 5 张幻灯片的动画效果与第四张相同，不再赘述。）

步骤04 在第 6 张幻灯片的"主标题占位符和副标题占位符"均设置"进入"动画为"展开"动画效果，如图 4-261（d）和图 4-261（f）所示。（此处第 8 张幻灯片动画效果与第 6 张相同，不再赘述。）

步骤 05 在第 7 张幻灯片的"主标题占位符和副标题占位符"均设置"进入"动画为"展开"动画效果；设置"表格与图片"进入动画为"淡出"效果；右侧的文本框及内容进入动画设置为"菱形"效果；在"自定义动画"窗口中选中除"1"外其他的选项，单击右侧按钮，在下拉列表中单击"从上一项之后开始"，如图 4-261（e）所示。

（a）第 1 张幻灯片动画效果

（b）第 2 张幻灯片动画效果

（c）第 4 张幻灯片动画效果

（d）第 6 张幻灯片动画效果

（e）第 7 张幻灯片动画效果

（f）第 8 张幻灯片动画效果

图 4-261 幻灯片动画设置

任务总结

销售部的精彩的汇报赢得了领导的认同，在演示文稿的制作中，主要利用有利的数据来说明销售的具体情况，并做成图表和表格的形式，使展示效果更加直观明了，同时插入图形、声音以使文稿声图并茂，加之合理生动的动画效果使观众印象深刻。

项目五

加快办公效率

任务一　组建小型局域网

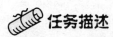 **任务描述**

现今，家庭计算机的普及率越来越高，一个家庭拥有两台或两台以上的计算机是很平常的事情。而且随着互联网的迅速发展，家庭上网的普及率越来越高，因此家庭的所有计算机都要联网成了当务之急。本节课的任务主要是讲授怎样组建家庭小型局域网。

任务展示

很多用户对于组建家庭局域网感到无从下手，其实组建家庭局域网并不需要很复杂的方法，恰恰相反，任何用户都可以使用简单、快捷的方法来完成局域网的组建。图 5-1 所示为一个小型局域网的布局。

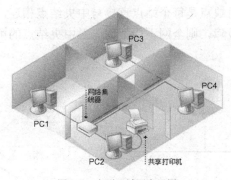

图 5-1　小型局域网布局图

 **完成思路**

小型局域网的组建至少需要两台或两台以上的计算机。除了计算机以外，组建小型局域

网的常用工具和设备有网卡、集线器、网线、RJ-45 接头、压线钳、测线器等。本任务主要通过这些设备来组建小型的局域网，并实现文件资源的共享、信息的传送。

组建小型局域网的具体方案如下。

（1）常用工具和设备的准备。网卡、集线器、网线、RJ-45 接头、压线钳、测线器等。

（2）安装网卡。

（3）制作网线。

（4）连接及设置局域网。

（5）设置工作组及共享文件。

 相关知识

1．网络结构

网络中结点的互连模式叫网络的拓扑结构。小型局域网中常用总线型拓扑结构和星形拓扑结构。

（1）总线结构。

总线结构采用单根传输线（总线）连接网络中的所有结点（工作站和服务器），任一站点发送的信号都可以沿着总线传播，能被其他所有结点接收。适用于计算机数量较少、机器较集中的单位，如小型办公网络、游戏网络。总线结构的缺点是：不能集中控制；故障检测需在网上的各个结点间进行，一个连接结点故障有可能导致全网不能通信；在扩展总线的干线长度时，需重新配置中继器、剪裁电缆、调整终端器等；对计算机数量较多、位置相对分散、传输信息量较大的网络建议不使用总线结构。总线结构如图 5-2 所示。

（2）星形结构。

星形结构网络中有一个唯一的转发结点（中央结点），每一台计算机都通过单独的通信线路连接到中央结点。信息传送方式、访问协议十分简单。它的优点是利用中央结点可方便地提供服务和重新配置网络；单个连接点的故障只影响一个设备，不会影响全网，容易检测和隔离故障，便于维护。而缺点是每个站点直接与中央结点相连，需要大量电缆，因此费用较高；如果中央结点产生故障，则全网不能工作，对中央结点的可靠性要求很高。星形结构如图 5-3 所示。

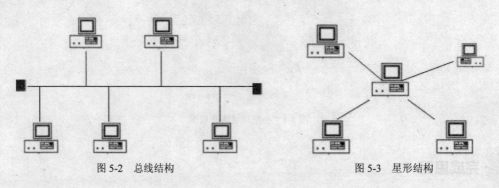

图 5-2　总线结构　　　　　　　　　　　图 5-3　星形结构

2．网卡

网卡（Network Interface Card，NIC）也叫网络适配器，是连接计算机与网络的硬件设备。

网卡插在计算机或服务器扩展槽中，通过网络线（如双绞线、同轴电缆或光纤）与网络交换数据、共享资源。常用的网卡有双绞线网卡（如图 5-4 所示）、同轴电缆网卡（如图 5-5 所示）、光缆网卡（如图 5-6 所示）。

图 5-4 双绞线网卡　　　　图 5-5 同轴电缆网卡　　　　　　图 5-6 光缆网卡

3．集线器

集线器（HUB）是局域网中计算机和服务器的连接设备，是局域网的星型连接点，每个工作站是用双绞线连接到集线器上，由集线器对工作站进行集中管理。集线器有多个用户端口（8 口或 16 口）（如图 5-7 所示），用双绞线连接每一端口和网络站（工作站或服务器）。数据从一个网络站发送到集线器上后，就被中继到集线器中的其他所有端口，供网络上每一用户使用。

图 5-7 普通 8 口集线器

4．网络传输介质

网络传输介质是网络中传输数据、连接各网络站点的实体，如双绞线、同轴电缆、光纤，网络信息还可以利用无线电系统、微波无线系统和红外线技术传输。

（1）双绞线电缆。

双绞线电缆是将一对或一对以上的双绞线封装在一个绝缘外套中而形成的一种传输介质，是目前局域网最常使用的一种布线材料。为了降低信号的干扰程度，电缆中的每一对双绞线一般

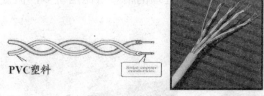

PVC塑料

图 5-8 双绞线电缆

由两根绝缘铜导线相互扭绕而成，双绞线电缆也因此而得名。双绞线电缆如图 5-8 所示。

（2）同轴电缆。

同轴电缆是由一根空心的外圆柱导体和一根位于中心轴线的内导线组成。内导线和圆柱导体及外界之间用绝缘材料隔开。根据传输频带的不同，同轴电缆可分为基带同轴电缆和宽带同轴电缆两种类型。按直径的不同，同轴电缆可分为粗缆和细缆两种。同轴电缆如图 5-9 所示。

（3）光缆。

光缆是由一组光导纤维组成的用来传播光束的、细小而柔韧的传输介质。与其他传输介质相比较，光缆（如图 5-10 所示）的电磁绝缘性能好，信号衰变小，频带较宽，传输距离较大。光缆主要是在要求传输距离较长，布线条件特殊的情况下用于主干网的连接。光缆通信由光发送机产生光束，将电信号转变为光信号，再把光信号导入光纤，在光缆的另一端由光接收机接收光纤上传输来的光信号，并将它转变成电信号，经解码后再处理。光缆的最大传输距离远、传输速度快，是局域网中传输介质的佼佼者。光缆的安装和连接需由专业技术人员完成。

 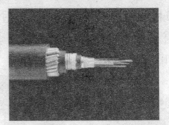

图 5-9　同轴电缆　　　　　　　　　　　　图 5-10　光缆

5．局域网互连设备

常用的局域网互连设备有中继器（如图 5-11 所示）、网桥（如图 5-12 所示）、路由器（如图 5-13 所示）以及网关等。

（1）中继器（Repeater）。

中继器用于延伸同型局域网，在物理层连接两个网络，在网络间传递信息。中继器在网络间传递信息起信号放大、整形和传输作用。当局域网物理距离超过了允许的范围时，可用中继器将该局域网的范围进行延伸。很多网络都限制了工作站之间加入中继器的数目，例如，在以太网中最多使用 4 个中继器。

（2）网桥（Bridge）。

网桥是指数据层连接两个局域网络段，网间通信从网桥传送，网内通信被网桥隔离。网络负载重而导致网络性能下降时，用网桥将其分为两个网络段，可最大限度地缓解网络通信繁忙的程度，提高通信效率。例如，把分布在两层楼上的网络分成每层一个网络段，用网桥连接。网桥同时起隔离作用，一个网络段上的故障不会影响另一个网络段，从而提高了网络的可靠性，如图 5-12 所示。

（3）路由器（Router）。

路由器用于连接网络层、数据链路层、物理层执行不同协议的网络。协议的转换由路由器完成，从而消除了网络层协议之间的差别，如图 5-13 所示。路由器适合于连接复杂的大型网络。路由器的互连能力强，可以执行复杂的路由选择算法，处理的信息量比网桥多，但处理速度比网桥慢。

图 5-11　中继器　　　　　　　　图 5-12　网桥　　　　　　　　图 5-13　路由器

 任务实施

1．安装网卡

步骤 01　打开机箱，将网卡安装在主板的 PCI 插槽内，上紧螺丝。

步骤 02　启动计算机后，系统会自动检测网卡设备，检测到之后，如果系统自带了该型号的网卡驱动，则会自动安装，否则需安装网卡驱动。

2．制作网线

步骤01 准备工作。准备好双绞线、RJ-45 插头和一把专用的压线钳，如图 5-14 所示。

步骤02 剥线。用压线钳的剥线刀口将双绞线的外保护套管划开（小心不要将里面的双绞线的绝缘层划破），刀口距双绞线的端头至少 2cm。如图 5-15 和图 5-16 所示。

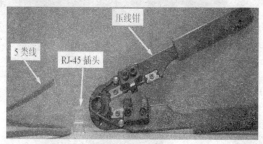

图 5-14　双绞线、RJ-45 插头、压线钳

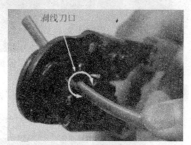

图 5-15　剥线-1

步骤03 以采用 568B 标准为例，剥开双绞线外保护层后，首先，将 4 对线缆按橙、蓝、绿、棕的顺序排好，然后再按橙白、橙、绿白、蓝、蓝白、绿、棕白、棕的顺序分别排放每一根电缆，如图 5-17 所示。

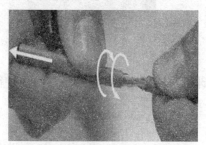

图 5-16　剥线-2

图 5-17　采用 568B 标准对对双绞线排序

步骤04 剪线。将 8 根导线平坦整齐地平行排列，如图 5-18 所示，导线间不留空隙，然后用压线钳的剪线刀口将 8 根导线剪断，如图 5-19 所示。

图 5-18　8 根导线平坦排列

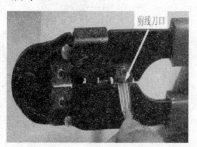

图 5-19　压线钳剪断双绞线

步骤05 插线。将剪断的电缆线放入 RJ-45 插头试试长短（要插到底），电缆线的外保护层最后应能够在 RJ-45 插头内的凹陷处被压实。如图 5-20 所示。

步骤06 压线。在确认一切都正确后（特别要注意不要将导线的顺序排列反了），将 RJ-45 插头放入压线钳的压头槽内，准备最后的压实。如图 5-21 所示。

步骤07 压线。双手紧握压线钳的手柄，用力压紧。注意，在这一步骤完成后，插头的 8 个针脚接触点就穿过导线的绝缘外层，分别和 8 根导线紧紧地压接在一起，如图 5-22 所示。

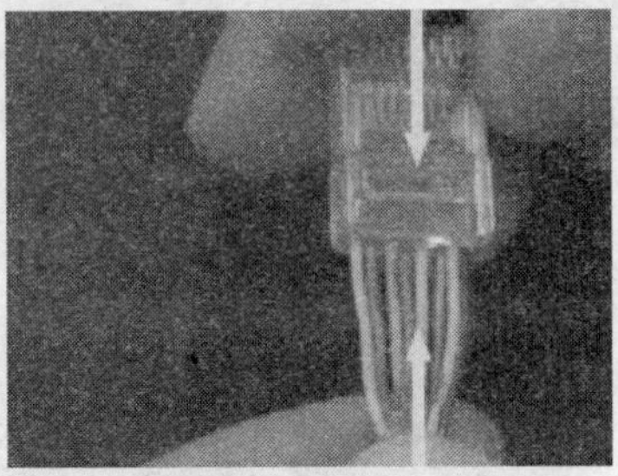

图 5-20　剪断的电缆线放入 RJ-45 插头

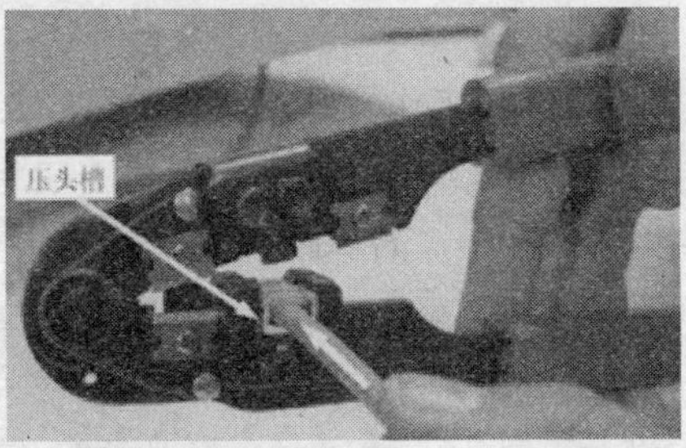

图 5-21　用压线钳将 RJ-45 插头压实

步骤 08 使用测线器（如图 5-23 所示）检验电缆的连通性。

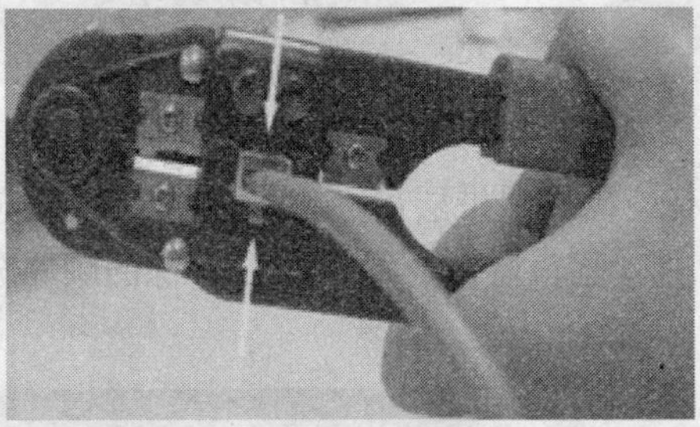

图 5-22　用压线钳将 RJ-45 插头压实

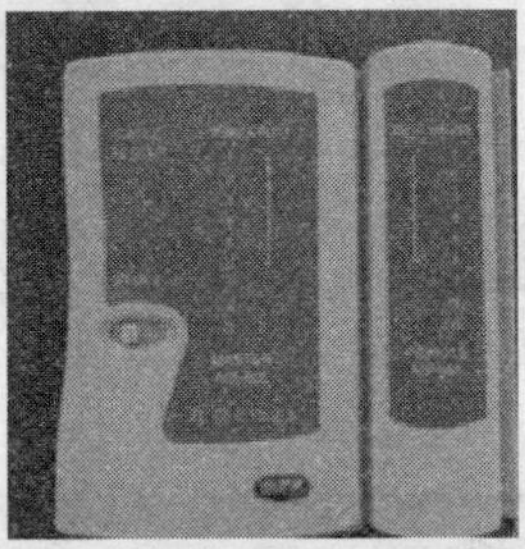

图 5-23　测线器

3．局域网连接及配置

步骤 01 将制作好的网线一头接集线器一头接计算机网卡，按照星形拓扑结构进行布局和连接，如图 5-24 所示。

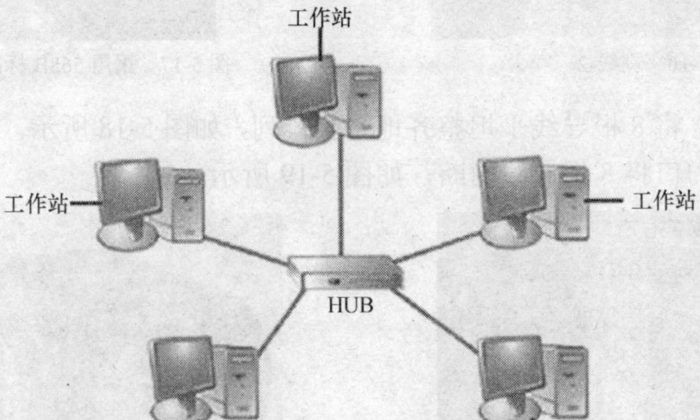

图 5-24　星形拓扑结构图

步骤 02 对每一台计算机进行网络设置。进入“控制面板”，单击“网络连接”，在“网络连接”窗口中，右键单击“本地连接”，选择快捷菜单中的“属性”命令，打开“本地连接属性”对话框，如图 5-25 所示。

步骤 03 在“本地连接属性”对话框中，选择“Internet 协议（TCP/IP）”，然后单击下方的“属性”按钮，打开“Internet 协议（TCP/IP）属性”对话框。选中“使用下面的 IP 地址”单选按钮，在 IP 地址栏输入事先分配好的 IP 地址（另外的计算机分别输入其他事先分配好的 IP 地址）。所有计算机的子网掩码均设置为 255.255.255.0，默认网关均设置为 218.198.12.129，如图 5-26 所示。

图 5-25　"本地连接属性"对话框　　　　图 5-26　"Internet 协议（TCP/IP）属性"对话框

4. 设置工作组和文件共享

设置工作组。要想和对方共享文件夹必须确保双方处在同一个工作组中。

步骤 01 进入"网上邻居"，单击左侧的"设置家庭或小型办公网络"，如图 5-27 所示。

步骤 02 单击"下一步"按钮，选择连接方法，即本机与 Internet 的连接方式，不影响局域网内共享文件，如图 5-28 所示。

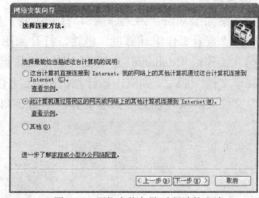

图 5-27　"网络任务"栏　　　　图 5-28　网络安装向导-选择连接方法

步骤 03 单击"下一步"按钮，填写计算机描述和名称，如图 5-29 所示。

步骤 04 单击"下一步"按钮，填写工作组名称，"工作组名"一定要确认双方设置为相同的名称，如图 5-30 所示。

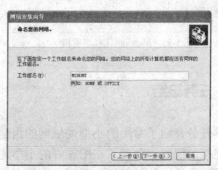

图 5-29　网络安装向导-设置计算机名称　　　　图 5-30　网络安装向导-命名工作组名称

步骤 05 选中"启用文件和打印机共享"单选按钮后，完成设置，重启计算机，如图5-31所示。

5. 设置文件共享

打开资源管理器，右击需要共享的文件夹，选择"共享和安全"命令，在弹出的对话框中选择"在网络上共享这个文件夹"复选框，把该文件夹设置为共享文件夹，如图5-32所示。

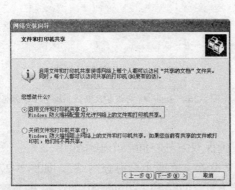

图 5-31　启用文件和打印机共享　　　　　　图 5-32　文件夹属性对话框

6. 浏览共享资源

步骤 01 在桌面上双击"网上邻居"，打开"网上邻居"窗口。在左侧窗口的"网络任务"栏中，选择"查看工作组计算机"链接，打开如图5-33所示的窗口。

步骤 02 在工作组"Mshome"中看到在这个工作组下的计算机。要查看13e63e12da14dd计算机上的共享文件"讲稿"，则双击该计算机图标，可以看到这台计算机上的所有共享资源。双击"讲稿"文件夹，就可以查看共享资源，如图5-34所示。

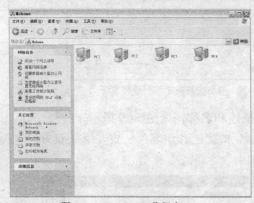

图 5-33　Mshome 工作组窗口　　　　　　图 5-34　计算机共享资源窗口

 任务总结

本任务介绍了常用的小型局域网的组建设备和工具，讲解了网线的制作、网卡的安装和本地连接的配置。掌握了在配置好的小型局域网内进行计算机工作组和共享文件夹的设置。最后通过网络中的计算机查看共享文件夹中的资源。

任务二　获取、共享网络资源

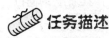

任务描述

互联网的快速发展为用户提供了多样化的网络与信息服务。用户可以利用局域网和 Internet 实现资源共享、信息传输、电子邮件发送和接收、信息查询、语音与图像通信服务等功能。

任务展示

IE 浏览器是最常用的浏览器之一。通过浏览器打开搜索引擎查找所需要的资源是在网络中获取使用共享网络资源最简单的方法之一。本任务主要是使用 IE 浏览器搜索所需要的资源，并下载搜索到的各类网络资源。使用 IE 浏览器打开的搜索引擎。如图 5-35 所示。

图 5-35　百度首页

完成思路

要想通过网络获取并使用共享网络资源，首先要了解怎样使用 IE 浏览器浏览网页资源、收藏网页资源，还要能通过网络中常用的搜索引擎搜索网络中的共享资源。搜索到需要的各类资源后可以通过下载来把搜索到的资源保存到本地计算机中。

相关知识

1. Internet 基础知识

（1）计算机网络发展历程。

随着 1946 年世界上第一台电子计算机问世后的 10 多年时间内，由于价格很昂贵，计算机数量极少。早期的计算机网络主要是为了解决计算机数量少的问题而产生的，其形式是将一台计算机经过通信线路与若干终端直接连接，人们把这种方式看做是最简单的局域网雏形。

最早的网络（ARPAnet）是由美国国防部高级研究计划局（ARPA）建立的。现代计算机网络的许多概念和方法，如分组交换技术都来自 ARPANET。ARPANET 不仅进行了租用线互联的分组交换技术研究，而且进行了无线、卫星网的分组交换技术研究，其结果导致了 TCP/IP 的问世。

1977 至 1979 年，ARPANET 推出了目前形式的 TCP/IP 体系结构和协议。1980 年前后，ARPANET 上的所有计算机开始了 TCP/IP 的转换工作，并以 ARPANET 为主干网建立了初期的 Internet。1983 年，ARPAnet 的全部计算机完成了向 TCP/IP 的转换，并在 UNIX（BSD4.1）上实现了 TCP/IP。ARPANET 在技术上最大的贡献就是 TCP/IP 的开发和应用。2 个著名的科学教育网 CSNET 和 BITNET 先后建立。1984 年，美国国家科学基金会 NSF 规划建立了 13 个国家超级计算中心及国家教育科技网。随后替代了 ARPANET 的骨干地位。1988 年，Internet 开始对外开放。1991 年 6 月，在连通 Internet 的计算机中，商业用户首次超过了学术界用户，这是 Internet 发展史上的一个里程碑，从此 Internet 的发展速度一发不可收拾。

（2）中国网络发展历程。

我国的 Internet 的发展以 1987 年通过中国学术网 CAnet 向世界发出第一封 E-mail 为标志。经过几十年的发展，形成了四大主流网络体系，即中科院的科学技术网 CStnet、国家教育部的教育和科研网 Cernet、原邮电部的 Chinanet 和原电子部的金桥网 Chinagbn。

Internet 在中国的发展历程可以大致划分为 3 个阶段。

第一阶段为 1987 年至 1993 年，也是研究试验阶段。在此期间中国一些科研部门和高等院校开始研究 Internet 技术，并开展了科研课题和科技合作工作，但这个阶段的网络应用仅限于小范围内的电子邮件服务。

第二阶段为 1994 年至 1996 年，同样是起步阶段。1994 年 4 月，中关村地区教育与科研示范网络工程进入 Internet，从此中国被国际上正式承认为有 Internet 的国家。之后，Chinanet、CERnet、CSTnet、Chinagbnet 等多个 Internet 项目在全国范围相继启动，Internet 开始进入公众生活，并在中国得到了迅速的发展。至 1996 年年底，中国 Internet 用户数已达 20 万，利用 Internet 开展的业务与应用逐步增多。

第三阶段从 1997 年至今，这是 Internet 在我国发展最为快速的阶段。国内 Internet 用户数 1997 年以后基本保持每半年翻一番的增长速度。据中国 Internet 信息中心（CNNIC）公布的统计报告显示，截至 2009 年 10 月 30 日，我国上网用户总人数为 5.3 亿。这一数字比年初增长了 890 万人，与 2002 年同期相比则增加了 2220 万人。

中国目前有 5 家具有独立国际出入口线路的商用性 Internet 骨干单位，还有面向教育、科技、经贸等领域的非营利性 Internet 骨干单位。现在有 600 多家网络接入服务提供商（ISP），其中跨省经营的有 140 家。

随着网络基础的改善、用户接入方面新技术的采用、接入方式的多样化和运营商服务能力的提高，接入网速率慢形成的瓶颈问题将会得到进一步改善，上网速度将会更快，从而促进更多的应用在网上实现。

2. 域名

网络是基于 TCP/IP 进行通信和连接的，每一台主机都有一个唯一的标识固定的 IP 地址，以区别在网络上成千上万个用户和计算机。网络在区分所有与之相连的网络和主机时，均采用了一种唯一、通用的地址格式，即每一个与网络相连接的计算机和服务器都被指派了一个独一无二的地址。为了保证网络上每台计算机的 IP 地址的唯一性，用户必须向特定机构申请注册，该机构根据用户单位的网络规模和近期发展计划，分配 IP 地址。网络中的地址方案分为两套：IP 地址系统和域名地址系统。这两套地址系统其实是一一对应的关系。IP 地址用二进制数来表示，每个 IP 地址长 32 比特，由 4 个小于 256 的数字组成，数字之间用点间隔。例如，100.10.0.1 表示一个 IP 地址。由于 IP 地址是数字标识，使用时难以记忆和书写，因此在 IP 地址的基础上又发展出一种符号化的地址方案，用来代替数字型的 IP 地址。每一个符号化的地址都与特定的 IP 地址对应，这样网络上的资源访问起来就容易得多了。这个与网络上的数字型 IP 地址相对应的字符型地址，就被称为域名。

（1）域名结构。

一个域名一般由英文字母和阿拉伯数字以及"-"组成，最长可达 67 个字符（包括后缀），并且字母的大小写没有区别，每个层次最长不能超过 22 个字符。这些符号构成了域名的前缀、主体和后缀等几个部分，这些部分组合在一起构成一个完整的域名。

以一个常见的域名为例说明。例如，域名 www.bjycxf.com 是由 2 部分组成的，"bjycxf"是这个域名的主体，最后的"com"是该域名的后缀，代表这是一个 com 国际域名。前面的 www.是域名 bjycxf.com 下名为 www 的主机名。

（2）域名工作原理。

当用户想浏览万维网上一个网页，或者其他网络资源时，通常需要先在浏览器中输入想要访问的网页的统一资源定位符（Uniform Resource Locator，URL），或者通过超链接方式链接到相应的网页或网络资源。这之后的工作首先是 URL 的服务器名部分被名为域名系统的分布于全球的 Internet 数据库解析，并根据解析结果决定进入哪一个 IP 地址（IP address）。

接下来的步骤是为所要访问的网页，向在那个 IP 地址工作的服务器发送一个 HTTP 请求。在通常情况下，HTML 文本、图片和构成该网页的一切其他文件很快会被逐一请求并发送回用户。网络浏览器接下来的工作是把 HTML、CSS 和其他接收到的文件所描述的内容，加上图像、链接和其他必须的资源，显示给用户。这些就构成了用户所看到的"网页"。

3．WWW

万维网（也称为网络、WWW、W3、英文 Web 或 World Wide Web），是一个资料空间。在这个空间中，一样有用的事物，称为一样"资源"，并且由一个全域"统一资源标识符"（URL）标识。这些资源通过超文本传输协议（Hypertext Transfer Protocol，HTP）传送给用户，而用户通过点击链接来获得资源。从另一个观点来看，万维网是一个透过网络存取的互连超文件（Interlinked Hypertext Document，IHD）系统。万维网常被当成因特网的同义词，实际上，万维网是依靠因特网运行的一项服务。

4．浏览器

万维网（Web）服务的客户端浏览程序。可向万维网服务器发送各种请求，并对从服务器发来的超文本信息和各种多媒体数据格式进行解释、显示和播放。

5．搜索引擎

搜索引擎（Search Engine）是指根据一定的策略、运用特定的计算机程序搜集互联网上的信息，再对信息进行组织和处理，并将处理后的信息显示给用户，是为用户提供检索服务的系统。

著名的搜索引擎的标志如图 5-36 所示。

图 5-36　著名搜索引擎

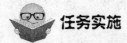 **任务实施**

1．IE 浏览器的使用

首先打开 IE，在地址栏中输入地址，按【Enter】键，打开一个网页，如图 5-37 所示。

（1）加入收藏。

如果在浏览网页的过程中遇到了喜欢的网站或网页，可以将网站或网页添加到收藏夹中。

步骤 01 单击浏览器工具栏上的"收藏夹"按钮，如图 5-38 所示。

图 5-37　IE 窗口

图 5-38　"收藏夹"窗格

步骤 02 在打开的"收藏夹"窗格中，单击"添加"按钮。

步骤 03 在弹出的对话框中，单击"确定"按钮即可，如图 5-39 所示。

步骤 04 网页保存到收藏夹后，再次单击 IE 工具栏中的"收藏夹"按钮，如图 5-40 所示，单击网页名称就可以打开相应的网页。

图 5-39　"添加到收藏夹"对话框

图 5-40　已添加至收藏夹

（2）刷新页面。

如果在打开某个网页时出现了意外错误或页面不显示时，按【F5】键或者单击工具栏中的"刷新"按钮，重新进入页面即可。

（3）保存网页。

在上网浏览网页时，如果看到精彩的文章或精美的网页但又不愿在线阅读时，可以把页面全部保存在指定路径下，以便在脱机状态下浏览网页。

步骤 01 单击"文件"→"另存为"命令，如图 5-41 所示。

步骤 02 弹出"保存网页"对话框，如图 5-42 所示，选择保存路径，"保存类型"默认为"网页，全部"，不必修改，单击"保存"按钮保存网页，如图 5-43 所示。保存后的网页格式为.html。网页保存完成后，在保存路径下找到它双击即可打开。

图 5-41　"文件"菜单

图 5-42　"保存网页"对话框

图 5-43　网页保存中

（4）设立主页。

主页就是打开 IE 浏览器时，浏览器自动显示的页面。在 IE 工具栏中，🏠 表示主页，用户可以修改主页。

步骤 01 选择"工具"→"Internet 选项"命令，弹出"Internet 选项"对话框，如图 5-44 所示。

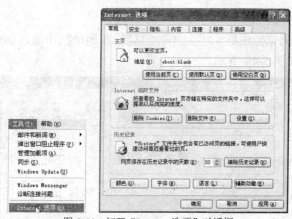

图 5-44　打开"Internet 选项"对话框

步骤 02 在"主页"选项组中有 3 个按钮可以更改主页。

- 单击 使用当前页(C) 按钮可以使当前正在浏览的页面成为主页。
- 单击 使用默认页(D) 按钮使主页为浏览器生产商的页面。
- 单击 使用空白页(B) 按钮使主页为不含内容的空白页。

（5）查看历史记录。

如果忘记保存浏览过的网页，又没有记住网址，可以查看历史记录找到它。

步骤01 单击工具栏中的"历史"按钮 。

步骤02 在"历史记录"窗格中可以查看
浏览过的网页，如图 5-45 所示。

步骤03 根据不同的查看方式，可以更方
便地查找到所需要的浏览过的网页。

（6）清理上网记录。

如果在上网后，不想留下上网的记录，删
除临时文件及历史记录即可。

步骤01 选择"工具"→"Internet 选项"
命令，弹出"Internet 选项"对话框，"历史记
录"选项组如图 5-46 所示。

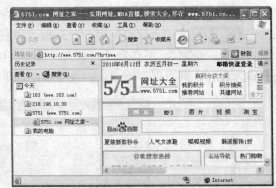

图 5-45　查看历史记录

步骤02 单击"删除 Cookies"、"删除文件"、"清除历史记录"按钮，单击"确定"按
钮，完成上网记录的清除操作。

（7）阻止弹出窗口

浏览网页时，不断弹出的广告窗口会对浏览网页造成不便，IE 自带的阻止弹出窗口设置
可以解决这个问题，如图 5-47 所示。

图 5-46　清除"历史记录"选项组

图 5-47　阻止弹出窗口

2. 搜索资源

步骤01 双击 IE 浏览器图标 ，启动 IE 浏览器，在地址栏中输入 http://www.baidu.com/，
打开百度搜索引擎，如图 5-48 所示。

图 5-48　百度搜索引擎

步骤02 选择要搜索资源的类型，如新闻、网页、贴吧、知道、MP3、图片、视频等。
输入搜索内容，如图 5-49 所示。

图 5-49 输入搜索内容

步骤03 单击链接，打开网页，查看搜索内容。

3．下载资源

（1）文本信息的保存。

① 直接复制粘贴。遇到需要的文本信息，可以直接将其选中、复制，再粘贴到文字编辑软件（如 Word）中。文本的复制、粘贴过程与 Word 中的操作相同，不再赘述。

② 如果页面不允许复制，可把当前的网页保存成文本文件。步骤类似于前面介绍的页面保存，不同之处在于保存类型为文本格式。改变保存类型的步骤如下：单击"保存网页"对话框中的"保存类型"下拉按钮，选择"文本文件"格式，单击"保存"按钮即可，如图 5-50 所示。

（2）图片的保存。

步骤01 把鼠标指针放在需要保存的图片上，图片上即会显示保存按钮，单击它即可保存图片。

图 5-50 设置保存类型为"文本文件"类型

如果没有出现保存按钮，可在图片上右击，在弹出的快捷菜单中选择"图片另存为"命令，如图 5-51 所示。

图 5-51 图片保存

步骤 02 弹出"保存图片"对话框，如图 5-52 所示。选择保存路径，单击"保存"按钮，即可把喜欢的图片保存在本地计算机中。

图 5-52 "保存图片"对话框

（3）音频的下载。

步骤 01 以 MP3 音乐为例，首先找到音乐下载地址，单击歌曲名，出现音乐的链接地址，如图 5-53 所示。

图 5-53 音乐下载地址

步骤 02 在链接地址上单击鼠标右键，选择"目标另存为"命令，弹出"另存为"对话框，如图 5-54 所示。

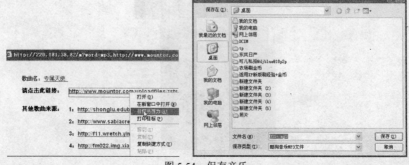

图 5-54 保存音乐

步骤03 选择保存路径，单击"保存"按钮，音乐文件开始下载至完毕，如图 5-55 所示。

图 5-55　音乐下载

（4）视频的下载。

步骤01 以土豆网视频播放为例，先把想要保存的视频缓冲完毕，如图 5-56 所示。

步骤02 选择"工具"→"Internet 选项"命令，如图 5-57 所示，单击"Internet 临时文件"选项组中的"设置"按钮。

图 5-56　视频缓冲

图 5-57　"Internet 临时文件"选项组

步骤03 在弹出的"设置"对话框中，单击"查看文件"按钮，打开临时文件夹窗口，如图 5-58 所示。

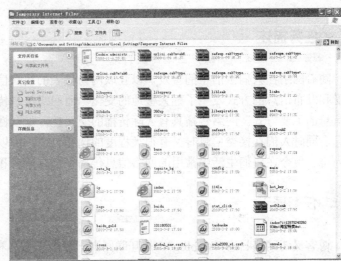

图 5-58　临时文件夹窗口

步骤 04 在空白处右击，按大小排列图标，这样很容易找到缓冲好的视频（因为视频较大，按大小排序后，容易找到）。最下面的文件即为要保存的视频文件（土豆网视频扩展名为.flv，可以根据扩展名判别是否是要保存的文件），如图 5-59 所示。

步骤 05 复制视频文件，粘贴至本地计算机即可，如图 5-60 所示。

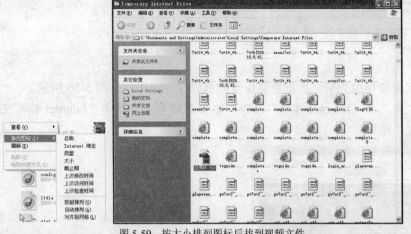

图 5-59　按大小排列图标后找到视频文件　　　　图 5-60　复制视频

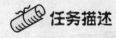 **任务总结**

本任务主要讲解了在 IE 7 的环境下使用 IE 浏览器进行网上信息浏览，并使用百度搜索需要的资源，以及讲解了网络上各类资源（图片、音频和视频）的下载方式。

任务三　使用网络信息传播平台

任务描述

随着网络在人们生活中的普及，以互联网为代表的新兴信息传播平台异军突起，使人们接受和发布信息的方式发生了翻天覆地的变化。而网络信息传播以其独有的优势成为人们获得信息的主要方式。网络传播具有人际传播的交互性，受众性可以直接迅速发表意见，反馈信息。同时人们在接受信息时又有很大程度的选择自由，可以方便人们主动选择自己感兴趣的内容。现今在我们生活中常用的网络信息传播平台有博客和微博等。

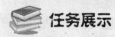 **任务展示**

博客又叫网络日志（weblog），是互联网上一种个人书写和人际交流的工具。用户可以通过博客记录下工作、学习、生活和娱乐的点滴，甚至观点和评论，从而在网上建立一个完全

属于自己的个人天地。

本任务通过建立博客，有助于他人在互联网上更好地进行信息的传播，也有助于用户更好地与别人交流。博客是一个开放和共享的世界。本博客进行展示，如图5-61所示。

完成思路

博客是常用的网络信息传播平台的一种。用户使用博客进行信息的发布和接收，必须先了解现今常用的博客网站有哪些。选择其中一个博客网站并注册成为用户后，便可以在自己的博客日志上发布日志，并通过博客上的好友动态了解自己所关心的好友最新的日志动态。

图 5-61 搜狐博客

相关知识

1. 博客

博客，又译为网络日志、部落格或部落阁等，是一种通常由个人管理、不定期张贴新的文章的网站。博客上的文章通常根据张贴时间，以倒序方式由新到旧排列。许多博客专注在特定的课题上提供评论或新闻，其他则被作为比较个人的日记。一个典型的博客结合了文字、图像、其他博客或网站的链接及其他与主题相关的媒体。能够让读者以互动的方式留下意见，是许多博客的重要要素。大部分的博客内容以文字为主，仍有一些博客专注在艺术、摄影、视频、音乐、播客等各种主题。

现今网络上常用的博客网站有新浪博客、搜狐博客和博客网等。

2. 微博

微博即微博客（MicroBlog）的简称，是一个基于用户关系的信息分享、传播以及获取平台，用户可以通过 Web、WAP 以及各种客户端组件个人社区，以 140 字左右的文字更新信息，并实现即时分享。最早也是最著名的微博是美国的 twitter。2009 年 8 月，中国最大的门户网站新浪网推出"新浪微博"内测版，成为门户网站中第一家提供微博服务的网站，微博正式进入中文上网主流人群视野。

现今网络上常用的微博网站有微博新浪、搜狐微博和腾讯微博等。

任务实施

1. 注册搜狐博客并发布信息

（1）注册搜狐博客。

步骤01 在浏览器地址栏中输入搜狐博客网址：http://blog.sohu.com/，如图 5-62 所示。

图 5-62　输入搜狐博客网址

步骤02 点击注册服务，如图 5-63 所示，在打开的搜狐微博中选择注册新用户。如果用户已经拥有搜狐邮箱（包含@sohu.com、@sogou.com、@vip.sohu.com、@sms.sohu.com、@sol.sohu.com、@chinaren.com 等），可以在注册页面使用相应的邮箱名和密码登录，然后使用"开通博客"服务，填写简单的信息就可以完成博客申请和注册，如图 5-64 所示。

图 5-63　输入搜狐博客网址

图 5-64　登录搜狐博客

步骤03 如果没有搜狐邮箱，则单击"新用户注册"按钮，填写相应信息，完成搜狐博客的申请和注册，如图 5-65 所示。

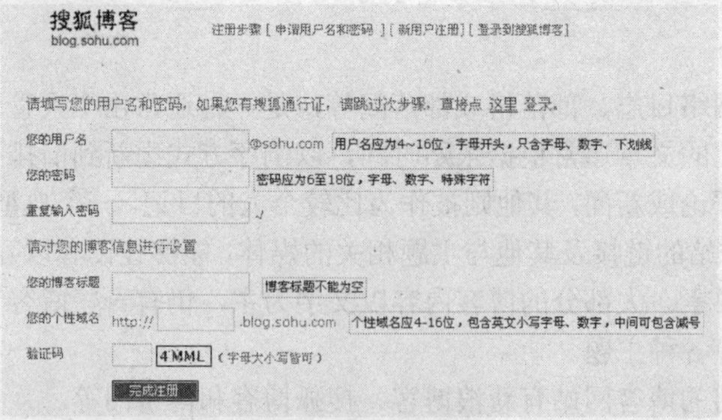

图 5-65　用户注册界面

（2）使用博客发布日志。

步骤01 在登录之后，单击博客页面上方的"撰写新日志"或者单击"管理我的博客"进入用户管理中心，左侧的侧栏导航中单击"撰写新日志"按钮，然后单击图中标记的"撰写新日志"的链接即可进入日志编辑页面，出现日志编辑器，如图 5-66 所示。

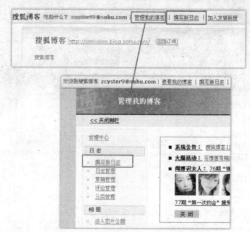

图 5-66 登录日志编辑器

步骤 02 在日志编辑器中编辑新的日志。在日志编辑器中添加相关的项目，最后单击"发布日志"按钮，进行日志发表，如图 5-67 所示。

日志编辑页面中各部分功能介绍如下。

- 日志标题：输入当前撰写日志的标题。
- 标签：填写几个关键字作为日志的标签（最多 5 个），方便日志被搜索到。如果不填写，系统将在发布日志时，根据日志内容自动生成标签。
- 日志分类：给当前文章选择分类，或者单击"新增分类"新建文章分类。
- "粘贴"按钮：将粘贴板中复制的内容粘贴到文本输入框中，完成内容的复制。
- "剪切"按钮：将选中内容剪切到系统剪贴板中，完成文本的剪切。
- "复制"按钮：将选中内容复制到系统剪贴板中，完成文本的复制。
- 字体及字号选择框：选中文本输入框中的文本后单击这两项的向下三角按钮进行字体及字号大小的设置。
- "加粗"按钮：设置文字粗体效果。
- "下划线"按钮：设置文字下划线。
- "删除线"按钮：设置文字删除线。
- "文字颜色"按钮：设置指定文字的颜色。
- "背景颜色"按钮：设置指定内容的背景颜色。
- "插入链接"按钮：在日志中选中一段文字或某一图片，然后单击该按钮将所选内容设置为超文本链接。目标窗口默认链接效果是弹出一个新的窗口。还可以选择其他链接效果。如果在日志中直接输入"http：//网址"，系统会自动转化为超文本链接。
- "左对齐"按钮：设置段落排版为左对齐。
- "居中"按钮：设置段落排版为居中
- "右对齐"按钮：设置段落排版为右对齐
- 数字列表：设置以数字编号开头的列表。
- 符号列表：设置以圆点开头的列表。
- 减小缩进：减小段落文字的左缩进量。
- 增大缩进：增大段落文字的左缩进量。

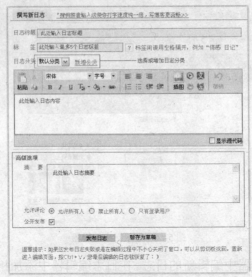

图 5-67　日志编辑器

2.　在博客中添加图像信息并发布。

步骤 01 在日志编辑器中发表图片信息。单击传图助手按
钮进行批量上传图片，第一次使用时系统会提示安装 ActiveX
控件，单击"安装"按钮即可，如图 5-68 所示。

步骤 02 安装完成后，单击此按钮即可弹出传图助手窗口，
此窗口显示批量传图、本地照片、网络图片及相册图片、相册
专辑 5 项不同功能，如图 5-69 所示。

图 5-68　安装图片上传插件

图 5-69　传图助手窗口

步骤 03 批量传图。在左侧列表中选择本机目录，中间列表显示当前所选目录内的图片，
右侧列表显示当前已选图片，选择完成后，单击"开始上传"按钮即可批量上传图片。上传
完成后，图片自动按顺序居中显示在文本框内。

步骤 04 插入本地图片。单击"本地图片"按钮，弹出插入图片窗口单击"浏览"按钮，
选择计算机中要上传的图片，可以选择是否将上传的图片保存到相册中，然后设置图片在日
志中的位置，单击"确定"按钮即可。如图 5-70 所示。

步骤 05 网络图片。如果图片是在互联网的其他网页上，请选择"网络图片"选项卡并输入图片的网址，一次最多插入 5 张网络图片，可以多次插入。设定图片在日志中的位置后单击"确定"按钮，图片就能出现在日志中了，如图 5-71 所示。

图 5-70　上传本地图片窗口

图 5-71　上传网络图片窗口

步骤 06 相册图片。如果想把相册中的图片直接插入日志中，可以选择"相册图片"选项卡，左侧列表显示了相册中的不同专辑，单击某一专辑中的缩略图，在中间的位置显示该专辑下的所有图片，如果图片较多，可以通过单击下面的上下页按钮翻页，然后单击图片缩略图选择图片，被选择的图片显示在右侧列表内，在右侧列表中单击图片缩略图可以取消该图片的选择，如图 5-72 所示。

步骤 07 相册专辑。在新版的日志编辑器传图助手中可以更方便地将相册（图片公园）中的整个专辑以图标模式、缩略图模式插入日志当中，更好地打造自己的图片博客。日志中插入相关专辑的图标或者缩略图后，单击单个图标或缩略图会打开相册中的相应图像。用户可以选择在日志中显示多少张图片的图标或者缩略图，如图 5-73 所示。

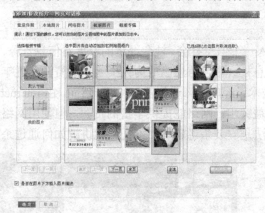

图 5-72　相册图片窗口

图 5-73　相册专辑窗口

3. 在博客中添加视频信息并发布

单击日志编辑器中的 按钮，如同插入图片一样，弹出一个新窗口，在网上将搜索到的音频文件（mid、mp3、wma 等各式）和视频文件（avi、wmv、asf）的网络地址（一般可以通过在网页中播放器上单击鼠标右键查看属性获得）复制到弹出窗口的"网址"文本框内，可以展开"高级选项"选择是否打开网页即自动播放或者手动播放，对于播放器的宽高也可以设置，同时像图片一样选择播放器的对齐方式，如图 5-74 所示。

图 5-74 添加音乐或视频窗口

 任务总结

在浏览器中输入搜狐博客网址并注册成为搜狐新用户。打开博客网站，发表新的博客日志，在日志中添加文字、图像和视频信息并进行发表。

任务四 维护计算机网络安全

 任务描述

当今世界信息技术迅猛发展，人类社会正进入一个信息社会，社会经济的发展对信息资源、信息技术和信息产业的依赖程度越来越大。在信息社会中，信息已成为人类宝贵的资源。近年来 Internet 正以惊人的速度在全球发展，Internet 技术已经广泛渗透到各个领域。然而，由 Internet 的发展而带来的网络系统的安全问题，正变得日益突出。网络能提供丰富的资源，但使用网络也存在一定风险。要想确保上网安全，常用的做法是安装杀毒软件。本任务就讲解如何通过杀毒软件的安装和使用来维护计算机网络安全。

任务展示

瑞星杀毒软件是常用的计算机杀毒工具，也是维护计算机网络安全常用的工具软件。本任务主要是通过瑞星杀毒软件的安装、基本操作步骤及软件基本设置的讲解，熟练掌握维护计算机网络安全常用软件的基本操作，并能进行计算机病毒的查杀。瑞星杀毒软件的主界面如图 5-75 所示。

图 5-75 瑞星杀毒软件

完成思路

在使用计算机上网的过程中，经常会遭遇到病毒和木马的攻击，如何打造一个安全的计算机，是用户经常用遇到的问题。而解决这样问题常用的方法是安装杀毒软件。

 相关知识

1．网络安全的威胁

对网络安全的主要威胁如下。

（1）被他人盗取密码。

（2）系统被木马攻击。

（3）浏览网页时被恶意的 Java Script 程序攻击。

（4）QQ 被攻击或泄露信息。

（5）病毒感染。

（6）由于系统存在漏洞而受到他人攻击。

（7）黑客的恶意攻击。

2．计算机病毒

（1）计算机病毒的定义。

计算机病毒（Computer Virus）在《中华人民共和国计算机信息系统安全保护条例》中被明确定义，病毒是指"编制者在计算机程序中插入的破坏计算机功能或者破坏数据，影响计算机使用并且能够自我复制的一组计算机指令或者程序代码"。而在一般教科书及通用资料中被定义为：利用计算机软件与硬件的缺陷，由被感染机内部发出的破坏计算机数据并影响计算机正常工作的一组指令集或程序代码。

（2）计算机病毒的特征。

计算机病毒具有以下几个特点。

① 寄生性。

计算机病毒寄生在其他程序之中，当执行这个程序时，病毒就起破坏作用，而在未启动这个程序之前，它是不易被人发觉的。

② 传染性。

计算机病毒不但本身具有破坏性，更有害的是具有传染性，一旦病毒被复制或产生变种，其速度之快令人难以预防。传染性是病毒的基本特征。

③ 潜伏性。

潜伏性的第二种表现是指，计算机病毒的内部往往有一种触发机制，不满足触发条件时，计算机病毒除了传染外不做什么破坏。触发条件一旦得到满足，有的在屏幕上显示信息、图形或特殊标识，有的则执行破坏系统的操作，如格式化磁盘、删除磁盘文件、对数据文件进行加密、封锁键盘以及使系统死锁等。

④ 隐蔽性。

计算机病毒具有很强的隐蔽性，有的可以通过病毒软件检查出来，有的根本就查不出来，有的时隐时现、变化无常，这类病毒处理起来通常很困难。

⑤ 破坏性。

计算机中毒后，可能会导致正常的程序无法运行，把计算机内的文件删除或受到不同程度的损坏。通常表现为增加、删除、修改、移动文件。

⑥ 可触发性。

病毒因某个事件或数值的出现，诱使病毒实施感染或进行攻击的特性称为可触发性。病毒的触发机制就是用来控制感染和破坏动作的频率的。病毒具有预定的触发条件，这些条件可能是时间、日期、文件类型或某些特定数据等。病毒运行时，触发机制检查预定条件是否满足，如果满足，则启动感染或破坏动作，使病毒进行感染或攻击；如果不满足，则使病毒继续潜伏。

（3）计算机中病毒的常见症状。

① 计算机系统运行速度减慢。

② 计算机系统经常无故发生死机。

③ 计算机系统中的文件长度发生变化。

④ 计算机存储的容量异常减少。

⑤ 系统引导速度减慢。

⑥ 丢失文件或文件损坏。

⑦ 计算机屏幕上出现异常显示。

⑧ 计算机系统的蜂鸣器出现异常声响。

⑨ 一些外部设备工作异常。

3. 黑客

黑客最早源自英文 hacker，是利用系统安全漏洞对网络进行攻击破坏或窃取资料的人。

 任务实施

1. 安装瑞星杀毒软件

步骤 01 安装前请关闭所有其他正在运行的应用程序。

步骤 02 当把瑞星杀毒软件安装程序下载到计算机后，双击运行安装程序，就可以进行瑞星杀毒软件的安装，如图 5-76 所示。

步骤 03 在显示的语言选择框中，可以选择"中文简体"、"中文繁體"、"English"和"日本語"4 种语言中的一种进行安装，单击"确定"开始安装，如图 5-77 所示。

步骤 04 如果用户安装了其他的安全软件，再安装瑞星杀毒软件会显示提示界面，建议用户卸载其他的

图 5-76　瑞星杀毒软件自动安装程序

安全软件，但用户仍可强制安装瑞星杀毒软件，单击"下一步"继续，如图 5-78 所示。

步骤 05 进入安装欢迎界面，单击"下一步"按钮继续，如图 5-79 所示。

步骤 06 阅读"最终用户许可协议"，选择"我接受"单选按钮，单击"下一步"按钮继续，如果用户选择"我不接受"单选按钮，则退出安装程序，如图 5-80 所示。

图 5-77　"瑞星软件语言设置程序"窗口

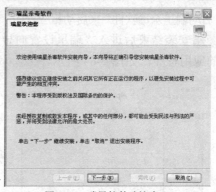

图 5-78　瑞星软件欢迎窗口

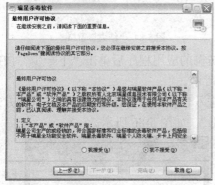

图 5-79　"最终用户许可协议"窗口

图 5-80　"定制安装"窗口

步骤 07 在"定制安装"窗口中，选择需要安装的组件。用户可以在下拉菜单中选择全部安装或最小安装（全部安装表示将安装瑞星杀毒软件的全部组件和工具程序，最小安装表示仅选择安装瑞星杀毒软件必需的组件，不包含各种工具等）；也可以在列表中勾选需要安装的组件。单击"下一步"按钮继续安装，也可以直接单击"完成"按钮，按照默认方式进行安装。

步骤 08 在"选择目标文件夹"窗口中，用户可以指定瑞星杀毒软件的安装目录，单击"下一步"按钮继续安装。如图 5-81 所示。

步骤 09 在"安装信息"窗口中，显示了安装路径和组件列表，确认后单击"下一步"按钮开始复制安装瑞星杀毒软件，如图 5-82 所示。

图 5-81　"选择目标文件夹"窗口

图 5-82　"安装信息"窗口

步骤 10 在"结束"窗口中，用户可以选择"启动瑞星杀毒软件注册向导"、"启动瑞星设置

計算机应用基础项目化教程

向导"和"启动瑞星杀毒软件"来启动相应程序，最后单击"完成"按钮结束安装，如图5-83所示。

步骤 11 安装结束后进入"瑞星设置向导"窗口，在这里设置应用程序防护的范围。选择要防御的应用程序，如图5-84所示。

图5-83 轴件安装

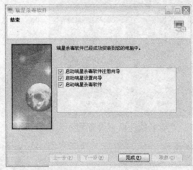

图5-84 "结束"窗口

步骤 12 在"瑞星设置向导"窗口中选择要防御的应用程序后单击"下一步"按钮，进入"常规设置"和"工作模式"设置，如图5-85所示。

步骤 13 在设置窗口中单击"完成"按钮，进入软件初始化设置窗口。在杀毒方式上可以选择"快速杀毒"、"全盘杀毒"和"自定义杀毒"，如图5-86所示。

图5-85 "应用程序防护"窗口

图5-86 常规设置和工作模式设置

步骤 14 此界面显示了瑞星监控的内容及其状态，包括文件监控、邮件监控和网页监控。用户可以通过单击"开启"或"关闭"按钮控制监控状态，如图5-87所示。

步骤 15 "瑞星工具"界面显示了瑞星常用的瑞星工具。可以通过双击常用工具图标进行安装，如图5-88所示。

图5-87 杀毒方式设置窗口

图5-88 监控及状态窗口

2．瑞星杀毒软件更新

（1）对软件随时进行升级。用鼠标右键单击任务栏中的瑞星图标，选择"软件升级"命令，如图 5-89 所示。

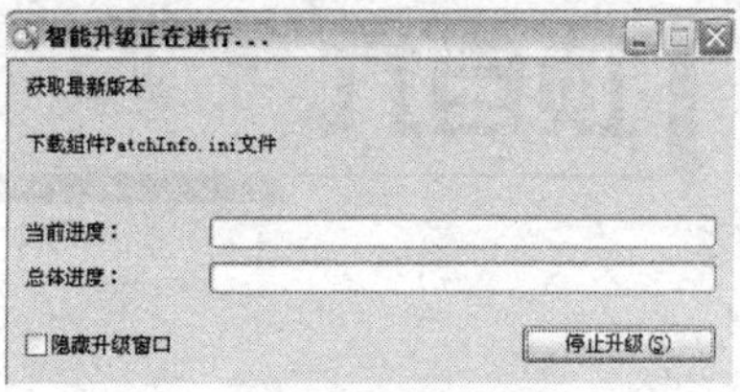

（2）定期对软件进行升级。

步骤 01 双击桌面上的"瑞星杀毒软件"图标，在"瑞星杀毒软件"中单击"设置"选项，进入"瑞星杀毒软件设置"窗口，如图 5-90 所示。

图 5-89　智能升级界面

步骤 02 在"瑞星杀毒软件设置"窗口中选择"升级设置"选项，设置"升级频率"。软件的升级频率有 5 种：每天、每周、每月、即时升级、手动升级，如图 5-91 所示。

步骤 03 在"升级频率"下拉列表中选择"每天"，在"升级时刻"下拉列表中选择每天升级时间。选择好后单击"确定"按钮，完成自动更新的设置，如图 5-92 所示。

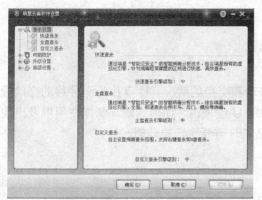

图 5-90　瑞星杀毒软件设置窗口

图 5-91　设置升级频率

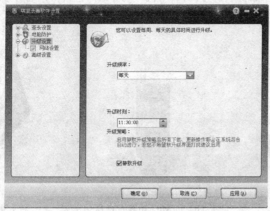

图 5-92　设置升级频率和升级时刻

 **任务总结**

本任务主要是通过瑞星杀毒软件的安装、基本操作步骤及软件基本设置的讲解，熟练掌握维护计算机网络安全常用软件的基本操作，并能进行计算机病毒的查杀。

项目六

输出办公文档

任务一　文档移动存储

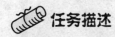 **任务描述**

在现代的办公活动中，经常出现需要数据移动和交换的情况。U 盘作为一种移动存储设备已逐渐取代软盘的作用。对于品牌和种类繁多的 U 盘来说，如何选购、怎样使用以及出现问题时如何维护都是在利用 U 盘进行文档移动存储时需要注意的问题。

 任务展示

U 盘是一种半导体存储器件，具有体积小（几立方厘米）、容量大（几 GB 到几十 GB）、数据交换速度快、可以热插拔等优点。3 款 U 盘如图 6-1 所示。

（a）普通的 U 盘　　　　　（b）带 MP3 功能的 U 盘　　　　（c）带 MP4 功能的 U 盘

图 6-1　3 款 U 盘

 完成思路

1．U 盘简介

U 盘又称优盘，中文全称"USB（通用串行总线）接口的闪存盘"，英文名为"USB Flash

Disk"，是一种小型的硬盘。它将数据存储在内建的闪存（Flash Memory 或 Flash ROM）中，并利用 USB 接口与计算机进行数据交换。

2．文档移动存储

文档移动存储的步骤如下。

（1）插入 U 盘。

（2）将移动文档复制到或发送到 U 盘。

（3）移除 U 盘。

 相关知识

1．U 盘的选购

现代消费者的总体消费心理，除了要求产品物美价廉外，还需要产品舒适便捷、个性化与众不同，这种消费观点放在 U 盘消费市场也是成立的。U 盘的使用者中很多为大中学生、中青年职业者，这类人群基本都把个性化和人性化的 IT 产品作为购买的参考标准，有以下四大参考。

（1）商务简约型。这一类的用户基本都是经常使用存储工具的人群，所以对于 U 盘的外观和功能要求较高。建议外观可选择直观简约型，与职业工作者的气质相符；功能要方便快捷，以便能省去不必要的时间，提高工作效率。商务简约型 U 盘如图 6-2 所示。

（2）保密防盗型。这一类的用户比较特殊，一般都是为了防止自己的贵重资料或者私密档案被人窃取或者不小心丢失 U 盘而造成泄露，建议可选择一些加密方法容易，保密功能强大的 U 盘产品。保密防盗型 U 盘如图 6-3 所示。

图 6-2　商务简约型 U 盘

图 6-3　保密防盗型 U 盘

（3）个性奇趣型。这类用户个性独特，追求与众不同、新奇好玩。可选世冠的手带 U 盘，将装饰和存储集二为一。

卡通 U 盘，各类造型独特的卡通形象，趣稚可爱，让人爱不释手。体育 U 盘，体育爱好者的精品世界，存储和收藏具佳。公仔 U 盘，外观可爱趣稚，集玩具、礼品、U 盘功能于一身，送礼好选择。CFD 系列圣诞 U 盘，圣诞节的最佳 IT 礼品之一，创意独特，造型精美。食品 U 盘，足够以假乱真的个性 U 盘，美味佳肴、水果蔬菜尽在其中。个性其奇趣型 U 盘如图 6-4 所示。

（4）独特功能型。这类用户对于 U 盘功能的需求，已经超出了单纯的存储范围，需要 U 盘在存储之外，还要具备其他的功能，如 MP3、MP4 播放功能等。独特功能型 U 盘如图 6-5 所示。

图 6-4 个性奇趣型 U 盘

图 6-5 独特功能型 U 盘

2．U 盘使用注意事项

（1）热插拔≠随意插拔。

众所周知，U 盘是一种支持热插拔的设备。但要注意以下方面：U 盘正在读取或保存数据时（此时 U 盘的指示灯在不停闪烁），一定不要拔出 U 盘，要是此时拔出的话，很容易损坏 U 盘或是其中的数据；再者，平时不要频繁进行插拔，否则容易造成 USB 接口松动；三则，在插入 U 盘过程中一定不要用蛮力，插不进去的时候，不要硬插，可调整一下角度和方位。

（2）U 盘不用，记得"下岗"。

很多用户经常在将 U 盘插入 USB 接口后，为了随时拷贝的方便而不将它拔下。这样做法会对个人数据带来极大的安全隐患。其一，如果使用的是 Windows 2000 或是 Windows XP 操作系统，并且打开了休眠记忆功能，那么系统从休眠待机状态返回正常状态下，很容易对 U 盘中的数据造成修改，一旦发生，重要数据的丢失将使你欲哭无泪。其二，现在网上的资源太丰富了，除了有用的资源，还有很多木马病毒到处"骚扰"，说不定哪天就"溜"进 U 盘中，对其中的数据造成不可恢复的破坏。所以，为了确保 U 盘数据不遭受损失，最好在拷贝数据后将它拔下来，或者关闭它的写开关。

（3）整理碎片，弊大于利。

在频繁地进行硬盘操作、删除和保存大量文件之后，或系统用了很长时间之后，应该及时对硬盘进行碎片整理。由此及彼，不少用户在使用 U 盘之后，想用磁盘碎片整理工具来整理 U 盘中的碎片。想法是好的，但这样做适得其反。因为 U 盘保存数据信息的方式与硬盘原理是不一样的，它产生的文件碎片不适宜经常整理，如果"强行"整理的话，反而会影响它的使用寿命。如果觉得自己的 U 盘中文件增减过于频繁，或是使用时日已久，可以考虑将有用文件先临时拷贝到硬盘中，然后将 U 盘进行完全格式化，以达到清理碎片的目的。当然，也不能频繁地通过格式化的方法来清理 U 盘，这样也会影响 U 盘的使用寿命。

（4）存删文件，一次进行。

当在对 U 盘进行操作时，不管是存入文件还是删除文件，U 盘都会对闪存中的数据刷新一次。也就是说，在 U 盘中每增加一个文件或减少一个文件，都会导致 U 盘自动重新刷新一次。在拷入多个文件时，文件拷入的顺序是一个一个的进行，此时 U 盘会不断地被刷新，这样直接导致 U 盘物理介质的损耗。所以利用 U 盘保存文件时，最好用 WinRAR 等压缩工具将多个文件进行压缩，打包成一个文件之后再保存到 U 盘中；同样道理，当要删除 U 盘中的信息时（除非是格式化），最好也能够一次性地进行，以使 U 盘刷新次数最少，而不是重复地进行刷新。只有减少 U 盘的损耗，才能有效地提高 U 盘的实际使用寿命。

（5）U 盘一般有写保护开关，但应该在 U 盘插入计算机接口之前切换，不要在 U 盘工作状态下进行切换。

（6）U 盘里可能会有 U 盘病毒，插入计算机时最好先进行 U 盘杀毒。

（7）新 U 盘买来最好做个 U 盘病毒免疫，可以很好地避免 U 盘中毒。

（8）U 盘在计算机还未启动起来（进入桌面以前）不要插在计算机上，否则可能导致计算机无法正常启动。

3．U 盘存储原理

计算机把二进制数字信号转为复合二进制数字信号（加入分配、核对、堆栈等指令）读写到 USB 芯片适配接口，通过芯片处理信号分配给 EEPROM 存储芯片的相应地址存储二进制数据，实现数据的存储。EEPROM 数据存储器的控制原理是电压控制栅晶体管的电压高低值，栅晶体管的结电容可长时间保存电压值，断电后能保存数据的原因主要就是在原有的晶体管上加入了浮动栅和选择栅。在源极和漏极之间电流单向传导的半导体上形成贮存电子的浮动栅。浮动栅包裹着一层硅氧化膜绝缘体。它的上面是在源极和漏极之间控制传导电流的选择/控制栅。数据是 0 或 1 取决于在硅底板上形成的浮动栅中是否有电子。有电子为 0，无电子为 1。闪存就如同其名字一样，写入前删除数据进行初始化。具体说就是从所有浮动栅中导出电子，即将所有数据归 1。写入时只有数据为 0 时才进行写入，数据为 1 时则什么也不做。写入 0 时，向栅电极和漏极施加高电压，增加在源极和漏极之间传导的电子能量。这样一来，电子就会突破氧化膜绝缘体，进入浮动栅。读取数据时，向栅电极施加一定的电压，电流大为 1，电流小则定为 0。浮动栅在没有电子的状态（数据为 1）下，在栅电极施加电压的状态时向漏极施加电压，源极和漏极之间由于大量电子的移动，就会产生电流。而在浮动栅有电子的状态（数据为 0）下，沟道中传导的电子就会减少。因为施加在栅电极的电压被浮动栅电子吸收后，很难对沟道产生影响。

任务实施

文档移动存储过程

如果操作系统是 Windows 2000/XP/Server 2003/2008/Vista/7/LINUX 或是苹果系统的话，可将 U 盘直接插到机箱前面板或后面板的 USB 接口上，系统就会自动识别。如果系统是 Windows 98 的话，需要安装 U 盘驱动程序才能使用。驱动程序可以在附带的光盘中或者生产商的网站上找到。

步骤 01 在一台计算机上第一次使用 U 盘（当把 U 盘插到 USB 接口时）系统会发出一声提示音，然后报告"发现新硬件"。稍候，会提示："新硬件已经安装并可以使用了"（有时还可能需要重新启动）。这时打开"我的电脑"，可以看到多出来一个硬盘图标，名称一般是 U 盘的品牌名，如图 6-6 所示。例如，金士顿，名称就为 KINGSTON。

步骤 02 经过步骤 01 后，以后再使用 U 盘的话，直接插上去，然后就可以打开"我的电脑"找到可移动磁盘，此时注意，在任务栏会有一个小图标，样子是一个灰色东西旁有一个绿色箭头，表示安全删除 USB 硬件设备，如图 6-7 所示。

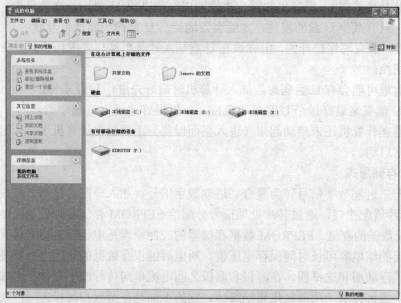

图 6-6 在"我的电脑"中出现 U 盘图标

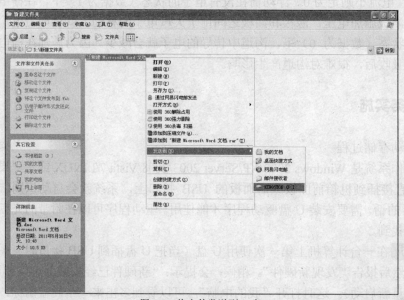

图 6-7 任务栏最右边出现 U 盘符号

步骤 03 U 盘是 USB 设备之一，经过步骤 02 之后，用户可以像平时操作文件一样，在 U 盘上保存、删除文件，或将文件通过右键直接发送到 U 盘中，如图 6-8 所示。

图 6-8 将文件发送到 U 盘

需要注意的是，U 盘使用完毕后要关闭所有关于 U 盘的窗口，拔下 U 盘前，要双击右下角的安全删除 USB 硬件设备图标，在弹出的快捷菜单中选择"停止"命令，在弹出的对话框中单击"确定"按钮，如图 6-9 所示。当右下角出现"USB 设备现在可安全地从系统移除了"的提示后，才能将 U 盘从机箱上拔下。

　　也可单击绿色箭头图标，再单击"安全移除 USB 设备"字样，如图 6-10 所示。待出现提示后即可将 U 盘从机箱上拔下。

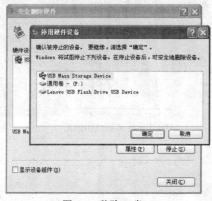

图 6-9　移除 U 盘　　　　　　　　　　图 6-10　移除 U 盘

 任务总结

　　本任务主要介绍了常用的文档移动存储设备——U 盘，并对 U 盘的使用进行了详细介绍。

任务二　文档打印输出

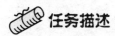 **任务描述**

　　办公时，当文档、数据表、演示文稿处理完成之后，通常情况下为了便于查找错误，进行用查阅、资料存储、打印是必不可少的重要环节。Office 文档如何打印、打印机如何使用、打印的质量如何保证等一系列棘手问题如何解决，本任务将展示文档打印输出具体的操作过程。打印是指把计算机或其他电子设备中的文字或图片等可见数据，通过打印机等输出在纸张等记录物上。

 任务展示

　　文档制作完成后，一般要将其打印输出。可通过文档相关程序的设置进行打印效果预览，调整好之后使用文档的打印命令，输出至打印机打印。本任务针对 Office 办公常见文档：Word、Excel、PowerPoint，讲解文档输出的方法。各种文档的打印预览效果如图 6-11 所示。

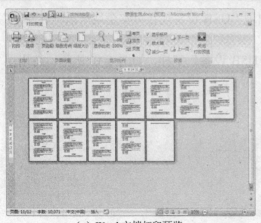

（a）Word 文档打印预览

（b）Excel 文档打印预览

（c）Powrepoint 文档打印预览

图 6-11　Office 文档打印预览

 **完成思路**

1．打印设备简介

打印机（printer）是计算机的输出设备之一，用于将计算机处理结果打印在相关介质上。衡量打印机好坏的指标有 3 项：打印分辨率、打印速度和噪声。

打印机是将计算机的运算结果或中间结果以人所能识别的数字、字母、符号和图形等，依照规定的格式印在纸上的设备。目前，打印机正向轻、薄、短、小、低功耗、高速度和智能化方向发展。

2．打印流程简述

各类文档的打印分为打印预览、打印输出两个部分，具体过程如图 6-12 所示。

图 6-12　任务制作流程图

相关知识

1. 打印机的选购

（1）打印机的分类。

打印机作为计算机最主要的输出设备之一，随着计算机技术的发展和用户日趋完美的需求而得到较大的发展。尤其是近年来，打印机技术取得了较大的进展，各种新型实用的打印机应运而生，一改以往针式打印机一统天下的局面。目前，在打印机领域形成了针式打印机、喷墨打印机、激光打印机三足鼎立的主流产品，各自发挥其优点，满足各类用户不同的需求，如图 6-13 所示。

| （a）激光打印机 | （b）针式打印机 | （c）喷墨打印机 |

图 6-13　打印机

（2）打印机的选购。

① 打印质量。

人们都希望打印机输出的文字和图形清晰、美观，打印机的输出效果从好到一般是：激光打印机→喷墨打印机→针式打印机。一般来说，分辨率越高，输出效果越好，但打印机的价格会随分辨率的升高而升高。如果要求经济实惠、能提供各类办公文件、图表特别是宽幅面、多层打印等文档的输出，选用 24 针宽行打印机就能满足要求；若从今后发展和能图文混排、兼顾字型输出效果来看，可选用 300dpi（分辨率）或 360dpi 的喷墨打印机及 300dpi 或 400dpi 的激光打印机；如果要求相纸品质的输出效果，可选用热蜡式打印机或热升华式打印机。

② 打印速度。

打印机的输出速度关系到工作效率，因此这也是一个重要的选择参数。通常针式打印机的平均打印速度为 50～200 个汉字/秒；喷墨打印机为 4～8PPM（页/分钟）；激光打印机为 10～15PPM（页/分钟）。

③ 综合比较。

先选定某一类打印机，然后在对同一类不同型号打印机的功能，如打印幅面、彩色能力、以及有特殊要求需额外选购的配件等进行比较，其相应的价格也应考虑。除此之外，打印机的耗材以及维护费用也要考虑，如针式打印机的色带每米打印 10 万次后就得更换；喷墨打印机打印 700 张纸左右墨水就要耗尽，需更换墨盒；激光打印机每印 2500～6000 页纸后就要更换硒鼓（采用鼓粉分离技术的需换墨粉）。这类后续投资数目也相当可观，选购时应注意。

2. 打印机的安装

这里仅介绍单机状态下打印机的基本安装方法。在安装打印机时，建议用户参照打印机的说明书中进行安装。打印机的外观结构如图 6-14 所示。打印机结构按键对应功能如表 6-1 所示。

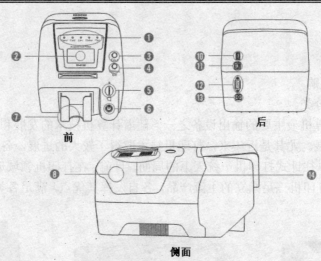

图 6-14 打印机外观结构

表 6-1 打印机面板按键功能

编号	按键	描述
1	LED 显示灯	显示打印机状态
2	液晶显示屏	显示打印机的状态
3	释放卡片	释放卡片的按钮
4	色带安装	安装色带并调整色带位置的按钮
5	移动连接头	移动芯片插座（选择）
6	电源按钮	电源开关按钮
7	卡片输出槽	卡片释放接收槽
8	打印机盖	将其打开安装色带或清洁滚轴
9	支脚	用于双面打印（选择）
10	USB 插座	用于记忆棒或 USB 连接
11	USB 通信接口	通过 USB 电缆连接计算机和打印机
12	RS232C 通信接口	通过 RS232C 连接计算机和打印机
13	电源插座	用于供应电源
14	外接 RF	识别 RF 卡

（1）色带安装。

步骤 01 打开色带纸盒。

步骤 02 通过外盖开关按钮打开打印机盖，完全提起外盖，如图 6-15 所示。

步骤 03 确定色带正确安装之后关闭打印机，如图 6-16 所示。

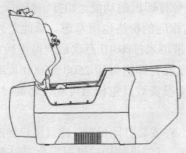

图 6-15 提起打印机盖

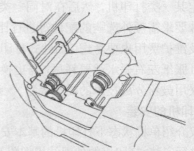

图 6-16 安装色带

步骤 04 如打印机盖没有正确关闭，将影响打印质量（检查打印机盖）。

（2）与计算机连接。

步骤 01 首先在关闭电源的情况下连接打印机和计算机。

步骤 02 连接信号电缆。

步骤 03 连接好接口电缆后，再把电源线接到打印机上。

打印机硬件连接安装效果如图6-17所示。

3. 打印机驱动安装

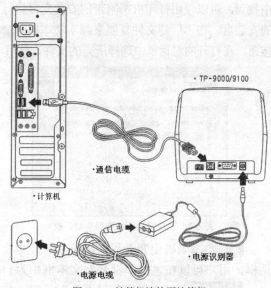

图 6-17 计算机连接至计算机

以安装针式打印为例，安装其驱动程序。在安装本地打印机之前首先要进行打印机的连接，用户可在关机的情况下，把打印机的信号线与计算机的 LPT1 端口相连，并且接通电源，连接好之后，就可以开机启动系统，准备安装其驱动程序了。在启动计算机的过程中，系统会自动搜索新硬件并加载其驱动

程序，在任务栏上会提示其安装的过程，如"查找新硬件"、"发现新硬件"、"已经安装好并可以使用了"等字样。如果用户所连接的打印机的驱动程序没有在系统的硬件列表中显示，就需要用户使用打印机厂商所附带的光盘进行手动安装，用户可以参照以下步骤进行安装。

步骤 01 打开"控制面板"窗口，双击"打印机和传真"图标，打开"打印机和传真"窗口。

步骤 02 在窗口左侧的"打印机任务"选项下单击"添加打印机"图标，即可启动"添加打印机向导"，如图6-18所示。

步骤 03 单击"下一步"按钮，打开"本地或网络打印机"对话框，如图6-19所示。用户可以选择安装本地或者网络打印机，在这里选择"连接到此计算机的本地打印机"选项，然后单击"下一步"按钮，计算机会自动搜索连接好的打印机，成功后即可快速安装。

图 6-18 "添加打印机向导"对话框

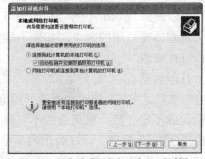

图 6-19 "本地或网络打印机"对话框

步骤 04 若搜索未成功，向导会打开"选择打印机端口"对话框，如图6-20所示，要求用户选择所安装的打印机使用的端口。在"使用以下端口"下拉列表框中提供了多种端口，系统推荐的打印机端口是 LPT1，大多数的计算机也是使用 LPT1 端口与本地计算机通信。

步骤 05 当用户选定端口后，单击"下一步"按钮，打开"安装打印机软件"对话框，如图6-21所示。在左侧的"厂商"列表中显示了打印机的知名生产厂商，当选中某厂商后，在右侧的

"打印机"列表中会显示该厂商的打印机型号,如果用户所安装的打印机的厂商或型号无法在列表中找到,可以使用打印机所附带的安装光盘进行安装。单击"从磁盘安装"按钮,然后插入厂商的安装盘,在"厂商文件复制来源"文本框中输入驱动程序文件的正确路径,或者单击"浏览"按钮,在打开的对话框中选择所需的文件,然后单击"确定"按钮,返回"安装打印机"对话框。

图 6-20 "选择打印机端口"对话框

图 6-21 "安装打印机软件"对话框

步骤 06 当确定驱动程序的位置后,单击"下一步"按钮,打开"命名您的打印机"对话框,用户可以在"打印机名"文本框中为自己安装的打印机命名。

步骤 07 打开"打印测试页"对话框,如果用户要确认打印机是否连接正确,并且是否顺利安装了其驱动程序,在"要打印测试页吗"选项中单击"是"按钮,这时打印机就可以开始工作,进行测试页的打印。

步骤 08 这时已基本完成添加打印机的工作,单击"下一步"按钮,出现"正在完成添加打印机向导"对话框,可单击"完成"按钮关闭添加打印机向导。

 任务实施

1. Word 2007 文档打印输出

创建、编辑和排版文档的最终目的是将其打印出来,Word 2007 具有强大的打印功能,在打印前用户可以使用 Word 中的"打印预览"功能在屏幕上观看即将打印的效果,如果不满意还可以对文档进行修改。

(1)打印预览。

在打印文档之前,必须对文档进行预览,查看是否有错误或不足之处,以免造成不可挽回的错误。单击"Office"按钮 ,在弹出的菜单中选择"打印"→"打印预览"命令,即可打开文档的"打印预览"窗口,如图 6-22 所示。同时打开"打印预览"选项卡,如图 6-23 所示。

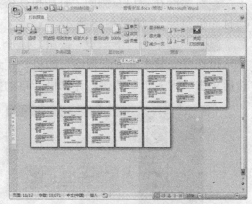

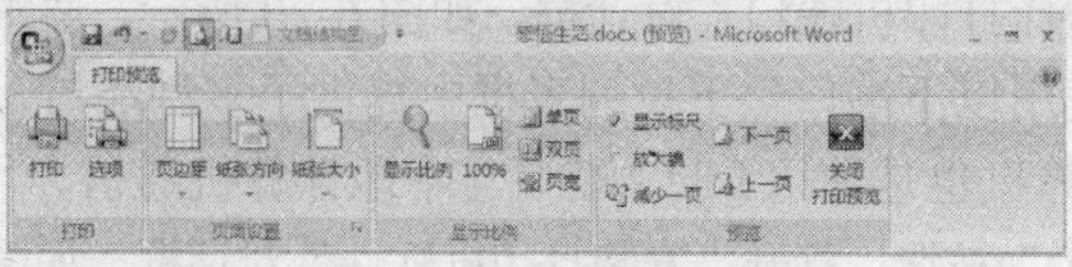

图 6-22 打印预览窗口

(2)打印文档。

在打印文档之前,应该对打印机进行检查和设置,确保计算机已正确连接了打印机,并安装了相应的打印机驱动程序。所有设置检查完后,即可打印文档。

图 6-23 "打印预览"选项卡

步骤 01 单击"Office"按钮，在弹出的菜单中选择"打印"命令，在子菜单中单击"打印"命令，弹出"打印"对话框，如图 6-24 所示。

步骤 02 在"打印机"选区中的"名称"下拉列表中可选择打印机的名称；并查看打印机的状态、类型、位置等信息。

步骤 03 单击"属性"按钮，弹出"打印机属性"对话框，如图 6-25 所示。在该对话框中可对选择的打印机的属性进行设置。

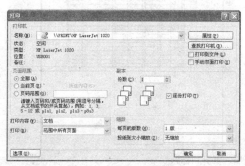

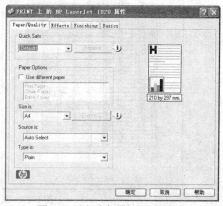

图 6-24 "打印"对话框　　　　　图 6-25 "打印机属性"对话框

步骤 04 在"页面范围"选区中设置打印文档的范围；在"份数"微调框中设置打印的份数；在"缩放"选区中设置打印内容是否缩放。

步骤 05 设置完成后，单击"确定"按钮即可进行打印。

2．Excel 2007 数据表打印输出

打印之前一定要使用打印预览功能查看打印的效果，如果对效果满意则可以打印，如果不满意则需要重新进行设置。

（1）打印预览。

单击"Office"按钮，在弹出的菜单中选择"打印"命令，在子菜单中单击"打印预览"命令，打开"打印预览"窗口，如图 6-26 所示。

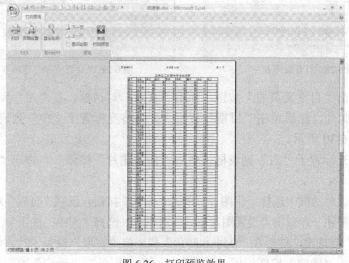

图 6-26 打印预览效果

（2）打印数据表。

本例主要练习给工作表添加页眉、页脚和标题，效果如图 6-27 所示。

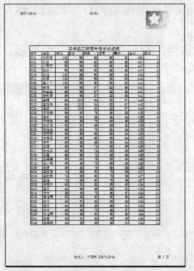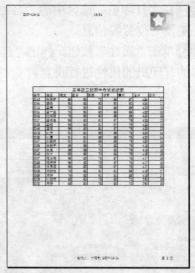

图 6-27　添加页眉、页脚和标题

步骤 01 打开图 6-28 所示的三年级二班期中考试成绩表。

步骤 02 在"页面设置"对话框中选择"页眉/页脚"选项卡。在"页脚"下拉列表框中选择图 6-29 所示的选项。

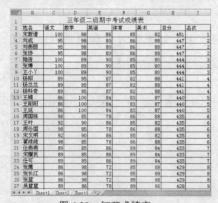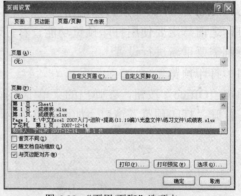

图 6-28　打开成绩表　　　　　　　　　图 6-29　"页眉/页脚"选项卡

步骤 03 单击"自定义页眉"按钮，弹出"页眉"对话框，在"左"列表框中单击鼠标以将输入点置于此处，然后单击"日期"按钮　，再将光标置于"中"列表框中，单击"时间"按钮，如图 6-30 所示。

步骤 04 将光标置于"右"列表框，单击"插入图片"按钮　，弹出"插入图片"对话框，如图 6-31 所示。

步骤 05 在该对话框中选择一张图片，单击"插入"按钮，返回"页眉"对话框。然后单击"设置图片格式"按钮　，弹出"设置图片格式"对话框。选择"大小"选项卡，在该选项卡中选中"锁定纵横比"复选框，然后在"大小和转角"栏中将"宽度"设为"2"，如图 6-32 所示。

步骤 06 单击"确定"按钮返回"页眉"对话框，再单击"确定"按钮返回"页面设置"

对话框，如图 6-33 所示。

图 6-30 "页眉"对话框

图 6-31 "插入图片"对话框

图 6-32 "设置图片格式"对话框

图 6-33 页眉和页脚设置结果

步骤 07 单击快速访问工具栏中的"打印预览"按钮 ，在"打印预览"窗口中可以看到刚才添加的页眉和页脚，如图 6-34 所示。

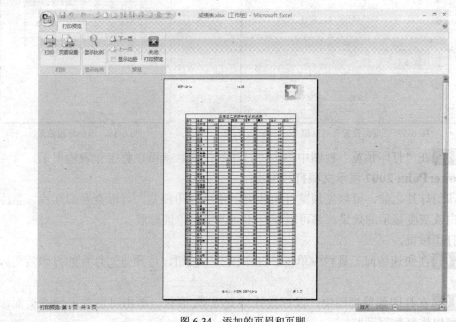

图 6-34 添加的页眉和页脚

步骤 08 在"视图"选项卡中的"工作簿视图"选项区中单击"分页预览"按钮，可以将当前视图切换到图 6-35 所示的分页预览模式。

計算機応用基礎項目化教程

步骤 09 在"页面布局"选项卡中的"页面设置"选项区中单击"打印标题"按钮,弹出"页面设置"对话框。单击"顶端标题行"列表右端的按钮,弹出"页面设置-顶端标题行:"对话框,如图 6-36 所示,用鼠标选取工作表中的前两行标题。

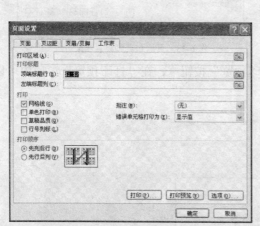
图 6-35 分页预览

图 6-36 选取标题行

步骤 10 单击右侧的折叠按钮返回"页面设置"对话框,如图 6-37 所示。

步骤 11 单击"确定"按钮返回工作表,重复步骤 07 的操作,可以看到第 2 张工作表自动添加了标题,如图 6-38 所示。

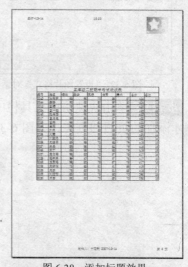

图 6-37 "页面设置"对话框

图 6-38 添加标题效果

步骤 12 在"打印预览"视图中单击"打印"按钮,就可以将工作表输出了。

3.PowerPoint 2007 演示文稿打印输出

在打印幻灯片之前,可以先预览打印效果。使用打印预览,可以查看幻灯片、备注和讲义用纯黑白或灰度显示的效果,并可以在打印前调整对象的外观。

(1)打印预览。

步骤 01 在快速访问工具栏中单击"打印预览"按钮,可预览幻灯片的打印效果,如图 6-39 所示。

步骤 02 在打印预览视图中,鼠标指针将变成形状,单击可以放大预览页面,再次单击鼠标可以恢复整页预览。

步骤 03 如果要分别预览演示文稿的幻灯片、讲义、备注页及大纲形式,则在"打印预览"选项卡的"页面设置"选项区中的"打印内容" 下拉列表中选择需要的选项即可，如图 6-40 所示。

图 6-39　预览所要打印的幻灯片　　　　　图 6-40　打印内容下拉列表

步骤 04 如果要更改预览时的显示比例，可在"显示比例"选项区中单击"显示比例"按钮，弹出"显示比例"对话框，如图 6-41 所示。

步骤 05 在该对话框中选择合适的比例，单击"确定"按钮，即可更改预览时的比例。如果要使幻灯片以适合屏幕大小显示，单击"适应窗口大小"按钮即可。

步骤 06 如果要为幻灯片添加页眉、页脚，或更改其颜色，可在"打印"选项区中单击"选项"按钮，在弹出的下拉菜单中选择相应的选项，如图 6-42 所示。

图 6-41　"显示比例"对话框　　　　　图 6-42　选项下拉菜单

步骤 07 如果要为幻灯片添加页眉和页脚，可选择"页眉和页脚"命令；如果要更改预览内容的颜色，可选择"颜色/灰度"命令，在其子菜单中选择合适的选项即可。

步骤 08 如果预览的演示文稿中有多张幻灯片，在"预览"选项区中单击"下一页"按钮或"上一页"按钮，将切换至其他需要预览的幻灯片中。

步骤 09 预览工作完成之后，单击"预览"选项区中的"关闭打印"按钮，可以退出幻灯片预览状态，并返回幻灯片普通视图模式下。

（2）打印演示文稿。

页面设置及打印预览完成之后，就可以直接将幻灯片打印输出了。在打印输出时，也可以进行打印机、打印份数及打印范围等参数的设置。

步骤 01 单击"打印"命令，弹出如图 6-43 所示的"打印"对话框。

步骤 02 在"打印机"选区中的"名称"下拉列表框

图 6-43　"打印"对话框

中选择需要使用的打印机,同时,可在该下拉列表框下方显示的信息中查看该打印机的当前状态。

步骤 03 在"打印范围"选区中,若选中"全部"单选按钮,可以设置打印演示文稿中所有的幻灯片;若选中"当前幻灯片"单选按钮,则可以设置打印当前显示的幻灯片;如果在演示文稿中有选中的幻灯片,则"选定幻灯片"单选按钮将变为可选状态,选中该单选按钮可以打印当前选中的幻灯片;如果要打印连续或不连续的多张幻灯片,则选中"幻灯片"单选按钮,然后在显示的文本框中输入要打印的幻灯片编号。

步骤 04 在"打印内容"下拉列表中可以选择打印幻灯片、讲义、备注页或大纲视图。

步骤 05 在"颜色/灰度"下拉列表中可以选择打印幻灯片的颜色,若选择"颜色"选项,则以幻灯片默认的颜色打印输出。

步骤 06 在"份数"选区中设置幻灯片的打印份数,以及是否逐份打印。

步骤 07 在"讲义"选区中设置讲义的打印方式。

步骤 08 所有设置完成之后,单击"确定"按钮,即可打印输出幻灯片。

 任务总结

本任务主要介绍了使用打印机及打印的一些相关技巧,通过这些技巧的介绍使读者既可以打印出美观的文档,更能节约时间和纸张,实现了快捷、节约办公。通过本例,读者可以掌握各类文档的打印方式。

任务三 文档传输整理

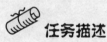 **任务描述**

企业长期以来建立了自己的营业客户群,经常与客户沟通,达成共识,能够对企业的长久的发展起到决定性的作用。因此,年终时,邀请客户参加企业举办的大型晚会,邀请函需要通过各类方式发送,有的需要使用传真机传送至客户。本任务主要讲解使用传真机发送传真,并接收传真,保存文档等的具体操作步骤。

 任务展示

所谓传真机,是指通过公用电话网或其相应网络来传输文件、报纸、相片、图表及数据等信息的通信设备。传真机是集计算机技术、通信技术、精密机械与光学技术于一体的通信设备,其信息传送的速度快、接收的副本质量高,它不但能准确、原样地传送各种信息的内容,还能传送信息的笔迹,适用于保密通信,具有其他通信工具无法比拟的优势,为现代通信技术增添了新的生命力,并在办公自动化领域占有极重要的地位,发展前景广阔。传真机的工作过程如图 6-44 所示。

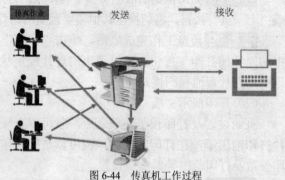

图 6-44 传真机工作过程

完成思路

1．传真机的分类

市场上常见的传真机可以分为四大类。

（1）热敏纸传真机，也称为卷筒纸传真机。

（2）激光式普通纸传真机，也称为激光一体机。

（3）喷墨式普通纸传真机，也称为喷墨一体机。

（4）热转印式普通纸传真机。

2．传真机的工作原理

先扫描即将需要发送的文件并将其转化为一系列黑白点信息，该信息再转化为声频信号并通过传统电话线进行传送。接收方的传真机"听到"信号后，会将相应的点信息打印出来，这样，接收方就会收到一份原发送文件的复印件。但各种传真机在接收到信号后的打印方式是不同的，它们工作原理的区别也基本体现在这些方面。

（1）热敏纸传真机：热敏纸传真机是通过热敏打印头将打印介质上的热敏材料熔化变色，生成所需的文字和图形。热转印从热敏技术发展而来，它通过加热转印色带，使涂敷于色带上的墨转印到纸上形成图像。热敏打印方式是最常用的打印方式。

（2）激光式普通纸传真机：激光式普通纸传真机是利用碳粉附着在纸上而成像的一种传真机，其工作原理主要是利用机体内控制激光束的一个硒鼓，凭借控制激光束的开启和关闭，从而在硒鼓产生带电荷的图像区，此时传真机内部的碳粉会受到电荷的吸引而附着在纸上，形成文字或图像。

（3）喷墨式普通纸传真机：喷墨式传真机的工作原理与点矩阵式列印相似，是由步进马达带动喷墨头左右移动，把从喷墨头中喷出的墨水依序喷布在普通纸上完成列印的工作。

3．任务流程简述

本任务分为传真机的安装、发送传真、接收传真 3 个部分，如图 6-45 所示。

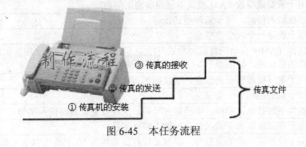

③ 传真的接收
② 传真的发送
① 传真机的安装
传真文件

图 6-45　本任务流程

 相关知识

1．传真机的安装

作为传真机的使用者，应该能够自己安装传真机。首先，打开传真机的包装箱，核对一下传真机的附件是否齐全，如传真机的电源线、说明书等，除此之外还应详细阅读说明书，对传真机的安装有初步的了解。图 6-46 所示为传真机的外观组成结构。

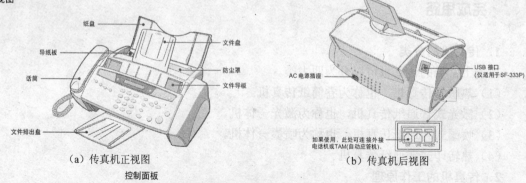

（a）传真机正视图　　　　　　　　（b）传真机后视图

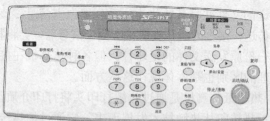

（c）传真机控制面板

图 6-46　认识传真机

传真机控制面板按键详细介绍，如表 6-2 所示。

表 6-2　　　　　　　　　　　　传真机控制面板按键说明

按键名称	功　能
省墨	用于减少墨水消耗，在 ON（开）OFF（关）之间切换
静音模式	用于关闭机器发出的所有声音
报告/帮助	用于打印状态报告或访问 Help（帮助）文件，获取操作机器的信息
墨盒	用于安装新墨盒或更换旧墨盒
分辨率	提高正在发送文件的清晰度
接收模式/对比度	该键有两个功能：没有装入文件时，按此键改变接收模式；装入文件时，按此键改变对比度
主人留言	用于录制或播放 TAM 模式中使用的输出信息
播放/录音	回放输入信息，用于录制电话谈话
删除	用于删除一个或全部信息
应答	切换 TAM（自动应答机）模式开/关，机器处于 TAM（自动应答机）模式时，灯亮，接收到新的信息时，灯闪烁
|<<	用于重复播放当前的信息，或跳回到前一条信息
>>|	用于向前跳到下一条信息
数字键	就像平时打电话那样，手动拨打号码，或在设置机器时输入字母
特殊符号	用于在编辑模式下输入名称时输入特殊字符
速拨	用于使用两位数的位置号码存储或拨打最常用的 50 个电话/传真号码
闪挂	执行切换指令操作
重拨/暂停	用于重拨最后呼叫的号码，在内存中存储号码时，可用来插入暂停
静音/查询	使用麦克风谈话时，减弱电话的音量，搜寻内存中的号码
免提	用于免提话筒进行谈话，或拨打号码
菜单	用于选择专门功能，如系统设置和维护等
滚动/音量	显示原来的或下一个菜单选项，调整音量，或将光标移动到需要编程的位置
复印	用于复印文件
启动/确认	用于启动一个作业或激活显示在显示屏上的选择
停止/清除	可随时停止任何操作，或在编辑模式下用于删除数字

任务实施

1. 发送传送

发送传真的操作十分简单，分为装入文件、设置分辨率、对比度和拨号几个步骤。

（1）装入文件。

步骤01 把文件向下装入进稿器，打印面朝向用户。

步骤02 调整文件导板使其符合文件宽度，装入最多 10 页的文件，直到自动进稿器吸住文件并将其拉入。在机器探测到文件已被装入时，显示屏显示文件就绪。

步骤03 分别按接收模式/对比度和分辨率键，选择需要的分辨率和对比度。

（2）设置文件分辨率和对比度。

步骤01 把文件面朝下放入进稿器。

步骤02 根据需要按分辨率键，调整锐度和清晰度。

➤ Standard（标准）：对于印刷的或使用正常大小字符的原稿，标准模式能得到良好的效果。

➤ Fine（精细）：对于有许多细节的文件，精细模式效果较好。

➤ Superfine（超精细）：对于有特别精细的细节的文件，超精细模式效果较好。超精细模式仅在远程传真机也有超精细功能才能使用。

➤ 发送扫面到内存中的文件时（如广播和延迟传真），不能使用超精细模式。

➤ 如果使用内存发送文件（如广播和延迟传真），即使选择了超精细模式，超精细模式也会返回精细模式。

步骤03 根据需要按接收模式/对比度键，调整对比度。

➤ Normal（正常）：对于正常手写、印刷或打印的文件，标准模式能得到良好的效果。

➤ Lighten（浅）：对于颜色非常深的文件，浅模式效果好。

➤ Darken（深）：深模式用于颜色浅的印刷文件或模糊的铅笔标记。

➤ Photo（照片）：传真照片或包含有彩色或灰色阴影的文件使用照片模式。选择照片模式时，分辨率自动设置为精细。

➤ 执行发送/复印后，分辨率/对比度自动返回默认值。

（3）手动发送传真。

步骤01 把文件面朝下放入进稿器。

步骤02 拿起话筒或按免提（或免提拨号）。

步骤03 使用数字键输入远程传真机的号码。

步骤04 听到传真音时按启动/确认键。

步骤05 放回话筒。

（4）自动发送传真。

步骤01 把文件面朝下放入进稿器。

步骤02 输入单触键或速拨位置，按启动/确认键。

（5）自动重拨。

发送传真时，如果用户拨的号码占线或无应答，机器将每 3 分钟重拨一次，最多重拨两次，在重拨前，显示屏幕显示 To redial now, press Start/Enter(重拨，按启动/确认键)。如果要立即重拨此号码，按启动/确认键，或者按停止/清除键取消重拨，然后机器返回待机模式。

2. 接收传真

接收传真前，应装入合适的纸张。

（1）在传真模式下接收。

要把接收设置为传真模式，反复按接收模式/对比度键，直到显示 Fax Mode（传真模式）

步骤 01 在待机模式下，显示屏右面显示 FAX 字样。

步骤 02 在接到呼叫时，机器在第二次振铃后应答，并自动接收传真。在完成接收时，机器返回待机模式。

步骤 03 如果需要改变振铃，需设置 Rings to Answer（应答振铃）选项。

（2）在电话模式下接收。

步骤 01 在电话振铃时，拿起话筒应答。

步骤 02 如果听到传真音，或对方要求接收传真，按启动/确认键。应保证未转入文件，否则文件就发送到主叫方，显示屏上会显示 TX（发送）。

步骤 03 挂起话筒。

（3）在自动模式下接收。

步骤 01 在待机模式下，显示屏右面显示 AUTO。

步骤 02 当呼叫进入时，机器应答呼叫。如果正在接收的是传真，机器进入接收模式，如果机器未探测到传真音，就继续振铃，告诉用户这是电话，用户应拿起话筒应答呼叫，否则在大约 25 秒钟后，机器转换为自动接收模式。

（4）在应答模式下接收。

步骤 01 在用户接到呼叫时，机器用 TAM 问候信息应答呼叫。

步骤 02 机器录制主叫方的信息，如果探测到传真音，机器转入接收模式。

步骤 03 在播放问候信息或录制进入的信息的任何时候，用户都可拿起话筒与对方通话。如果在录制过程中内存已满，机器会发出嘟嘟警告声，并断开线路。除非删除不需要的已录制信息，否则机器不能作为应答机工作。

步骤 04 如果在录制主叫方信息时发生电源故障，机器停止录制。

步骤 05 在录制进入信息时，如果用户需要用同一线路上的另一台电话机与主叫方通话，拿起话筒，并按"#（井号）"或"*（星号）"键。

（5）通过外接电话机接收。

步骤 01 在外接电话机上应答呼叫。

步骤 02 当听到传真音时，按*9*（遥控接收起始码）键。

步骤 03 传真机开始接收时，挂起电话。

 任务总结

张秘书的操作非常熟练，在数分钟内完成了很多客户传真的发送与接收，工作效率极高。在完成了传真的收发之后，还要掌握对相关办公设备的维护，同时要有计划地对公文进行整理与存放。